国际大学生程序设计竞赛中山大学内部选拔真题解（二）

郭嵩山 陈元训 蔡奕林 梁晓聪 著

人民邮电出版社
北京

图书在版编目（CIP）数据

国际大学生程序设计竞赛中山大学内部选拔真题解. 2 / 郭嵩山等著. -- 北京 : 人民邮电出版社, 2013.1
ISBN 978-7-115-29234-6

Ⅰ. ①国… Ⅱ. ①郭… Ⅲ. ①程序设计－竞赛－高等学校－题解 Ⅳ. ①TP311.1-44

中国版本图书馆CIP数据核字(2012)第191256号

内 容 简 介

本书收录了2009—2010年中山大学ICPC（国际大学生程序设计竞赛）集训队内部选拔赛的全部试题和完整的测试数据、答案。

本书所提供的题目都是原创题，题目构思新颖，内容有趣，所涉及的算法知识面广，其涉及的算法知识基本上覆盖大学计算机类本科专业所学的基本算法。

本书可以作为高等院校大学生和研究生准备参加各级国际大学生程序设计竞赛活动的辅导教材和训练题集，也可以作为高等院校本科高年级学生和研究生学习相关课程的参考书。

国际大学生程序设计竞赛中山大学内部选拔真题解（二）

◆ 著　　郭嵩山　陈元训　蔡奕林　梁晓聪
　责任编辑　韩旭光
◆ 人民邮电出版社出版发行　　北京市崇文区夕照寺街14号
　邮编　100061　　电子邮件　315@ptpress.com.cn
　网址　http://www.ptpress.com.cn
　北京鑫正大印刷有限公司印刷
◆ 开本：787×1092　1/16
　印张：22.75　　2013年1月第1版
　字数：555千字　　2013年1月北京第1次印刷

ISBN 978-7-115-29234-6

定价：49.00元（附光盘）

读者服务热线：(010)67132746　印装质量热线：(010)67129223
反盗版热线：(010)67171154

前　言

ACM/ICPC 国际大学生程序设计竞赛（ACM　International Collegiate Programming Contest，简称 ACM/ICPC）是由国际计算机界历史悠久、颇具权威性的组织 ACM 学会（Association for Computer Machinery）主办，是世界上公认的规模最大、水平最高的国际大学生程序设计竞赛，其目的旨在使大学生运用计算机来充分展示自己分析问题和解决问题的能力。该项竞赛从 1970 年举办至今已历时 36 届，因历届竞赛都荟萃了世界各大洲的精英，云集了计算机界的“希望之星”，而受到国际各知名大学的重视，并受到全世界各著名 IT 企业的高度关注，成为世界各国大学生最具影响力的国际级计算机类的赛事，ACM 所颁发的获奖证书也为世界各知名大学、各著名 IT 企业所认可。该项竞赛分区域预赛和世界决赛两个阶段进行，各预赛区第一名自动获得参加世界决赛的资格，世界决赛安排在每年的 3～5 月举行，而区域预赛安排在上一年的 9～12 月在各大洲举行。ACM/ICPC 的区域预赛是规模很大、范围很广的赛事，以 2011 年为例，全世界有 85 个国家和地区、2219 所大学、8000 多支参赛队在六大洲的 37 个赛站中争夺世界决赛的 112 个名额，其激烈程度可想而知。

与其他编程竞赛相比，ACM/ICPC 题目难度更大，更强调算法的高效性，不仅要解决一个指定的命题，而且必须要以最佳的方式解决指定的命题；它涉及知识面广，与大学计算机专业本科和研究生如程序设计、离散数学、数据结构、人工智能、算法分析与设计等相关课程直接关联，对数学要求更高，由于采用英文命题，对英语要求较高，ACM/ICPC 采用 3 人合作、共用一台电脑的方式，所以它更强调团队协作精神；由于许多题目并无现成的算法，需要具备创新的精神，ACM/ICPC 不仅强调学科的基础，更强调全面素质和能力的培养；由于 ACM/ICPC 是采用 5 小时全封闭式竞赛，参赛队员与外界完全隔离，完全独立完成，没有任何水分，是其实际能力的真实表露，其成绩可信度甚高；但 ACM/ICPC 又是一种“开卷考试”，可以带任何书籍、资料甚至源程序代码清单（但不能带电子媒体），不需要去死背算法，而强调的是算法的灵活运用；与其他计算机竞赛（如软件设计、网站设计等）相比，ACM/ICPC 有严谨而客观的评判规则（严格的数据测试），排除了因评委的主观因素而造成评审不公平的现象，所以，ACM/ICPC 对成绩的争议较少，大家比较心服口服。

中山大学自 1997 年首次参加 ACM/ICPC 亚洲区预选赛的 16 年中，每年都派出多支队伍共参加过 67 次亚洲区预选赛，成绩 56 次在前 6 名（6 次在第 7 到 10 名），其中 30 次进入三甲：夺得 8 次冠军、9 次亚军、13 次季军；并有 14 年进入全球总决赛，其中，第 25 届（2001 年）在加拿大温哥华市举行的全球总决赛中首获铜牌（世界第 14 名）；在第 27 届（2003 年）在美国洛杉矶市好莱坞举行的全球总决赛中获得世界第 8 名并首获银牌的好成绩，跻身世界八强之列；第 28 届（2004 年）在捷克布拉格市举行的全球总决赛中获得世界第 11 名并再获铜牌且在中国内地高校中排名第一；第 34 届（2010 年）在哈尔滨市举行的全球总决赛中获得世界第 10 名并再获铜牌；第 36 届（2012 年）在波兰首都华沙举行的第 36 届全球总决赛中获得世界第 6 名（亚洲第二）并再获银牌，并创中山大学在 ACM/ICPC 全球总决赛中的最好成绩；2012 年在亚洲区域赛长春站中夺得冠军，从而获得 2013 年在俄罗斯圣彼得堡举行的第37届全球总决赛资格。

为了帮助高等院校的大学生们备战国际大学生程序设计竞赛，帮助他们提高程序设计水平和培养他们更强的分析问题和解决问题的能力，我们编写了这套《国际大学生程序设计竞赛中山大学内部选拔真题解》。本书是这套真题解的第二册，所用的语言是C++。全书共分12章，收录了2009～2010年中山大学ICPC集训队内部选拔赛的全部试题、完整的测试数据和答案。为了方便读者学习，本书对每个题目做了详尽的题目分析并详细地讲解其算法实现的原理，同时提供了完善的标准程序及其程序分析供读者参考，我们在书中还提供了基本测试数据以方便读者测试自行完成上述题目的结果。随书还附带光盘，存放所有试题中完整的测试数据，以便于有更高、更严格要求的同学能利用规模更大的测试数据进行训练和学习用。本书对试题难易程度进行了星级标注，并在本书知识点分类及说明中列出了本书试题所涉及的算法分类和所用的数据结构类型，以便读者有选择性地学习。参与上述竞赛命题的有翁雨键、陈宇恒、刘祖立、梁志荣、刘曦、涂德健、张钊毅、陈才斌、江泽斌、周贤豪等，他们都是硕士研究生，都是参加过世界决赛或亚洲多个赛站区域预赛并取得很好成绩的中山大学队的主力队员。

参加编写本书的4位作者，第一位是国际大学生程序设计竞赛中山大学队的主教练郭嵩山，其余3位作者都是参加过亚洲多个赛站区域预赛并取得很好成绩的中山大学队的主力队员，这3位都是硕士研究生。我们期望能将自己的知识、经验、心得和体会，奉献给广大的程序设计爱好者，以便与大家共同探讨和交流。

本书所提供的题目都是原创题，题目构思新颖，所涉及的算法知识面广，其涉及的算法知识基本上覆盖大学计算机类本科专业所学的基本算法。本书可以作为高等院校大学生和研究生准备参加各级国际大学生程序设计竞赛活动的辅导教材和训练题集，也可以作为高等院校本科高年级学生和研究生学习相关课程的参考书，还可以作为中学省级及以上信息学奥林匹克优秀选手准备高层次程序设计竞赛的参考用书。

限于水平，书中难免有不足之处，欢迎读者批评指正。

作者

2012年11月

目　录

本书知识点分类及说明

本书中的题目来自 2009～2010 年中山大学内部选拔赛，所有题目都是在 ACM/ICPC 竞赛中取得优异成绩的历届中山大学 ACM/ICPC 代表队成员原创的，题型丰富，所覆盖的知识面相当广泛，包括了各种常用的算法设计方法，数据结构设计以及计算几何、图论、数学、组合博弈、字符串和模拟等方面的知识。

1．算法设计方法

本书中涉及的算法设计方法主要包括以下几点。

（1）枚举、搜索和剪枝优化

搜索和枚举是解决问题时应该首先考虑的最通用的方法。暴力枚举的优点是简单，不容易写错，当题目规模不大的时候使用暴力枚举的方法往往能大幅提升编码速度。搜索分为深度优先搜索和宽度优先搜索两种，在这种搜索问题中，一般需要选手充分挖掘题目隐含的条件同时设计有效的剪枝优化。在深搜这类问题中，由于不需要遍历完所有的状态，所以设计合理搜索的顺序和状态的编码是很重要的，也是题目的一个考查点。本书中涉及枚举和搜索的算法题目有：3.3 工程分配问题、8.4 *K* 圆和 11.4 黄昏公主等。

（2）动态规划（Dynamic Programming，DP）

动态规划是通过把复杂的问题分解为小问题来求解问题的一个方法。当一个问题有重复的最优子状态，便可以考虑使用动态规划算法。动态规划是竞赛中经常考查到的类型，具有变形多、难度跨度大、技巧性强等特点。动态规划算法的设计主要分为状态表示、状态转移方程、初始状态、问题求解等几个步骤。动态规划有两种计算顺序，一种是自底向上式的，还有一种是自顶向下。自顶向下的动态规划方法通常被称为记忆化搜索，它的好处是不用去考虑状态枚举的顺序，以及在某些情况下可以减少无用状态的搜索。其缺点是常数略大，选手需要根据题目时限的限制选择合适的方法。本书中有关动态规划的算法的题目有 1.4 下楼问题、2.4 救火问题、4.3 护士工作安排问题、4.5 宿舍搬运问题、5.2 比特、7.1 小乔、8.3 找出第 *K* 远节点、8.5 广告船、10.1 X 之谜、10.2 卡片、12.2 完美数字、12.5 瞬移等。

（3）贪心算法

贪心算法的思想和动态规划相类似，它跟动态规划的区别是每次所做的选择看起来都是当前最佳的，即“只顾眼前利益”，期望通过所做的局部最优解选择来产生一个全局最优解。贪心算法的复杂度比动态规划优，所以当动态规划无法在时限内解决问题时，贪心算法往往能简单直接地解决。不过选手需要仔细证明贪心算法的正确性，保证答案是全局最优的。本书中涉及的贪心算法的题目有 4.1 矩形摆放问题。

2．数据结构

数据结构是一种将数据按照某种方式存储在计算机中的方法，以便于数据的高效使用。高效的数据结构往往是很多算法设计的关键步骤。在程序设计竞赛中考察到的基本数据结构一般有线性表、树、图等。线性表主要有数组、栈、队列、链表及块状链表等，而树主要是同二叉树相关的结构。引申出来的数据结构有堆、平衡树、Splay（自适应平衡树）、并查集、线段树、哈希表、树状数组、后缀数组等。本书中属于该类型的题目有 1.2 箭头识别、1.5 最大空立方体问题、2.2 树的修改、3.2 统计矩形内点数、5.4 星、5.5 插入、6.1 计算机程序设计竞赛艺术、7.2 诸葛亮、9.5 格雷的疑惑、12.3 求和等。

3．图论

图论也是程序设计竞赛中经常考查的内容。关于图论有很多知识点和算法，如图的基本遍历方法有广度优先遍历和深度优先遍历等。稍微复杂的算法有最小生成树、最短路径问题、拓扑排序、全源最短路 Floyd 算法等。更加复杂的算法有染色问题、网络流问题、匹配问题（二分图匹配、一般图匹配）等。图论题难度跨度比较大，有些可以套用经典模型直接解决，有些则需要选手根据所给图的性质，设计特殊的算法解决问题。本书中设计到的图论问题有 2.5 树的度数序列、4.4“卡蛋岛”问题、5.1 加边、6.2 ICTOP 问题、8.1 异或树、8.2 异或树 II、9.2 优美、9.3 正确、10.3 RP 路径、11.3 点的匹配等。

4．数学

在程序设计竞赛中还经常考查到各种数学问题，选手往往需要具备扎实的数学功底才能顺利地解决这些问题。本书中涉及的数学知识点主要有以下几方面。

（1）数论

数论是纯数学的一门分支，它也是现代密码学的基础，因此程序设计竞赛中的数论问题一般都涉及质数、最大公约数、同余等问题，选手一般需要掌握欧几里得算法、中国剩余定理、欧拉函数等知识才能顺利解决这些数论问题。

（2）组合数学

组合数学是考察离散结构的一门数学分支。在程序设计竞赛中这种题目一般通过考查计数问题的形式出现。计算结果很大的时候，一般要求对其取模。解决这类问题，选手需要结合算法，分析题目的特殊性质来进行计算。有时还需要使用某些组合数学的定理来帮助求解，如计数时经常用到的 Polya 定理。

（3）概率

竞赛中的概率问题通常考查的是期望值和概率值的计算。读者需要了解基本的概率论知识，结合动态规划、递推等方法来求解这类问题。

本书中涉及的数学相关的题目有 3.1 前 K 个排列问题、4.2 简单数论问题、5.3 循环小数、6.3 航道、7.3 陆逊、9.1 魔法、11.5 追逐等。

5．计算几何

计算几何也是比赛中常见的题目。选手需要掌握一些基本的几何知识，如两点间最近距离、直线方程、坐标旋转及三角形各心、点线面之间的关系等，通常还会考查凸包相关的一些算法，包括最近点对、卡壳旋转等。另外，扫描线思想的应用也是计算几何的一个考查点。计算几何的题目通常会涉及浮点数运算，选手需要处理好运算中可能产生的浮点误差。计算几何相关的题目在本书中有 9.4 不平衡、12.4 精神球等。

6．字符串

字符串的处理也是比赛中常涉及的。选手需要掌握的算法有字符串匹配的 KMP 算法、Z 算法、AC 自动机、字符串哈希、后缀数组等。本书中出现的相关题目有 2.1 金属收集、12.1 最长子串等。

7．组合博弈

组合博弈（Combinatorial game）也是比赛中时有遇到的一类题目，这类题目大多没有固定的解法，比较考验选手的思考分析能力。组合博弈一般是双人游戏，玩家拥有局面的全部信息，考查的类型一般有无偏博弈和有偏博弈两种。选手需要掌握的算法包括基本的极大极小算法、SG 算法（Sprague-Grundy theorem）和 Alpha-beta 剪枝等。本书中涉及组合博弈的题目有 6.4 贫穷的 Z、6.5 笨蛋 Z、10.5 线性尼姆游戏等。

8．模拟及杂题

模拟题也是比赛中常见的一类题目，主要考查选手的编码能力，考虑问题的全面性和细心程度。通常来说题目的难度不高，但编码量一般比较大。选手需要仔细地阅读题目给出的条件，准确地理解题目的要求，并细心和耐心地将程序准确无误地写好，才可以完成好题目。还有一些使用了不常规的算法或解题方法，我们这里都归类为杂题。本书中本类题目有 1.1 斐波那契装箱问题、1.3 选数问题、2.3 防水绿坝、3.4《工程分配问题》评测程序的设计、3.5 向量分解问题、7.4 吕布、7.5 于吉、10.4 切棍子、11.1 冒泡排序、11.2 植物大战僵尸。

题目分类总表

下面用表 0.1 列出本书题目难度及类型清单。

表 0.1　　本书题目难度及类型清单

类型/难度	★ 简单	★★ 较简单	★★★ 中等	★★★★ 较困难	★★★★★ 困难	合计
搜索枚举		8.4	3.3, 11.4			3
动态规划		1.4, 12.2, 12.5	4.3, 5.2, 7.1, 8.3, 8.5,	2.4, 4.5, 10.1, 10.2		12
贪心			4.1			1
数据结构		6.1, 12.3	1.2, 9.5, 5.4, 5.5	1.5, 3.2	2.2, 7.2	10
图论	2.5	6.2, 8.1	8.2, 10.3, 5.1	4.4, 9.2, 11.3	9.3	10
数学		4.2, 5.3	6.3, 11.5			4
组合数学	3.1		9.1			2
概率			7.3			1
计算几何		9.4	12.4			2
字符串		12.1	2.1			2
组合博弈		10.5		6.5	6.4	3
模拟和杂题	1.1, 3.4, 7.5	2.3, 11.1	1.3, 3.5, 7.4, 10.4, 11.2			10
合计	5	15	26	10	4	60

第 1 章　2009 年中山大学内部选拔赛第一试试题分析

1.1　斐波那契装箱问题（难度：★☆☆☆☆）

1.1.1　问题描述

Fibonacci Packing

(Input File: fib.in / Output File: fib.std)

In the Fibonacci integer sequence, $F_1=1, F_2=1$, and $F_n=F_{n-1}+F_{n-2}$ ($n>2$). For example, the first ten terms of the Fibonacci sequence are: 1, 1, 2, 3, 5, 8, 13, 21, 34, Fibonacci has many important properties, ever in the *cutting and packing* problem. For example, it has been proved that given a set of squares whose sides are successive Fibonacci numbers in length (starting at 1), we can always pack all of them into a bigger rectangle without any area loss. See Figure 1.1 for example, it uses squares of sizes 1, 1, 2, 3, 5, 8 which are from the first 6 Fibonacci numbers.

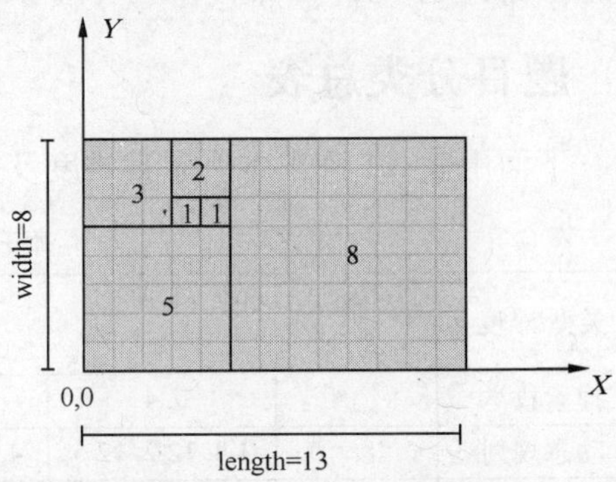

Figure 1.1　Fibonacci Packing

In this problem, you are asked to pack Fibonacci squares. In detail, given an integer n, you need to pack all the n squares whose length is $F_1, F_2, \ldots, F_n$ into a bigger rectangle without any area loss. You need to output the size of the rectangle and all the coordinates of the n squares in your packing solution. Assume that the coordinate of the bottom-left corner of the resulting rectangle is (0, 0).

Input:

The first line of the input contains a positive integer $T \leqslant 20$ specifying the number of test cases to follow. For each test case, there's only one line contains a positive integer n ($1 \leqslant n \leqslant 40$).

Output:

For each test case you should output a single line containing "Case X: N M" (quotes for clarity) where X is the number of the test case (starting at 1). N is the length of the resulting rectangle in your packing solution, while M is the width.

In the next n lines, output the coordinates of the bottom-left corner of each squares. The i-th line contains the coordinates (x, y) of the squares whose length is F_i ($1 \leqslant i \leqslant n$).

If there are more than one solution, anyone is acceptable.

Sample Input:

```
1
6
```

Sample Output:

```
Case 1: 13 8
3 5
4 5
3 6
0 5
0 0
5 0
```

1.1.2　算法分析

本题考查的是简单的数学基础和找规律的能力。

本题的题意：给出以连续的前 n 个斐波那契数为边长的正方形，需要把它们装在一个长方形中，不允许有任何空隙，然后输出矩形的大小和每个正方形的左上角坐标，任意一个解皆可。

本题题目中已经给出了很清晰的提示，只需要在题目所给出的示意图中找出正方形排列的规律即可。

图 1.1 中矩形正中的数字即代表矩形的边长，为了方便表示，下面在不引起误会的情况下用 F_i 表示边长为第 i 个斐波那契数的矩形，例如，F_1 和 F_2 即对应图 1.1 中边长为 1 的两个矩形，F_3 对应图 1.1 中边长为 2 的矩形，依此类推；而 F_1+F_2 表示第 1 个斐波那契数加上第 2 个斐波那契数的和（因为矩形不能相加，所以这里可以确认 F_1、F_2 对应斐波那契数），接着从图 1.1 中可以看到摆放矩形的规律是先把 F_2 摆在 F_1 右面，之后就可以把 F_3 摆在前面摆出来的矩形上面，然后又可以把 F_4 摆在前一步的矩形右边或者左边……这样我们就有了一个递推的过程：一开始我们先把 F_1 摆上，接下来，在已经把前 k 个正方形摆成一个矩形的情况下，假如 k+1 是偶数，则放在前一个矩形左边或者右边，否则就放在上边或者下边。这样的做法可以很容易证明是正确的：首先一开始放的矩形是 $F_2\times F_1$，接下来把矩形放在左边或者右边，我们可以得到 $F_2\times(F_1+F_2)$，即 $F_2\times F_3$，接下来显然把 F_3 放在上边，从而得到$(F_2+ F_3)\times F_3$，即 $F_4\times F_3$，以此类推，这其实就是一个交替增加 x 坐标和 y 坐标的过程。

接下来只需要模拟这个过程并统计一下长宽就可以了。

由于是一个个地摆放矩形，因此复杂度是 $O(n)$。

1.1.3　参考程序

```
#include <cstdio>
#include <cstring>
#include <cassert>
#define maxn 64
```

```
//存放结果的 x 坐标和 y 坐标
int x[maxn], y[maxn];
int main() {
    freopen("fib.in", "r", stdin);
    freopen("fib.out", "w", stdout);
    //测试数据数目
    int t;
    //读入测试数据个数
    assert(scanf("%d", &t) == 1);
    assert(1 <= t && t <= 20);
    //处理每个测试数据
    for (int kase = 1; kase <= t; ++kase) {
        //正方形个数
        int n;
        assert(scanf("%d", &n) == 1);
        assert(1 <= n && n <= 40);
        if (n == 1) {
            //只有一个矩形则直接放
            printf("Case %d: %d %d\n", kase, 1, 1);
            //输出左下角坐标
            puts("0 0");
            //处理下一个数据
            continue;
        }
        //先把 F1 摆上
        x[0] = y[0] = 0;
        //再把 F2 摆上
        x[1] = 1, y[1] = 0;
        for (int i = 2; i < n; ++i) {
            //从 3 到 n 按照递推的过程摆上 Fk
            if (i & 1) {
                //如果 i 是奇数，往右摆
                //按斐波那契数规则修改 x 坐标
                x[i] = y[i - 1] + x[i - 2];
                //y 坐标设为 0
                y[i] = 0;
            } else {
                //如果 i 不是奇数，往左摆
                //x 坐标设为 0
                x[i] = 0;
                //按斐波那契数规则修改 y 坐标
                y[i] = x[i - 1] + y[i - 2];
            }
        }
```

```
        //总的长和宽
        int length, width;
        //按照摆放的过程统计总的长和宽
        if (n & 1) {
            //如果 n 是奇数
            //计算总长度
            length = y[n - 1] + x[n - 2];
            //计算总宽度
            width = length + y[n - 1];
        } else {
            //计算总长度
            width = x[n - 1] + y[n - 2];
            //计算总宽度
            length = width + x[n - 1];
        }

        //打印测试数据编号及总长度和总宽度
        printf("Case %d: %d %d\n", kase, length, width);
        for (int i = 0; i < n; ++i) {
            //打印每个正方形的左下角坐标
            printf("%d %d\n", x[i], y[i]);
        }
    }
    return 0;
}
```

1.1.4 部分测试数据和输出结果

测试数据：

```
7
1
2
3
4
5
6
7
```

输出结果：

```
Case 1: 1 1
0 0
Case 2: 2 1
0 0
```

```
1 0
Case 3: 2 3
0 0
1 0
0 1
Case 4: 5 3
0 0
1 0
0 1
2 0
Case 5: 5 8
0 0
1 0
0 1
2 0
0 3
Case 6: 13 8
0 0
1 0
0 1
2 0
0 3
5 0
Case 7: 13 21
0 0
1 0
0 1
2 0
0 3
5 0
0 8
```

1.2　箭头识别（难度：★★★☆☆）

1.2.1　问题描述

Arrow Recognition

(Input File: arrow.in / Output File: arrow.std)

Three points $A(x_1,y_1)$, $B(x_2,y_2)$ and $C(x_3,y_3)$ form an arrow if and only if the following conditions are fulfilled:

$$x_1 = x_3 < x_2$$

$$y_1 < y_2 < y_3$$

The length of the arrow ($x_2 - x_1$) must not shorter than the width of the arrow $y_3 - y_1$.

Figure 1.2 shows an example of an arrow. We define the size of an arrow as its length plus its width. Given N points in the plane, what's the largest possible arrow can be formed from three of the given points?

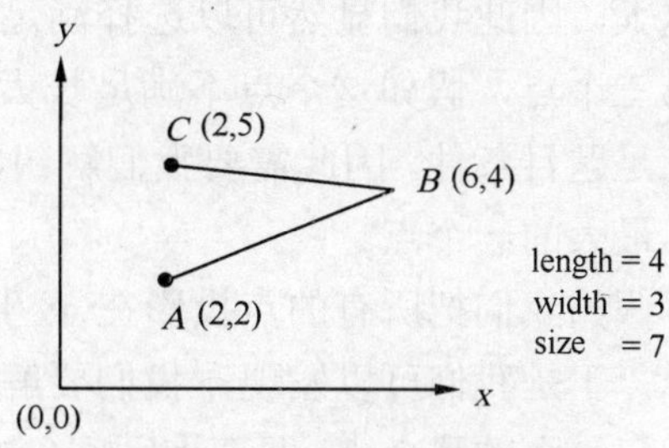

Figure 1.2 Example of an arrow

Input:

The first line of the input contains a positive integer $T \leqslant 20$ specifying the number of test cases to follow.

The first line of each test case contains a positive integer N ($1 \leqslant N \leqslant 2000$). Then follows N lines, each describes a point with coordinates (x_i, y_i) ($0 \leqslant x_i, y_i \leqslant 10^7$).

It's assumed that no two points are at the same location.

Output:

For each test case you should output a single line containing "Case X: Y " (quotes for clarity) where X is the number of the test case (starting at 1). Y is the size of the largest arrow in the plane. If there's not any arrow in the plane, Y should be equal to -1.

Sample Input:

```
1
5
2 2
2 5
6 4
2 4
2 10
```

Sample Output:

```
Case 1: 7
```

1.2.2 算法分析

这是一道数据结构题目。

题目要求三个点的坐标满足某种大小关系，即形成一个箭头的形状，并且对应的长($x_2 - x_1$)加宽($y_3 - y_1$)的值要最大。

本题最直接的做法就是首先枚举三个点，再判定是否满足题目条件，然后保存最优值。但是题目中点数高达 2000，因此这种 $O(N^3)$的做法将会导致无法在限定时间内出解。既然枚举三个点效率太低，我们或者可以退一步，先枚举箭头左边（即 x 坐标相等）的两个点（点 1

和点 3)，然后点 2 通过某种方法来快速确定，而不是通过暴力枚举。

首先从题目条件中我们可以知道，点 2 的 y 坐标必须位于前面两个点之间（不能相等），在此前提下点 2 要在前面两个点右边，而且要求(x_2-x_1)要比(y_3-y_1)大，由于我们枚举出来的两个点坐标已经确定，因此(y_3-y_1)就是一个常数，而 x_1 也是一个常数，从而我们发现 x_2 应该尽可能大，首先 x_2 应该满足长比宽大的要求，其次由于宽已经是定值，而 x_2 越大，箭头的长度就越大，因此我们显然可以选择满足夹在前两个点这个条件的点中 y 坐标最大的一个点来作为第三个点，假如这个点不满足长大于宽的条件，则选择其他的任何点作为第三点显然也不会满足题目条件。因此需要我们解决的问题就是：如何很快地查询 y 坐标夹在两个点中间的 x 坐标最大的一个点。

假如我们把所有的点投影在 y 坐标轴上，然后在每个投影的点上标记每个对应的点的 x 坐标，于是我们可以发现，我们要解决的问题就是查询这条 y 坐标轴上夹在某两个点的区间中标记最大的那个点，即查询区间(y_1,y_3)中的最大值，于是问题就成功转换成一个经典的问题：区间最值（最大值/最小值）查询（RMQ）问题。这个问题可以通过 Square Table 算法实现 $O(n\log_2 n)$的预处理和 $O(1)$的查询，由于坐标范围是$[0,10^7]$，但总共点数只有 2000 个，因此可以把坐标离散化，所谓的离散化，就是把出现过的坐标替换为符合原来坐标间相对大小关系的连续整数下标，因为只需要考虑坐标之间的大小关系而不需要对具体坐标进行运算，因此需要处理的不同的 y 坐标最多只有 2000 个，从而使得 RMQ 查询需要预处理和查询的范围大大缩小。因此总的复杂度就是 $O(n\log_2 n+n^2)$。

1.2.3　参考程序

```
#include <cstdio>
#include <algorithm>
#include <set>
#include <cassert>
using namespace std;
#define maxn 2010
//存放离散化后的 y 坐标对应的原来的 y 坐标值
int Y[maxn];
//每个点的坐标
int px[maxn], py[maxn];
//每个点 y 坐标离散化后的值
int yy[maxn];
//保存每个离散化后的 Y 坐标 y′=id 所对应的点的 X 的最大值
int f[maxn];
//保存所有点先按 X 坐标再按 Y 坐标排序之后的编号
int id[maxn];
//比较 a 和 b 的坐标大小关系
//先比较 x 坐标大小，再比较 y 坐标大小
bool cmp(int a, int b) {
```

```
    if (px[a] != px[b]) return px[a] < px[b];
    return py[a] < py[b];
}
//存储预处理对于 2 的对数
int mylog[maxn];

//存储 RMQ 预处理的结果
//rmq[i][j]表示从位置 j 开始，长度为 2^i 的区间的最大值
int rmq[11][maxn];

void prepare(int n) {
    //RMQ 预处理
    //定义三个循环变量
    int i, j, k;
    //求 i 是 2 的几次幂(下取整)
    for(i = 0; i <= n; mylog[i++] = k)
        //从 k 要刚好满足 2^k >= i
        for(k = 0; (1 << (k + 1)) < i; k++);
    //这里 j 表示要处理的区间的长度对 2 取对数的值
    for(j = 0; (1 << j) <= n; j++)
        //i 表示区间起始位置
        for(i = 0; i + (1<<j) <= n; i++){
            //j=0 即区间长度为 1，直接从原来的数组中复制
            if(j == 0) rmq[j][i] = f[i];
            //否则从长度为 2^(j-1)的两个数组中取最大值
            else rmq[j][i] =
                max(rmq[j - 1][i], rmq[j - 1][i + (1 << (j - 1))]);
        }
}

int query(int i, int j) {
    //RMQ 查询
    //k 表示区间长度对 2 取对数下取整
    int k = mylog[j - i + 1];
    //对两个区间取最大值
    //这两个区间的并刚好覆盖了区间[i,j]
    return max(rmq[k][i], rmq[k][j - (1 << k) + 1]);
}
//标记变量，防止有重复的点出现
set< pair<int, int> >SET;
int main() {
    freopen("arrow.in", "r", stdin);
```

```
freopen("arrow.out", "w", stdout);

//测试数据个数
int t;
assert(scanf("%d", &t) == 1);
assert(1 <= t && t <= 20);
//处理每个测试数据
for (int kase = 1; kase <= t; ++kase) {
    //n表示点数
    //ycnt表示离散化之后不同y坐标的个数
    int n, ycnt = 0;
    //读入点数
    assert(scanf("%d", &n) == 1);
    assert(1 <= n && n <= 2000);
    SET.clear();
    for (int i = 0; i < n; ++i) {
        //读入点的x、y坐标
        assert(scanf("%d%d", &px[i], &py[i]) == 2);
        //检查坐标范围是否合法
        assert(0 <= px[i] && px[i] <= 10000000 &&
               0 <= py[i] && py[i] <= 10000000);
        //检查是否有重复点
        assert(SET.find(make_pair(px[i], py[i])) == SET.end());
        SET.insert(make_pair(px[i], py[i]));
        //记录y坐标
        Y[ycnt++] = py[i];
        //初始化编号
        id[i] = i;
    }
    //Y坐标离散化
    sort(Y, Y + ycnt);
    //先排序再去重
    ycnt = unique(Y, Y + ycnt) - Y;

    //把f数组初始化为0
    for (int i = 0; i < ycnt; ++i) {
        f[i] = 0;
    }

    for (int i = 0; i < n; ++i) {
        //二分查找py[i]在Y中的位置
        int id = lower_bound(Y, Y + ycnt, py[i]) - Y;
```

```
            //f[id]保存每个离散化后的 Y 坐标 y'=id 所对应的点的 X 的最大值
            if (f[id] < px[i]) f[id] = px[i];
        }
        //RMQ 初始化
        prepare(ycnt - 1);
        int ans = -1;

        //把所有点先按 X 坐标再按 Y 坐标排序
        //使得 X 坐标相等的点排在一起而且
        //X 坐标相同的点的 Y 坐标按递增顺序排列
        sort(id, id + n, cmp);
        for (int i = 0; i < n; ++i) {
            //二分查找 py[id[i]]在 Y 数组中的位置
            yy[i] = lower_bound(Y, Y + ycnt, py[id[i]]) - Y;
        }
        for (int i = 0; i < n; ++i) {
            for (int j = i + 1; j < n; ++j) {
                //枚举点 1 和点 3，保证点 1 和点 3 的 X 坐标相等
                if (px[id[j]] != px[id[i]]) break;
                //求箭头宽度
                int width = py[id[j]] - py[id[i]];
                if (width < 2) continue;
                //查询最大的 X 值并统计答案
                int length = query(yy[i] + 1, yy[j] - 1) - px[id[i]];
                if (length >= width &&
                        width + length > ans) ans = width + length;
            }
        }
        //输出测试编号和答案
        printf("Case %d: %d\n", kase, ans);
    }
    return 0;
}
```

1.2.4　部分测试数据和输出结果

测试数据：

```
1
1
41 18467
10
```

```
10000000 0
10000000 1
10000000 2
10000000 3
10000000 4
6334 26500
19169 15724
11478 29358
26962 24464
5705 28145
```

输出结果：

```
Case 1: -1
```

1.3　选数问题（难度：★★☆☆☆）

1.3.1　问题描述

Arrangement

(Input File:arrange.in / Output File:arrange.std)

Given a set of N numbers, we want to select $R \times C$ numbers from it, and filled the selected numbers into a $R \times C$ matrix (R rows with C numbers in each row).

We define $D(i)$ as the difference between the largest and the smallest number in the i-th row of the matrix ($1 \leqslant i \leqslant R$). For the entire matrix, we define F as the largest $D(i)$ of the R rows.

The value F of the resulting matrix is expected to be as small as possible. Can you help us to tell what the smallest possible F is?

Input:

The first line of the input contains a positive integer $T \leqslant 20$ specifying the number of test cases to follow.

The first line of each test case contains 3 positive integers N,R,C. The following line contains N positive integers P_i.

For all test cases:$1 \leqslant R,C \leqslant 10^4, R \times C \leqslant N \leqslant 5 \times 10^5, 0 < P_i \leqslant 10^9$.

Output:

For each test case you should output a single line containing "Case X: Y " (quotes for clarity) where X is the number of the test case (starting at 1). Y is the smallest possible F.

Sample Input:

```
1
7 2 3
170 205 225 190 260 225 160
```

Sample Output:

```
Case 1: 30
```

1.3.2　算法分析

这题的题意就是要在 N 个数中选出 $R×C$ 个数，然后填入 $R×C$ 的矩阵中，每一行的 $D(i)$ 定义为其最大值与最小值的差，然后要令所有行的 $D(i)$的最大值 F 尽量小。

首先把 N 个数按照从小到大的顺序排序，那么一定存在一个最优解，对于同一行的 C 个数，它应该是其中连续的 C 个数。我们可以通过以下方式证明。

先考虑一个最优解，假设对于某一行 R_i，是排序之后不连续的 C 个数，那么必然存在一个数 $\min(R_i)\leqslant P_j\leqslant\max(R_i)$（其中，$\min(R_i)$表示行 R_i 的最小值，$\max(R_i)$表示行 R_i 的最大值）不属于 R_i。假如 P_j 未被选入 $R×C$ 个数中，那么把 R_i 的最大值替换为 P_j，$D(i)$不会变大，对其他行没有影响，从而 F 值不会变大。假如 P_j 被 R_k 选中，那么：

① 如果 $\min(R_k)\leqslant\min(R_i)$，那么交换 P_j 和 $\min(R_i)$不会增大 $D(k)$，也不会增大 $D(i)$，从而不会增大 F 值；

② 否则如果 $\max(R_k)\geqslant\max(R_i)$，那么交换 P_j 和 $\max(R_i)$不会增大 $D(k)$，也不会增大 $D(i)$，从而不会增大 F 值；

③ 否则如果 $\min(R_i)\leqslant\min(R_k)$, $\max(R_k)\leqslant\max(R_i)$，假如交换 $\max(R_i)$和 $\max(R_k)$，那么改变之后 $D'(i)\leqslant D(i)$, $D'(j)\leqslant D(j)$，所以 $\max(D'(i), D'(j))\leqslant D(i)$，故 F 值不会增大。通过以上步骤可以把所有行的数字都变成连续顺序的。

因此我们知道，假如我们知道行 R_i 的最小值是 P_j，那么 R_i 所选择的数就是 P_j,P_{j+1}，…，P_{j+c-1}。至此我们可以二分答案 *ans*，如果发现一个位置 P_i 满足 $P_{j+c-1}-P_j\leqslant ans$，那么把这 C 个数选做一行，因为尽量往前选不会影响后面的选择，假如我们能够成功选择 R 行，说明这个答案是可行的，否则是不可行的。

二分答案的复杂度是 $O(\log_2 10^9)$，每次枚举出一个答案需要用 $O(N)$时间去判断是否可行，因此总的复杂度是 $O(n\log_2 10^9)$。

1.3.3　参考程序

```
#include <cstdio>
#include <algorithm>
#include <cassert>
using namespace std;

#define maxn 500000
//存储输入的数
```

```
int p[maxn];

int main() {
    freopen("arrange.in", "r", stdin);
    freopen("arrange.out", "w", stdout);
    //测试数据个数
    int t;
    //读入测试个数
    assert(scanf("%d", &t) == 1);
    assert(1 <= t && t <= 20);

    //按顺序处理每一个测试数据
    for (int kase = 1; kase <= t; ++kase) {
        //n表示整数个数
        //r表示矩阵行数
        //c表示矩阵列数
        int n, r, c;
        assert(scanf("%d%d%d", &n, &r, &c) == 3);
        //判断输入是否合法
        assert(1 <= r && r <= 10000 &&
            1 <= c && c <= 10000 &&
            r * c <= n && n <= 500000);
        for (int i = 0; i < n; ++i) {
            //读入每一个可选的整数
            assert(scanf("%d", &p[i]) == 1);
            assert(0 < p[i] && p[i] <= 1000000000);
        }
        //把输入的数字按大小排序
        sort(p, p + n);
        int ans;
        //二分的上界和下界
        int lo = 0, hi = 1000000000;
        //二分答案
        while (lo <= hi) {
            int mi = (lo + hi) >> 1;
            int cnt = 0;
            //枚举起点
            for (int i = 0; i + c - 1 < n;) {
                if (p[i + c - 1] - p[i] <= mi) {
                    //p[i]满足条件，成功构造一行
```

```
            cnt++;
            i = i + c;
        } else {
            ++i;
        }
    }
    if (cnt >= r) {
        //成功选定 R×C 个数
        hi = mi - 1;
        ans = mi;
    } else {
        //否则调整二分范围的下界
        lo = mi + 1;
    }
  }
  //输出测试编号和答案
  printf("Case %d: %d\n", kase, ans);
 }
 return 0;
}
```

1.3.4 部分测试数据和输出结果

测试数据：

```
2
1 1 1
41
100 50 1
6334 19169 309469836 24464 28145 16827 491 11942 5436 14604 153 12382 18716 19895 21726 11538
19912 26299 9894 23811 30333 4664 7711 6868 27644 32757 12859 9741 778 3035 55455252 9040
19264 27446 15890 24370 15006 24393 19629 24084 18756 4966 13931 16944 24626 5537 369569622
16541 31115 294503940 13977 159030133 28745 111170688 26777 122256642 13290 18636 24767 15574
12052 1150 21724 3430 30191 11337 12287 10383 8909 9758 18588 24946 13030 950614288 18762
17410 27624 21548 27595 3602 10291 9374 4596 27348 19668 438893 55848062 6900 18127 3728
24648 17807 14310 22813 14309 18935 20600 16519 22798 6224
```

输出结果：

```
Case 1: 0
Case 2: 0
```

1.4　下楼问题（难度：★★☆☆☆）

1.4.1　问题描述

Going down

(Input File:down.in / Output File:down.std)

A silly cat is at the top floor of a building, and it wants to go down to the 1st floor. There are 3 doors in each floor. Every door connects a **unidirectional** channel, from which the cat can go down to the next floor below. Neighboring doors in the same floor are connected by **bidirectional** channel. For any two consecutive floors, the following are guaranteed:

The channel of the upper floor's leftmost door is connected directly to the rightmost door of the lower floor (See Figure 1.3 for example);

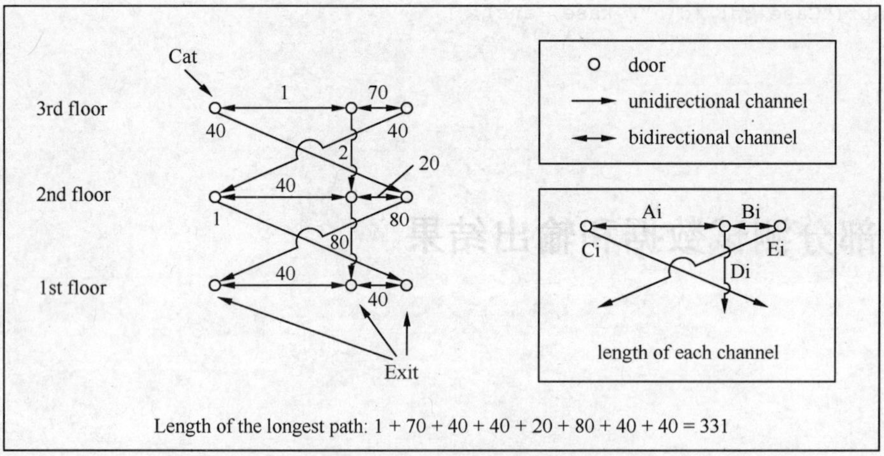

Figure 1.3　A building with three floors

The channel of the upper floor's rightmost door is connected directly to the leftmost door of the lower floor;

The channel of the upper floor's middle door is connected directly to the middle door of the lower floor.

The cat is initially at the leftmost door of the *N*-th floor. We know the length of all the channels of the building. Now here comes the problem: What is the length of the longest path from the cat's initially position to the exit? Notice that, though the cat is stupid, it won't pass a same road more than once.

Input:

The first line of the input contains a positive integer $T \leqslant 20$ specifying the number of test cases to follow.

The first line of each test case contains a positive integers N ($1 \leqslant N \leqslant 5 \times 10^5$). Then follows N lines, the i-th line contains 5 positive integers $Ai\ Bi\ Ci\ Di\ Ei$, the length of each channel on the i-th floor (see Figure 1.4 for detail). ($0 \leqslant A_i, B_i, C_i\ D_i\ E_i \leqslant 1000$.)

For the first floor, $C_i = D_i = E_i = 0$, because there's no way to lower floor.

Output:

For each test case you should output a single line containing "Case X: Y " (quotes for clarity) where X is the number of the test case (starting at 1). Y is the length of the longest path.

Sample Input:

```
1
3
40 40 0 0 0
40 20 1 80 80
1 70 40 2 40
```

Sample Output:

```
Case 1: 331
```

1.4.2　算法分析

这是一道动态规划题。

题目大意是：有 N 层楼，每层楼间有 3 个门，每个门之间可以互相通过，但是一旦下了楼就不能再往上了，而且不允许走回头路，求从最高层最左边的门到达最底层任意一个门的最长时间。

首先注意到由于下了楼就不能再往上，因此我们可以先把不同楼层分开考虑。对于同一层楼的 3 个门，由于不能走回头路，我们可以看到，一旦决定了起点还有向左走或者向右走就不能再走回头路，即决定了起点和终点，所以可以考虑 3 种情况，不妨用 g_{ij} 表示从上一层到达第 i 层第 j 个门的最长时间，这样就可以很方便地计算以第 i 层第 j 个门为起点到达同层其他门的最长时间。再设状态 f_{ij} 表示到达第 i 层第 j 个门的最长时间，显然某一层的 g 只可能从上一层的 f 值计算出来，而同一层的 f 值由该层的 g 值计算得到，显然 $g_{n1}=f_{n1}=0$, $g_{n2}=g_{n3}=f_{n2}=f_{n3}=0=\infty$。从而可以得到转移方程：

$$f_{i1}=\max(f_{i-1,3}+E_{i-1}, f_{i-1,2}+D_{i-1}+A_i, f_{i-1,1}+C_{i-1}+A_i+B_i)$$

$$f_{i2}=\max(f_{i-1,3}+E_{i-1}+A_i, f_{i-1,2}+D_{i-1}, f_{i-1,1}+C_{i-1}+B_i)$$

$$f_{i3}=\max(f_{i-1,3}+E_{i-1}+A_i+B_i, f_{i-1,2}+D_{i-1}+B_i, f_{i-1,1}+C_{i-1})$$

注意，上式中 g 的表达式已经展开了。

根据以上式子可以看到，f_{i1}，f_{i2}，f_{i3} 只会由 $f_{i-1,1}$，$f_{i-1,2}$，$f_{i-1,3}$ 得到，因此转移是 $O(1)$的，一共有 $3n$ 个状态，因此这是一个复杂度为 $O(n)$的动态规划过程。

1.4.3　参考程序

```
#include <cstdio>
#include <cassert>
#include <ctime>
#define maxn 500000
//存储状态的值
int f[maxn][3];
//存储参数 Ai、Bi、Ci、Di、Ei（如题目输入描述所说）
int d[maxn][5];
//返回 a、b、c 中的最大值
int max(int a, int b, int c) {
   int ret = a > b ? a : b;
   return c > ret ? c : ret;
}

int main() {
   freopen("down.in", "r", stdin);
   freopen("down.out", "w", stdout);
   //测试数据个数
   int t;
   //读入测试数据
   assert(scanf("%d", &t) == 1);
   assert(0 < t && t <= 20);
   //按顺序处理每个测试数据
   for (int kase = 1; kase <= t; ++kase) {
      //读入楼的层数
      int n;
      assert(scanf("%d", &n) == 1);
      assert(1 <= n && n <= maxn);
      for (int i = 0; i < n; ++i) {
         //读入每一层楼的 5 个参数
         for (int j = 0; j < 5; ++j) {
            assert(scanf("%d", &d[i][j]) == 1);
            assert(0 <= d[i][j] && d[i][j] <= 1000);
            //检查输入是否合法
            if (i == 0) {
               assert(d[i][2] == 0 && d[i][3] == 0 && d[i][4] == 0);
            }
```

```
            }
        }
        //注意这里表示门编号的下标从 0 开始
        f[n - 1][0] = 0;
        f[n - 1][1] = f[n - 1][0] + d[n - 1][0];
        f[n - 1][2] = f[n - 1][1] + d[n - 1][1];
        for (int i = n - 2; i >= 0; --i) {
            //参见以上转移方程
            f[i][0] = max(f[i + 1][0] + d[i + 1][2] + d[i][0] + d[i][1],
                    f[i + 1][1] + d[i + 1][3] + d[i][0],
                    f[i + 1][2] + d[i + 1][4]);
            f[i][1] = max(f[i + 1][0] + d[i + 1][2] + d[i][1],
                    f[i + 1][1] + d[i + 1][3],
                    f[i + 1][2] + d[i + 1][4] + d[i][0]);
            f[i][2] = max(f[i + 1][0] + d[i + 1][2],
                    f[i + 1][1] + d[i + 1][3] + d[i][1],
                    f[i + 1][2] + d[i + 1][4] + d[i][0] + d[i][1]);
        }
        //答案取最大值
        int ans = max(f[0][0], f[0][1], f[0][2]);
        //打印测试编号和最优值
        printf("Case %d: %d\n", kase, ans);
    }
    return 0;
}
```

1.4.4　部分测试数据及输出结果

测试数据：

```
4
1
41 467 0 0 0
2
0 0 0 0 0
10 100 0 1000 1000
10
724 478 0 0 0
705 145 281 827 961
491 995 942 827 436
```

```
391 604 902 153 292
382 421 716 718 895
447 726 771 538 869
912 667 299 35 894
703 811 322 333 673
664 141 711 253 868
547 644 662 757 37
10
1000 1000 0 0 0
1000 1000 10 10 1000
1000 1000 10 10 1000
1000 1000 10 10 1000
1000 1000 10 10 1000
1000 1000 10 10 1000
1000 1000 10 10 1000
1000 1000 10 10 1000
1000 1000 10 10 1000
1000 1000 10 10 1000
```

输出结果：

```
Case 1: 508
Case 2: 1110
Case 3: 17523
Case 4: 29000
```

1.5　最大空立方体问题（难度：★★★★☆）

1.5.1　问题描述

Largest Empty Cubic Space

(Input File:cubic.in / Output File:cubic.std)

Given a rectangular container and *N* boxes (also in rectangular shape) which are already orthogonal (parallel to the coordinate axis) packed in the container, you are to find a largest empty cubic space in the container and report its length.

For empty cubic space, we mean those empty spaces which are completely inside the container and having zero intersection with any of the packed boxes. Moreover, the space should be in cubic shape and orthogonal. The coordinates system used in this problem is shown in Figure 1.4.

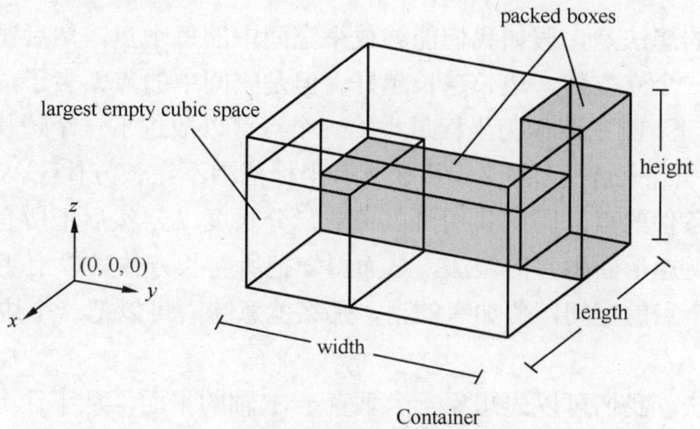

Figure 1.4 Illustration of the coordinates system

Input:

The first line of the input contains a positive integer $T \leqslant 20$ specifying the number of test cases to follow.

The first line of each test case contains 4 positive integers: N, L, W and H. L is the length of the container; W is the width of the container and H is the height of the container. N is the number of boxes.

Then follows N lines, the i-th line contains 6 integers: x_i,y_i,z_i,X_i,Y_i,Z_i describing the i-th box, where (x_i,y_i,z_i) is the coordinates of the back-bottom-left corner of the box and (X_i,Y_i,Z_i) is the front-top-right corner of the box. All the boxes don't intersect with the others.

$0 \leqslant N \leqslant 1000, 0 \leqslant x_i \leqslant X_i \leqslant L \leqslant 1000, 0 \leqslant y_i \leqslant Y_i \leqslant W \leqslant 1000, 0 \leqslant z_i \leqslant Zi \leqslant H \leqslant 1000$

Output:

For each test case you should output a single line containing "Case X: Y " (quotes for clarity) where X is the number of the test case (starting at 1). Y is the length of the largest empty cubic space. If the container has no empty space, Y should be equal to 0.

Sample Input:

```
1
2 10 15 8
0 0 0 4 11 3
0 11 0 4 15 8
```

Sample Output:

```
Case 1: 6
```

1.5.2 算法分析

这是一道考查数据结构和离散化思想的题目。

这道题的题意简单来说就是在一个长方体的区域 A 里，已经有若干长方体，要在区域 A 中找空隙放进一个立方体，要求立方体不与原来已有的长方体相交，问这个立方体边长最大可以是多少。

首先一个直观的想法是，假如我们能够枚举空间中的每个点，然后试着以这个点为坐标最小的一个点放进一个立方体，边长越长越好。但是空间中的点太多了，我们不妨先确定一个边长 S，在此前提下，哪些点作为坐标最小的一个点可以放进下一个边长为 S 的立方体呢？考虑只有一个长方体$(x_i,y_i,z_i)-(X_i,Y_i,Z_i)$，那么所有坐标范围不在长方体$(x_i-S, y_i-S, z_i-S)-(X_i,Y_i,Z_i)$里面的点都是符合条件的点。因此我们可以考虑二分长度 L，然后把所有给出的长方体做一下变换，再参照实现矩形面积并的做法，从而得知把所有长方体做以上变换之后，区域 A 中是否还有容得下一个点的空间，假如有的话，那么就意味着可以把一个边长为 S 的正方体放进其中。

至于具体的做法，我们可以先想象一个垂直于 z 轴的平面，从下往上扫描，于是所有长方体在穿过这个平面的部分就形成了一些矩形的并集，我们可以把平面上的坐标离散化，就把区域 A 和这个平面的相交部分划分成了一些大小不一格子，我们把每个格子视为一个节点，用矩形去覆盖这些格子，假如有格子没有被覆盖，那么就代表有空间可以容下一个点。用矩形去覆盖这些格子的过程我们可以用线段树来实现，因为对于 X 坐标来说，最多只有 $2N$ 行左右，因此我们可以开 $2N$ 个线段树，每个对应第 i 行的所有格子。而线段树中只需要存下某个区域被覆盖的次数及其最小值，通过查询最小值就知道是否有格子没有被覆盖。

可以看到，在这个过程中，离散化坐标是很重要的一个步骤。通过坐标离散化，可以把无限个可能的位置化为只考虑关键的位置，从而把无限的可能化为有限而且比较少的可能。

算法过程如下。

（1）二分 S。

（2）根据 S 对矩形和区域 A 的坐标进行变换，离散化坐标。

（3）按照 z 坐标从小到大的顺序扫描，把矩形加入线段树或者从线段树中去掉（可以把加入一个矩形或者去掉一个矩形作为一个事件，然后按照它们发生的时间顺序处理），查询是否有空间未被覆盖。

在以上过程中需要注意一下查询的时机，只有是在所有新的矩形加进去之后所作的查询才不会导致误报出现，因为当新的矩形还没有加进去时会导致本来应该被覆盖的空间还没有被覆盖。

从以上过程我们可以知道，每个立方体最多会被加入一次和被删除一次，所以对每一个线段树的操作最多只有 $O(n)$次，而坐标范围在离散化之数量级后也是 $O(n)$的，因此复杂度就是：

$$O(\log_2(\max(W,L,H))\times(n\log_2 n+n\times\max(W,L,H)\times\log_2 n)$$

也就是 $O(n^2(\log_2 n)^2)$。

1.5.3　参考程序

```
#include <cstdio>
#include <cstring>
#include <algorithm>
```

```
using namespace std;
#define min(a,b) ((a) < (b) ? (a) : (b))
#define maxn (1000 + 1)
#define maxm (4 * maxn)
#define inf 5000
//x坐标
int x[2 * maxn];
//y坐标
int y[2 * maxn];
//经过归一化之后不同x、y坐标的个数
int xCnt;
int yCnt;
//一维线段树
struct SegmentTree1D {
    struct Node1D {
        //完全覆盖该节点的次数
        int delta;
        //该节点对应范围下的覆盖次数最小值
        //不包括完全覆盖该节点的次数
        int minimal;
        Node1D() {
            delta = minimal = 0;
        }
    }node[maxm];
    void clear() {
        memset(node, 0, sizeof(Node1D) * 4 * yCnt);
    }
    //返回最小覆盖次数
    int query() {
        return node[0].delta + node[0].minimal;
    }
    //left, right代表当前节点所代表的左右端点
    //l、r则代表要修改的区间端点
    //root表示当前节点编号
    void modify(int root, int left, int right, int l, int r, int d)
{
        //如果区间[l,r]和[left, right]没有交集就马上返回
        if (l > right || r < left) return;
        //如果区间[left,right]被[l,r]包含就增加覆盖次数
        if (l <= left && right <= r) {
            node[root].delta += d;
            //返回
```

```
            return;
        }
        //求出区间[left, right]的中点
        int mid = (left + right) >> 1;
        //求出左子节点和右子节点的编号
        int lc = root * 2 + 1, rc = lc + 1;
        //修改左子树
        modify(lc, left, mid, l, r, d);
        //修改右子树
        modify(rc, mid + 1, right, l, r, d);
        //根据左右子节点修改当前节点的统计值
        node[root].minimal = min(node[lc].minimal + node[lc].delta,
                node[rc].minimal + node[rc].delta);
    }
};

struct Tree {
    //2N个线段树
    SegmentTree1D node[2 * maxn];
    int query() {
        //ret保存最小值，初始化为无穷大
        int ret = inf;
        for (int i = 0; i < xCnt; ++i) {
            //对每棵线段树进行查询
            int cur = node[i].query();
            //维护最小值
            if (cur < ret) ret = cur;
        }
        //返回最小值
        return ret;
    }
    //对矩形(x1,y1)-(x2,y2)进行d次覆盖的修改
    void modify(int x1, int x2, int y1, int y2, int d) {
        for (int i = x1; i <= x2; ++i) {
            //分别对每棵线段树进行修改
            node[i].modify(0, 0, yCnt - 1, y1, y2, d);
        }
    }
    //重置二维线段树
    void clear() {
        for (int i = 0; i < xCnt; ++i) {
            //分别重置每一棵一维线段树
```

```
            node[i].clear();
        }
    }
}tree;

struct Box {
    //一个长方体的两个角的坐标
    int x1, y1, z1, x2, y2, z2;
    //读入一个长方体
    void init() {
        scanf("%d%d%d%d%d%d", &x1, &y1, &z1, &x2, &y2, &z2);
    }
    Box() {}
    //按照参数创建一个长方体
    Box(int xx1, int yy1, int zz1, int xx2, int yy2, int zz2) {
        x1 = xx1, y1 = yy1, z1 = zz1;
        x2 = xx2, y2 = yy2, z2 = zz2;
    }
}boxes[maxn];

struct Event {
    //该事件对应的长方体的标号
    int boxId;
    //事件发生的 z 坐标
    int z;
    //事件是否对应一个长方体的下端
    bool isBottom;
    Event() {}
    //根据参数创建一个事件
    Event(int id, int zz, bool flag) : boxId(id), z(zz), isBottom(flag)
{
    }
}event[2 * maxn];
//记录事件个数
int eCnt;
//比较两个事件先后顺序
bool eventCmp(const Event &a, const Event &b) {
    if (a.z != b.z) return a.z < b.z;
    //让新出现的矩形先得到处理
    return a.isBottom < b.isBottom;
}
//判断长度为 l 的立方体是否能够放进去
```

```
//length, width, height 表示区域的大小
//boxes 为输入给定的长方体
bool canPack(int length, int width, int height, Box *boxes, int n,
int l) {
    xCnt = 0, yCnt = 0;
    eCnt = 0;
    int i;
    //变换坐标并对坐标进行离散化
    for (i = 0; i < n; ++i) {
        //把长方体变换为对应的不可以放点的范围
        boxes[i].x1 -= l;
        boxes[i].y1 -= l;
        boxes[i].z1 -= l;
        //如果变换后的 x 坐标没有超出区域的范围，则放入 x 坐标离散化数组中
        if (boxes[i].x1 >= 0) x[xCnt++] = boxes[i].x1;
        x[xCnt++] = boxes[i].x2;
        //如果变换后的 y 坐标没有超出区域的范围，则放入 y 坐标离散化数组中
        if (boxes[i].y1 >= 0) y[yCnt++] = boxes[i].y1;
        y[yCnt++] = boxes[i].y2;
        //根据长方体的坐标构造事件
        event[eCnt++] = Event(i, boxes[i].z1, true);
        event[eCnt++] = Event(i, boxes[i].z2, false);
    }
    //加入区域 A 的限制
    boxes[n] = Box(-l, -l, -inf, length + 1, width + 1, 0);
    //把边界点加入有离散化数组中
    x[xCnt++] = 0;
    y[yCnt++] = 0;
    //把变换后的长方体的上下平面加入事件中
    event[eCnt++] = Event(n, boxes[n].z1, true);
    event[eCnt++] = Event(n, boxes[n].z2, false);

    //离散化 x 坐标和 y 坐标
    //先排序
    sort(x, x + xCnt);
    //再去重
    xCnt = unique(x, x + xCnt) - x;
    //先排序
    sort(y, y + yCnt);
    //再去重
    yCnt = unique(y, y + yCnt) - y;
```

```
//把事排序
sort(event, event + eCnt, eventCmp);
//初始化二维线段树
tree.clear();
//标记是否可以放进长度为 l 的立方体
bool ok = false;
for (i = 0; i < eCnt; ++i) {
    //引用排第 i 的事件和它对应的长方体
    Event &e = event[i];
    Box &b = boxes[e.boxId];

    if (e.z + l > height) break;
    //求出 x1 坐标离散化之后的值
    int x1, x2, y1, y2;
    if (b.x1 < 0) x1 = 0;
    else x1 = lower_bound(x, x + xCnt, b.x1) - x + 1;
    //求出 y1 坐标离散化之后的值
    if (b.y1 < 0) y1 = 0;
    else y1 = lower_bound(y, y + yCnt, b.y1) - y + 1;
    //求出 x2 坐标离散化之后的值
    if (b.x2 + l > length) x2 = xCnt - 1;
    else x2 = lower_bound(x, x + xCnt, b.x2) - x - 1;
    //求出 y2 坐标离散化之后的值
    if (b.y2 + l > width) y2 = yCnt - 1;
    else y2 = lower_bound(y, y + yCnt, b.y2) - y - 1;

    if (e.isBottom) {
        //把矩形放入线段树中
        tree.modify(x1, x2, y1, y2, +1);
    } else {
        //把矩形从线段树中移除并查询
        tree.modify(x1, x2, y1, y2, -1);
        //如果存在一个位置没有被覆盖，说明可以放进长度为 l 的立方体
        if (tree.query() == 0) {
            ok = true;
            break;
        }
    }
}
for (i = 0; i < n; ++i) {
//恢复所有长方体原来的坐标
    boxes[i].x1 += l;
```

```
        boxes[i].y1 += 1;
        boxes[i].z1 += 1;
    }
    //返回结果
    return ok;
}

int main() {
    freopen("cubic.in", "r", stdin);
    freopen("cubic.out", "w", stdout);
    //测试数据个数
    int t;
    //读入测试数据个数
    scanf("%d", &t);
    //按顺序处理每个测试数据
    for (int kase = 1; kase <= t; ++kase) {
        //n 表示长方体个数
        //length, width, height 为区域大小
        int n, length, width, height;
        scanf("%d%d%d%d", &n, &length, &width, &height);
        //读入每一个长方体的信息
        for (int i = 0; i < n; ++i) {
            boxes[i].init();
        }
        //ans 保存答案
        int ans = 0;
        //lo,hi 为二分的范围
        int lo = 0, hi = length;
        if (width < hi) hi = width;
        if (height < hi) hi = height;
        //二分枚举 L
        while (lo <= hi) {
            int mi = (lo + hi) >> 1;
            //是否存在可以放进边长为 mi 的立方体
            if (canPack(length, width, height, boxes, n, mi)) {
                //如果可以，则把二分下界放大
                lo = mi + 1;
                ans = mi;
            } else {
                //如果不可以就把下界缩小
                hi = mi - 1;
            }
```

```
    }
    //输出测试编号和答案
    printf("Case %d: %d\n", kase, ans);
  }
  return 0;
}
```

1.5.4　部分测试数据及输出结果

测试数据：

```
1
1 500 500 500
0 0 0 500 500 500
```

输出结果：

```
Case 1: 0
```

第 2 章　2009 年中山大学内部选拔赛第二试试题分析

2.1　金属收集（难度：★★★☆☆）

2.1.1　问题描述

Gold Collecting

(Input File:gold.in / Output File:gold.std)

Imagine you are searching for some precious metals in a maze instead of coding before a monitor. It's great! If you can find enough gold, you don't need to be a code farmer or IT worker. Let's do it!

You know the structures of the maze very much. It looks like a rooted tree, with each non-leaf node having exactly K sons. At first, you are at the root node. Then you can step into one of its K sons. These K sons are labeled by 'A', 'B', 'C' ... etc.　Supposed you have chosen node 'C', its K sons are labeled by 'CA', 'CB', 'CC' ... etc. Similarly, the nodes of the third level are labeled by three letters, and so on. There are totally L levels in the maze.

What's more, you even know the positions of all M precious metals by a powerful machine called Absolutely Crazy Machine (ACM). And you are not fighting alone! You have N carriers called Intelligent and Clever and Powerful Carrier (ICPC) to help you. You can send each ICPC to a given position. That ICPC will pick up every metal on the road including the destination, and then return to the root. A metal can only be collected once.

Of course, you want to collect as many metals as possible. How to send these N ICPCs is very important, meanwhile, very difficult. To be a code farmer or an arriviste, you decide today.

Input:

There are multiple test cases in this problem. The first line will contain a single positive integer $T(T\leqslant 10)$ telling the number of test cases.

Each test case will start with four integers M, K, L and $N(1\leqslant M\leqslant 50000, 1\leqslant K\leqslant 26, 1\leqslant L\leqslant 50, 1\leqslant N\leqslant 10)$telling the number of precious metals, sons of each non-leaf node, levels and ICPCs separately.

Then M lines followed. Each line contains a string S indicating that there is a precious metal at position S. There is at most one metal in a specified position.

Output:

For each test case, output the maximum number of metals you can collect by the best use of the

N ICPCs.

Sample Input:

```
2
5 3 3 1
ACC
ACB
AB
AC
A
5 3 3 2
ACC
ACB
AB
AC
A
```

Sample Output:

```
3
4
```

Hint:

Case 1: You can send the ICPC to ACB, then it will collect the metals in A, AC and ACB.

Case 2: You can send the two ICPCs to ACB and AB separately, then they will collect the metals in A, AC, ACB and AB.

2.1.2 算法分析

这道题主要考查的是字符串相关的知识。

题目大意是用一些字符串来代表一棵树上的有效顶点，然后提供 N 个机器人，假如你往某个顶点派出一个机器人，那么从根到该顶点的这条路径上的有效顶点（包括目标顶点）都会被该机器人取走，一旦取走了就不能再取。题目要求你分配这 N 个机器人的目的地，要被取走的有效顶点数目最大。

显然我们派出机器人的目标应该是有效顶点。然后我们证明一个事实：在初始的时候，假如往顶点 i 送出的机器人所拿到的有效顶点的数目是 X_i，设 X_j 是所有的 X_i 之中最大的一个，那么，必然存在一个最优解，其中的一个机器人以顶点 j 为目标。

我们采用反证法来证明这个事实：假如有一个最优解，所有的机器人都不是以 j 节点为目标，那么我们对这个解做出以下操作：在各个机器人的目标顶点中，找出和 j 这个有效顶点对应的字符串有最大公共前缀的另外一个顶点 k。我们把以顶点 k 为目标点的机器人改派到以 j 顶点为目标，现在我们证明结果不会变得更差。

我们把从根到 $j(k)$ 顶点这条路径和原来的最优解去掉以 k 为目标的机器人之后的解的重叠

部分称为 $j(k)$顶点的重叠部分，那么 j 的重叠部分必然是 k 的重叠部分的子集，否则存在一个机器人的目标 t，t 和 j 的重叠部分（即 t 和 j 对应的字符串的最长公共前缀）比 j 和 k 的最长公共前缀还要长，这与我们的假设矛盾。因此假设从根到 $j(k)$顶点上有效顶点数是 $S_j(S_k)$，$j(k)$的重叠部分的顶点数是 $T_j(T_k)$，那么根据以上证明我们有 $T_j \leqslant T_k$，又由 j 的定义可知 $S_j \geqslant S_k$，即

$$S_j - T_j \geqslant S_k - T_k \tag{2-1}$$

假设原来最优解的有效顶点数目是 ANS，那么执行以上操作之后的解就是 $ANS' = ANS - (S_k - T_k) + (S_j - T_j)$，由等式（2-1）可以知道 $ANS' \geqslant ANS$，因此通过以上操作的解不会变差。

于是我们可以采取这样的做法：从所有的有效顶点 i 中选出 X_i 最大的那一个，然后指派一个机器人到顶点 i，然后把从根到 i 的那条路径上所有的有效顶点删掉，问题就变成了原问题的只有 $N-1$ 个机器人的子问题，于是可以采用同样的策略分配剩下的 $N-1$ 个机器人。这是一种贪心的策略。

然后问题就是如何求所有顶点的 X_i：由于顶点的数目可能会很多，因此我们不可能通过枚举其他有效顶点是否被 i 这个有效顶点覆盖来计算 X_i。考虑到有效顶点对应的是字符串，因此可以考虑把这些字符串从小到大排序（字典序），一个有效顶点 j 被有效顶点 k 所包含意味着 j 对应的字符串在 k 对应的字符串前面，而且被 k 包含的有效顶点肯定会被 k 对应的字符串和 $k-1$ 对应的字符串包含。更形象地，我们可以想象一棵字典树，我们的统计是在字典树上面的 DFS 序进行的，利用祖先所存储的信息，所有顶点就可以在 $O(1)$的时间内求出从根到该节点所经过的有效顶点数目。如图 2.1 所示的就是一个对应有效顶点{ABC,ABCDE ,ABD,DEF,DEG}的字典树。

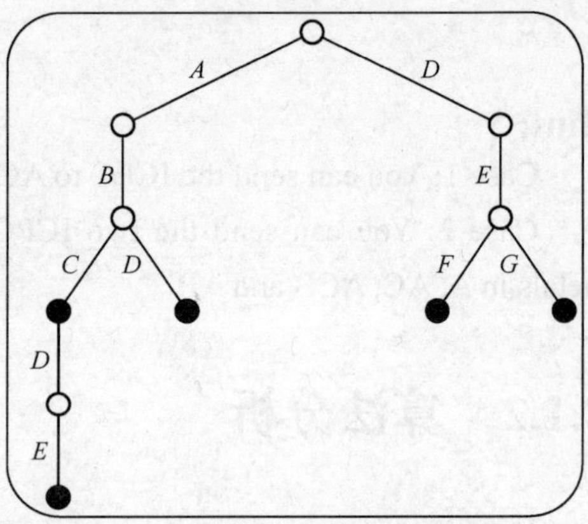

图 2.1　字典树

对于每个机器人我们需要遍历一下字典树，这棵字典树最多有 $M \times L$ 个节点，一共有 N 个机器人，因此每个测试总的复杂度就是 $O(NML)$。

2.1.3　参考程序

```
#include <stdio.h>
#include <assert.h>
#include <string.h>
#include <algorithm>
using namespace std;
//存储输入的字符串
char s[50005][55];
//as 存储上一步扫描到的字符串
```

```
//mark 标记已经取走的有效顶点
char as[111], mark[50005];
//ms 存储某个前缀所包含的有效顶点数目
//p 用于把对应有效顶点末尾的位置像链表一样连起来，
//即存储上一个有效顶点末尾的位置，方便找到取到了哪些有效顶点
//mp 则表示该位置对应哪个有效顶点（对应的串的编号），和 p 相结合来使用
//ind 表示把所有有效的顶点编号排序之后的结果
int ms[111], p[111], mp[111], ind[50005], m;
//ansm 用于暂存某一步取到了哪些有效顶点
int ansm[111];
//字符串排序比较函数
bool cmp(int a, int b) {
    return strcmp(s[a], s[b]) < 0;
}

//处理一个机器人
int getone() {
    memset(p, -1, sizeof(p));
    memset(mp, -1, sizeof(mp));
    memset(ms, 0, sizeof(ms));
    int now = 0, best = 0;
    //按字典序顺序扫描
    for (int i = 0; i < m; i++) {
        //如果已经被之前的机器人取走了就不能再取
        if (mark[i]) continue;
        int j, la;
        for (j = la = 0; j < now && as[j] == s[ind[i]][j]; j++) {
            //找当前字符串与前一个还没取的字符串的最长公共前缀
            if (ms[j + 1]) la = j + 1;
        }

        //有效顶点的数目只记录在各个有效顶点末尾这些关键的地方
        for (; s[ind[i]][j]; j++) {
            as[j] = s[ind[i]][j];
            //除了公共前缀，后面的有效顶点计数是 0
            ms[j + 1] = 0;
        }
        now = j;
        //本串的末尾（即关键点）的值，为上一个关键点的值加 1
        ms[j] = ms[la] + 1;
        //当前有效顶点属于第 i 个串
        mp[j] = i;
```

```
        //当前有效顶点的 p 指向上一个有效顶点
        p[j] = la;
        //以当前有效顶点为目标取得的有效顶点数目
        //如果比最优值还好就更新最优值，并取走相应的有效顶点
        if (ms[j] > best) {
            best = ms[j];
            //t 记录经过的有效顶点
            int t = 0;
            //k 遍历以 j 为目标所经过的有效顶点
            for (int k = j; k; k = p[k]) {
                //把有效顶点对应的串编号加入方案中
                ansm[++t] = mp[k];
            }
        }
    }
    return best;
}

int main() {    //主程序
    freopen("gold.in", "r", stdin);
    freopen("gold.out", "w", stdout);
    int tn, ans, n, i, k, l;
//初始化
    for (assert(scanf("%d", &tn) == 1 && 1 <= tn && tn <= 10); tn--; )
{
        assert(scanf("%d%d%d%d", &m, &k, &l, &n) == 4);
        assert(1 <= m && m <= 50000);
        assert(1 <= k && k <= 26);
        assert(1 <= l && l <= 50);
        assert(1 <= n && n <= 10);
        for (i = 0; i < m; i++) {
            assert(scanf("%s", s[i]) == 1);
            assert(strlen(s[i]) > 0 && strlen(s[i]) <= l);
            for (int j = 0; s[i][j]; j++)
                assert(s[i][j] >= 'A' && s[i][j] <= 'A' + k - 1);
            ind[i] = i;
        }
        //字符串排序
        sort(ind, ind + m, cmp);
        ans = 0;
        memset(mark, 0, sizeof(char) * m);
        //处理 n 个机器人
```

```
    while (n--) {
        //对当前机器人取得的最优值
        int t = getone();

        //把最优值加入答案中
        ans += t;
        for (i = 1; i <= t; i++) {
            //标记已经取走的有效顶点
            mark[ansm[i]] = 1;
        }
    }
    //输出答案
    printf("%d\n", ans);
  }
  assert(scanf("%*s") == EOF);
  return 0;
}
```

2.1.4 部分测试数据及输出结果

测试数据：

```
2
10 3 5 2
BBC
AABCC
B
BCB
AAA
CABBA
CC
ACA
BCBBA
ACAA
20 5 10 5
BD
CECCCEDBE
BAACDBACE
BAAEAABBD
EDEEBABBB
EEBDCDDCE
DA
```

```
DEACBDBBAE
AEC
CCBA
BA
AEBCAABE
ACBCCCC
DAEE
BDCBBADDA
CA
E
CDDAB
ABB
ABBDE
```

输出结果：

```
5
10
```

2.2　树的修改（难度：★★★★★）

2.2.1　问题描述

Tree

(Input File:tree.in / Output File:tree.std)

Tree is made of wood. Hence, let's play with tree again!

You are given a tree with weighted edges. There are three kinds of operations on the tree:

① *C a b*: Change the weight of edge *a* to weight *b* ($1 \leqslant b \leqslant 100$);

② *M a b c*: Multiply the weights of those edges on the path from node *a* to node *b* by *c* ($|c| \leqslant 10, c \neq 0$);

③ *Q a b*: Query about the sum of weights of those edges on the path from node *a* to node *b*.

Ready?

Go!

Input:

There are multiple test cases in this problem.

The first line will contain a single positive integer $T(1 \leqslant T \leqslant 10)$ telling the number of test cases.

Each test case will be an integer $N(1 \leqslant N \leqslant 50000)$ indicating the number of nodes. The nodes are marked from 1 to *N*.

Then $N-1$ lines followed. Each lines contains three integers *a, b* and *c* ($1 \leqslant a,b,c \leqslant N, a \neq b, 1 \leqslant c \leqslant 100$) indicating that there is an edge connecting node *a* and node *b* with weight *c*. The edges are marked from 1 to *N*-1 in the order of appearance.

Then several operations followed, with one operation per line. The format is as shown in the problem description. A single letter 'E' (without quotes) indicates the end of the case. There are no more than 500000 operations per test case.

Output:

For each query (operation 'Q'), output an integer telling the sum. You can assume that the final result will never exceed 32-bit signed integer.

Sample Input:

```
2
4
1 2 14
1 3 20
3 4 1
C 3 11
M 1 4 3
M 3 4 2
M 1 3 2
Q 2 4
M 1 4 -1
M 3 4 -2
Q 2 4
E
3
1 2 4
1 3 2
Q 2 3
C 1 7
M 2 3 2
M 1 3 5
Q 2 3
E
```

Sample Output:

```
200
26
6
34
```

2.2.2 算法分析

这是一道考查对树的性质的熟悉程度的题目。

题目大意就是给出一棵大约有 50000 个顶点的树，然后给出很多操作（不多于 500000 个）。这些操作分为三种，一种是边修改操作，把边权改变；另一种是路径修改操作，把树上的一条路径上所有的边权乘以一个正整数；一种是查询操作，查询树上一条路径上所有边权的和。

首先可以看到，如果每次遇到修改操作就逐一把路径上的边修改，或者每次遇到查询就逐一把路径上的边权加起来，那样子肯定无法满足这一题的时间限制，因为顶点和查询的数目都很多。联想一下一维的情况，如果我们要在一条一维的链上做这些操作，我们可以选择使用线段树等适合整段操作的数据结构来使复杂度降低，于是我们应该想办法把逐个的操作变为一段一段的操作。那么对于一条树来说，我们能否把它划分成一段段，使得每一段是连续的一条链，而且数目不会很多呢？其实有不止一种方法达到这一个目的，把树分解的这种思想称为树的剖分，本题的标准解法是基于树的轻重边剖分的。

所谓的轻重边剖分，指的是对于每一个顶点，从它向它的儿子对应的子树中包含顶点最多的那个引出一条边，称之为重边，而其他的边称之为轻边，于是树上的各个重边就连起来成为一条条路径，我们称之为重路径。关于轻重边剖分我们可以参照图 2.2，图中的重边表示为实线，轻边表示为折线。这一种剖分有一个很重要的性质：从任意顶点到根的路径上，重路径和轻边的数目都是 $O(\log_2 n)$级别的。这一性质使得这一种剖分的方法很适合处理修改或查询树上一条路径这一类的问题，因为它们都对应从该路径两个端点到根的路径上的两条子路径。我们可以利用线段树、树状数组等的方法来处理在重路径上的争端操作，轻边则直接处理，于是就可以做到每次修改或查询只需要 $O(f(n)\log_2 n)$，其中 $f(n)$代表线段树这类数据结构修改查询的复杂度，通常都是对数级别的。

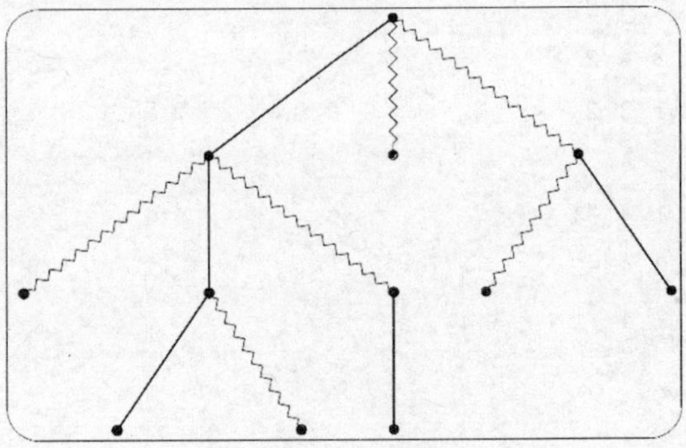

图 2.2　轻重边剖分

这道题的标程是用线段树来实现修改查询操作，而对于边操作则可以直接修改线段树或者轻边实现。线段树的查询和修改复杂度是 $O(\log_2 n)$的，而每个询问最多有 $O(\log_2 n)$条重路径和 $O(\log_2 n)$条轻路径要修改，而建立路径剖分和线段树的复杂度是 $O(n)$的，因此总的复杂度就是 $O(n+Q(\log_2 n)^2)$，其中 Q 代表修改查询操作的总数目。本题实现的时候要注意的细节比较多，具体请参照参考程序。

2.2.3　参考程序及程序实现

```
#include <stdio.h>
#include <string.h>
#include <vector>
using namespace std;
const int MAXN = 111111;
//树的邻接表
vector <int> adj[MAXN];
```

```
//存储重路径
vector <int> hardpath[MAXN];
//线段树节点结构
struct Ttree {
    int l, r, lch, rch, par;
    //整条线段的和及作用在整个线段上的乘法因子
    double sum, mul;
}tree[400000];
//表示树上的一条边
struct Tedge {
    int a, b, c;
} edge[MAXN];
//顶点访问标记
char mark[MAXN];
//totp用于重路径计数
//mem用于线段树节点计数
int totp, mem;
//par记录顶点的父亲顶点编号
//eid记录顶点指向父亲的边的编号
//size记录以某个顶点为根的子树的顶点数目
//hpc记录某个顶点所在的重路径中的后继顶点
//root记录每个重路径所对应线段树的根的编号
int par[MAXN], eid[MAXN], size[MAXN], hpc[MAXN], root[MAXN];
//pid为某个顶点所在重路径编号
//pos为某个顶点在其对应的重路径中的编号
int pid[MAXN], pos[MAXN];
//用于存储从某个顶点往根“跳跃”过程中的重路径编号
int tp1, tp2, st1[MAXN], st2[MAXN];

//利用DFS过程建树
//统计size值，x表示当前顶点编号,p表示父亲顶点编号
void dfs(int x, int p) {
    int i, t;
    //设置x的父亲顶点，size统计值，mark表示访问标记
    par[x] = p, size[x] = 1, mark[x] = 1;
    //遍历x的所有儿子
    for (i = 0; i < adj[x].size(); i++)    {
        //t是x的第i个儿子的编号
        t = adj[x][i];
        //如果该儿子已经访问则跳过
        if (mark[t]) continue;
        //对儿子进行DFS过程
```

```
        dfs (t, x);
        //把儿子的 size 值加入 x 的 size 值
        size[x] += size[t];
    }
}

//递归建立重路径
//x 顶点属于编号为 id 的重路径
void makehardpath(int x, int id) {
    int i, t, now = 0;
    //从所有儿子中找出 size 值最大的一个
    //记录在 hpc 中，即作为重路径的后继
    for (i = 0; i < adj[x].size(); i++) {
        t = adj[x][i];
        if (par[x] == t) continue;
        if (size[t] > now) now = size[t], hpc[x] = t;
    }
    //假如有重边向后代射出
    //则把后继顶点放进重路径中并递归建立重路径
    if (hpc[x])    {
        //记录 x 的后继顶点在重路径中的位置
        pos[hpc[x]] = hardpath[id].size();
        //记录 x 的后继顶点所在的重路径编号
        pid[hpc[x]] = id;
        //把 x 的后继顶点加入重路径
        hardpath[id].push_back(hpc[x]);
        //递归建立重路径
        makehardpath (hpc[x], id);
    }
    //对于每个轻边对应的后代新增一条
    //重路径并递归下去
    //遍历 x 的所有儿子
    for (i = 0; i < adj[x].size(); i++)    {
        //t 是 x 的第 i 个儿子的编号
        t = adj[x][i];
        //防止 x 的父亲再次被访问
        if (par[x] == t || hpc[x] == t) continue;
        //新增一条重路径
        totp++;
        hardpath[totp].clear();
        //初始化顶点 t 的信息
        pos[t] = 0, pid[t] = totp;
```

```
        //把 t 加入重路径
        hardpath[totp].push_back(t);
        //递归建立重路径
        makehardpath (t, totp);
    }
}
//递归建立线段树的过程
//l、r 对应左右端点
//id 对应当前线段树节点
//p 即当前线段树节点的父亲节点
//hpid 表示这棵线段树对应的重路径的编号
void buildtree(int l, int r, int id, int p, int hpid) {
    //求出 l 和 r 的中间值
    int m = (l+r)/2;
    //初始化 id 的统计信息
    tree[id].l = l, tree[id].r = r, tree[id].par = p, tree[id].sum = 0;
    //如果是叶子节点
    if (l == r)    {
        //没有左右儿子
        tree[id].lch = tree[id].rch = 0;
        //sum 值直接从对应的边权得到
        tree[id].sum = edge[eid[hardpath[hpid][l]]].c;
        //乘法因子初始化为 1
        tree[id].mul = 1;
        return;
    }
    //递归建立 id 的左儿子
    tree[id].lch = mem + 1;
    buildtree (l, m, ++mem, id, hpid);
    //递归建立 id 的右儿子
    tree[id].rch = mem + 1;
    buildtree (m + 1, r, ++mem, id, hpid);
    //利用左右儿子的 sum 值更新 id 的 sum 值
    tree[id].sum = tree[tree[id].lch].sum + tree[tree[id].rch].sum;
    //乘法因子初始化为 1
    tree[id].mul = 1;
}
//对线段树某一段求和
//l、r 对应左右端点
//id 对应线段树节点编号
double sumtree(int l, int r, int id) {
    //求出当前节点区间的中点
```

```
    int m = (tree[id].l + tree[id].r) / 2;
    //返回值
    double ret = 0;
    if (!id || l > r || r < tree[id].l || l > tree[id].r) return ret;
    //如果当前节点被询问的区间完全覆盖则直接返回 sum 乘以乘法因子
    if (l <= tree[id].l && r >= tree[id].r)
        return tree[id].sum * tree[id].mul;
    //递归询问左子区间
    if (l <= m) {
        ret += sumtree (l, r, tree[id].lch);
    }
    //递归询问右子区间
    if (r > m) {
        ret += sumtree (l, r, tree[id].rch);
    }
    //把结果综合起来再乘以乘法因子
    return ret * tree[id].mul;
}
//处理询问，查询从顶点 a 到顶点 b 的路径上的边权和
double sum(int a, int b) {
    int i, j, nowp;
    double ret = 0;
    //在同一条重路径上的情况，直接在同一棵线段树上求和
    if (pid[a] == pid[b])
        return sumtree ((pos[a]<pos[b]?pos[a]:pos[b]) + 1,
                        pos[a]>pos[b]?pos[a]:pos[b], root[pid[a]]);
    //分别从 a 和 b 往根的方向“跳跃”，并把这个过程中经过的重路径编号存下来
    //分别放在 st1 和 st2 中
    for (tp1 = 0, nowp = pid[a]; nowp != 1;
        st1[++tp1] = nowp, nowp = pid[par[hardpath[nowp][0]]]);
    for (tp2 = 0, nowp = pid[b]; nowp != 1;
        st2[++tp2] = nowp, nowp = pid[par[hardpath[nowp][0]]]);
    //把根压进跳跃路径中，保证能找到相同的编号
    st1[++tp1] = 1, st2[++tp2] = 1;
    //a 和 b 同步从根往回“跳跃”
    //到达最后的相同的地方即为其最近公共祖先所在的重路径编号
    for (; tp1 > 1 && tp2 > 1 && st1[tp1-1] == st2[tp2-1]; tp1 --, tp2 --);
    if (tp1 > 1) {
        //边界情况，对于 a 所在的重路径要特殊处理
        if (pos[a]) ret += sumtree (1, pos[a], root[pid[a]]);
        for (i = 2; i < tp1; i++) {
            //在经过的轻边结果中（重路径靠近根的那个方向所连出的轻边）
```

```
            //注意根所在的重路径的特殊情况
            //本程序通过假如一个虚点和虚边连到根来解决边界问题
            ret += edge[eid[hardpath[st1[i-1]][0]]].c;
            //将整个重路径加入结果中
            if (pos[par[hardpath[st1[i-1]][0]]])
                ret += sumtree(1, pos[par[hardpath[st1[i-1]][0]]],
                               root[st1[i]]);
        }
        a = hardpath[st1[tp1-1]][0];
        //最后一条轻边
        ret += edge[eid[a]].c;
        a = par[a];
    }
    if (tp2 > 1) {
        //边界情况，对于b所在的重路径要特殊处理
        if (pos[b]) ret += sumtree (1, pos[b], root[pid[b]]);
        for (j = 2; j < tp2; j++) {
            //在经过的轻边结果中（重路径靠近根的那个方向所连出的轻边）
            //注意根所在的重路径的特殊情况
            //本程序通过假如一个虚点和虚边连到根来解决边界问题
            ret += edge[eid[hardpath[st2[j-1]][0]]].c;
            //将整个重路径加入结果中
            if (pos[par[hardpath[st2[j-1]][0]]])
                ret += sumtree(1, pos[par[hardpath[st2[j-1]][0]]],
                               root[st2[j]]);
        }
        b = hardpath[st2[tp2-1]][0];
        //最后一条轻边
        ret += edge[eid[b]].c;
        b = par[b];
    }

    //如果此时a顶点不和b顶点一致
    //那么要么原来的a顶点是b顶点的祖先
    //要么原来的b顶点是a顶点的祖先
    if (pos[a] != pos[b]) {
        ret += sumtree ((pos[a]<pos[b]?pos[a]:pos[b]) + 1,
                        pos[a]>pos[b]?pos[a]:pos[b], root[st1[tp1]]);
    }
    return ret;
}
```

```
//对线段树上一段进行乘法修改
//[l,r]表示要修改的区间
//mul 表示要乘上的因子
void multiplytree(int l, int r, int id, int mul) {
    //求出当前节点区间的中点
    int m = (tree[id].l+tree[id].r)/2;
    //如果区间[l,r]和当前节点没有交集就马上返回
    if (!id || l > r || r < tree[id].l || l > tree[id].r) return;
    //如果当前节点对应的区间被[l,r]完全覆盖
    if (l <= tree[id].l && r >= tree[id].r)    {
        //直接修改乘法因子
        tree[id].mul *= mul;
        return;
    }
    //递归处理左子区间
    if (l <= m) multiplytree (l, r, tree[id].lch, mul);
    //递归处理右子区间
    if (r > m) multiplytree (l, r, tree[id].rch, mul);
    //根据左右儿子的 sum 值更新当前节点的 sum 值
    tree[id].sum = tree[tree[id].lch].sum * tree[tree[id].lch].mul +
                   tree[tree[id].rch].sum * tree[tree[id].rch].mul;
}
//处理乘法修改操作
void multiply(int a, int b, int mul) {
    int i, j, nowp;
    //在同一条重路径上的情况，直接在同一棵线段树上修改
    if (pid[a] == pid[b]) {
        multiplytree ((pos[a]<pos[b]?pos[a]:pos[b]) + 1,
                  pos[a]>pos[b]?pos[a]:pos[b], root[pid[a]], mul);
        return;
    }
    //分别从 a 和 b 往根的方向“跳跃”，并把这个过程中经过的重路径编号存下来
    //分别放在 st1 和 st2 中
    for (tp1 = 0, nowp = pid[a]; nowp != 1;
        st1[++tp1] = nowp, nowp = pid[par[hardpath[nowp][0]]]);
    for (tp2 = 0, nowp = pid[b]; nowp != 1;
        st2[++tp2] = nowp, nowp = pid[par[hardpath[nowp][0]]]);
    //把根压进跳跃路径中，保证能找到相同的编号
    st1[++tp1] = 1, st2[++tp2] = 1;
    //a 和 b 同步从根往回“跳跃”
    //到达最后的相同的地方即为其最近公共祖先所在的重路径编号
    for (; tp1 > 1 && tp2 > 1 && st1[tp1-1] == st2[tp2-1]; tp1 --, tp2 --);
```

```
    if (tp1 > 1) {
        //边界情况，对于a所在的重路径要特殊处理
        if (pos[a]) multiplytree (1, pos[a], root[pid[a]], mul);
        for (i = 2; i < tp1; i++) {
            //在经过的轻边结果中（重路径靠近根的那个方向所连出的轻边）
            //注意根所在的重路径的特殊情况
            edge[eid[hardpath[st1[i-1]][0]]].c *= mul;
            if (pos[par[hardpath[st1[i-1]][0]]])
                multiplytree(1, pos[par[hardpath[st1[i-1]][0]]],
                             root[st1[i]], mul);
        }
        a = hardpath[st1[tp1-1]][0];
        //最后一条轻边
        edge[eid[a]].c *= mul;
        a = par[a];
    }
    if (tp2 > 1) {
        //边界情况，对于b所在的重路径要特殊处理
        if (pos[b]) multiplytree (1, pos[b], root[pid[b]], mul);
        for (j = 2; j < tp2; j++) {
            //在经过的轻边结果中（重路径靠近根的那个方向所连出的轻边）
            //注意根所在的重路径的特殊情况
            edge[eid[hardpath[st2[j-1]][0]]].c *= mul;
            if (pos[par[hardpath[st2[j-1]][0]]])
                multiplytree(1, pos[par[hardpath[st2[j-1]][0]]],
                             root[st2[j]], mul);
        }
        b = hardpath[st2[tp2-1]][0];
        //最后一条轻边
        edge[eid[b]].c *= mul;
        b = par[b];
    }
    //如果此时a顶点不和b顶点一致
    //那么要么原来的a顶点是b顶点的祖先
    //要么原来的b顶点是a顶点的祖先
    if (pos[a] != pos[b])
        multiplytree ((pos[a]<pos[b]?pos[a]:pos[b]) + 1,
                  pos[a]>pos[b]?pos[a]:pos[b], root[st1[tp1]], mul);
}
//处理边修改操作
//v代表目标值
void update (int x, double v) {
```

```
    //a 是 x 对应的边的一个端点
    //b 是 x 对应的边的另一个端点
    int a = edge[x].a, b = edge[x].b, t, id, po;
    //如果 a 是 b 的父亲，则交换 a、b，保证 b 是 a 的父亲
    if (par[b] == a) t = a, a = b, b = t;
    if (pos[a] == 0) {
        //如果是一条轻边就直接修改
        edge[x].c = (int)(v + 1e-6);
    } else {
        //如果是一条重边则要处理对应的线段树
        for (po = pos[a], id = root[pid[a]]; tree[id].l != tree[id].r;) {
            //通过线段树的节点往叶子走
            //要对 v 进行加在该节点的操作的逆操作避免统计错误
            v = v / tree[id].mul;
            if (po <= (tree[id].l+tree[id].r)/2)

                //往当前节点的左子区间走
                id = tree[id].lch;
            else
                //往当前节点的右子区间走
                id = tree[id].rch;
        }
        //把经过修改的边的乘法因子和 sum 统计值重置
        tree[id].mul = 1, tree[id].sum = v;
        //自底往上更新统计值
        for (id = tree[id].par; id; id = tree[id].par) {
            tree[id].sum = tree[tree[id].lch].sum *
tree[tree[id].lch].mul +  tree[tree[id].rch].sum *
tree[tree[id].rch].mul;
        }
    }
}

int main() {
    freopen("tree.in", "r", stdin);
    freopen("tree.out", "w", stdout);
    //表示节点数
    //a、b 暂存读入的边
    int n, i, tn, a, b;
    //s 存储读入的操作
    char s[11];
    for (assert(scanf ("%d", &tn) == 1 && tn >= 1 && tn <= 10); tn --;)
```

```
{
    mem = totp = 0;
    //初始化
    memset (size, 0, sizeof(size));
    memset (mark, 0, sizeof(mark));
    memset (hpc, 0, sizeof(hpc));
    memset (par, 0, sizeof(par));
    memset (eid, 0, sizeof(eid));
    memset (pid, 0, sizeof(pid));
    memset (pos, 0, sizeof(pos));
    memset (root, 0, sizeof(root));
    assert(scanf ("%d", &n) == 1 && 1 <= n && n <= 50000);
    for (i = 1; i <= n; i++) adj[i].clear();
    for (i = 1; i < n; i++) {
       assert(scanf ("%d%d%d", &edge[i].a, &edge[i].b, &edge[i].c) == 3);
       assert(edge[i].a >= 1 && edge[i].a <= n);
       assert(edge[i].b >= 1 && edge[i].b <= n && edge[i].a != edge[i].b);
       assert(edge[i].c >= 1 && edge[i].c <= 100);
       adj[edge[i].a].push_back(edge[i].b);
       adj[edge[i].b].push_back(edge[i].a);
    }
    //建树
    dfs (1, 0);
    for (i = 1; i < n; i++)
       if (par[edge[i].a] == edge[i].b)
          eid[edge[i].a] = i;
       else
          eid[edge[i].b] = i;
    //建立重路径以及初始化对应的线段树
    totp = 1, hardpath[1].clear();
    //先把根加入其中一个重路径
    hardpath[1].push_back(1), pid[1] = 1, pos[1] = 0;
    //从根开始递归建立重路径
    makehardpath (1, 1);
    //处理每一条重路径
    for (i = 1; i <= totp; i++) {
       //重路径的点数大于1
       if (hardpath[i].size() > 1) {
          //记录重路径所对应的线段树的根节点编号
          root[i] =++ mem;
          //为重路径建立线段树
          buildtree (1, hardpath[i].size()-1, root[i], 0, i);
```

```
            }
        }
        //处理操作
        while (assert(scanf ("%s", s) == 1), s[0] != 'E') {
            assert(scanf ("%d%d", &a, &b) == 2);
            if (s[0] == 'Q') {
                assert(1 <= a && a <= n && 1 <= b && b <= n && a != b);
                //进行对从a到b的询问操作
                printf ("%.0lf\n", sum(a, b) + 1e-6);
            } else if (s[0] == 'C') {
                assert(1 <= a && a < n && 1 <= b && b <= 100);
                //进行边更新操作
                update (a, b);
            } else {
                int c;
                assert(scanf("%d", &c) == 1 && -10 <= c && c <= 10 && c != 0);
                assert(1 <= a && a <= n && 1 <= b && b <= n && a != b);
                //进行路径更新操作
                multiply(a, b, c);
            }
        }
    }
    assert(scanf("%*s") == EOF);
    return 0;
}
```

2.2.4　部分测试数据及输出结果

测试数据：

```
1
10
1 2 10
2 3 4
3 4 8
5 1 1
4 6 8
7 2 3
2 8 9
8 9 1
5 10 1
C 4 3
Q 2 6
```

```
Q 1 8
Q 1 7
Q 6 2
M 5 3 -1
C 9 3
C 4 7
M 7 1 -1
M 10 5 -1
C 9 9
M 6 8 2
Q 7 1
Q 9 4
M 1 2 -1
Q 7 8
Q 6 7
Q 4 10
Q 10 8
M 8 7 -1
C 4 9
Q 2 9
M 1 2 -1
Q 1 5
C 1 8
M 5 2 -1
C 8 1
C 8 10
C 2 4
Q 5 4
Q 5 8
Q 1 5
M 5 4 2
C 6 10
M 2 7 -1
Q 5 1
Q 1 10
C 7 6
M 7 5 -1
M 10 5 -1
E
```

输出结果：

```
20
19
```

```
13
20
7
27
15
21
14
24
-17
```

2.3　防水绿坝（难度：★★☆☆☆）

2.3.1　问题描述

Green Dam

(Input File:dam.in / Output File:dam.std)

As is reported, the yellow flood is terrible nowadays. Hence, building a Green Dam to hold back the flood waters is absolutely necessary. Now let's do it.

The Green Dam is built on a Cartesian plane. It contains two kinds of segments, one of which is 1 unit long while the other is sqrt(2) unit long. You can use them to form some closed polygons. The endpoints of segments can only be placed on integer coordinates.

Here comes the problem: what's the maximum area you can form using no more than K segments?

The figure Figure 2.3 below shows the optimal answer for $K = 3, 4, 5, 6$.

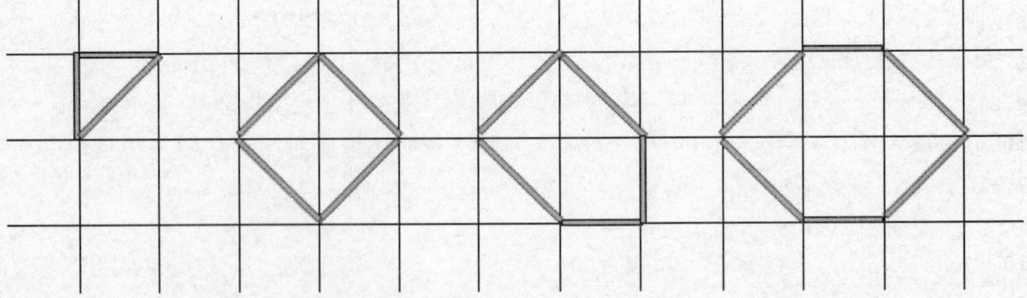

Figure 2.3　Examples for K=3,4,5,6

Input:

There are multiple test cases in this problem. The first line will contain a single positive integer T ($1 \leqslant T \leqslant 10000$) telling the number of test cases.

Each test case will be only an integer K($3 \leqslant K \leqslant 2000000000$) indicating the number of segments you can use.

Output:

For each test case, output the maximum area you can form, rounded to one decimal point.

Sample Input:

```
4
3
4
5
6
```

Sample Output:

```
0.5
2.0
2.5
4.0
```

2.3.2 算法分析

这道题考验的主要是分析问题并寻找规律的能力。

题目大意是你要用 K 条边（这 K 条边要么是水平或者垂直的长度为 1 的边，要么是 45°倾斜的长度为 $\sqrt{2}$ 的边）来围成一个闭合的多边形，多边形的顶点必须位于整点，要使得围出来的多边形面积最大，题目要求的答案就是输出最大面积。

直觉上来说，如果能够做到全部边都是倾斜的边，而且能够围成正方形，那么这样子的面积应该是最大的，如 K=4, K=8,…的情况。那么我们可以合理猜测或许我们可以根据 K 对 4 的余数来进行讨论。于是我们应该先从小数据来看，K=3,4,5,6 的情况题目中已经给出了说明，那么 K=9,10,11 的时候情况是怎么样的呢？如果暴力枚举所有情况的话，很容易遗漏，而且比较难确定是否面积最大。我们可以这样想，首先图形应该尽量接近正方形，不要某一个方向上太长，然后这个多边形必然是凸的，否则我们走可以构造一个边数相等的凸包。实际上我们可以利用 K=n 的情况来推出 K=n+1 时候的情况，基本的想法就是加一条边的话，我们可以把某一条线段“拉”出来。从 K=4n 推到 K=4n+1 的可以参看图 2.4 中 K=9 的做法，而从 K=4n+1 推到 K=4n+2 可以参考图 2.4 中 K=10 的做法，从这个做法我们还可以看出最优解多边形里面肯定不会有连续的竖线或者横线。利用同样的方法我们可以推出 K=4n+3 的情况。

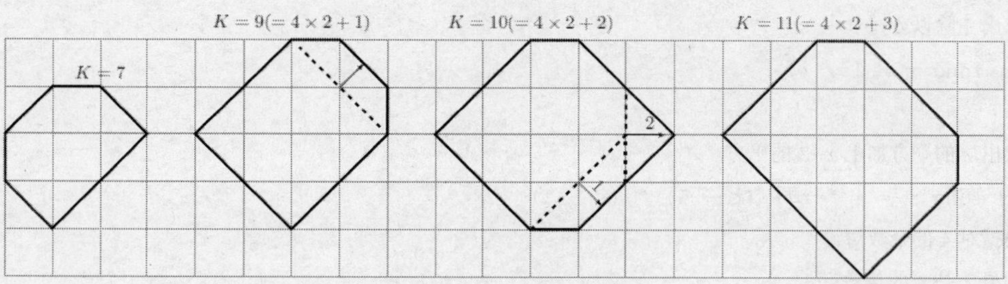

图 2.4 K=7,9,10,11 的情况

从图 2.4 中可以得出 K 从 3 到 11 的最优值是：

K=3,　　Ans=0.5

K=4,　　Ans=2.0

K=5,　　Ans=2.5

K=6,　　Ans=4

K=7,　　Ans=5.5

K=8,　　Ans=8

K=9,　　Ans=9.5

K=10,　　Ans=12

K=11,　　Ans=14.5

又由我们的构造过程，我们可以考虑相邻两项的差值，看看我们“拉”出来的面积是多少。最后可以得出来的结果就是：

$$Ans=\begin{cases}2n^2 & K=4n\\2n^2+n-0.5 & K=4n+1\\2n^2+2n & K=4n+2\\2n^2+3n+0.5 & K=4n+3\end{cases}$$

在实际编写程序的时候，为了避免精度误差，可以先把答案乘以 2，这样所有的结果都是整数，最后再根据得出来的数的奇偶性来决定是否输出 0.5。

具体算法就是对 n 进行分类讨论，然后利用公式算出结果，总的算法复杂度就是 $O(1)$。

2.3.3　参考程序

```
#include <stdio.h>
#include <assert.h>
//根据参数进行分类讨论，并返回相应结果
long long getn(long long l) {
    //求出 l 除以 4
    long long r = l / 4;

    //求出 r 的平方加上 r-2 的平方
    long long v = r * r + (r - 1) * (r - 1);
    //根据对 4 的余数讨论
    //如果 l 是 4 的倍数
    if (l % 4 == 0) return v;
```

```
    //如果 l 除以 4 余数是 1
    if (l % 4 == 1) return v + r - 1;
    //如果 l 除以 4 余数是 2
    if (l % 4 == 2) return v + 2 * r - 1;
    //如果 l 除以 4 余数是 3
    return v + 3 * r - 1;
}

int main() {
    freopen("dam.in", "r", stdin);
    freopen("dam.out", "w", stdout);
    //tn 是测试数据个数
    //l 是读入的变量
    int tn, l;
    //n 是 getn 返回的结果
    //s 存储中间结果
    long long n, s;
    for (assert(scanf("%d", &tn) == 1 && tn >= 1 && tn <= 10000); tn--; ) {
        assert(scanf("%d", &l) == 1);
        assert(l > 2 && l <= 2000000000);
        //求出答案*2
        s = l - 2;
        n = getn(l);
        s += 2 * n;
        printf("%I64d", s / 2);
        //根据奇偶性输出小数点后面的内容
        printf(s % 2 ? ".5\n" : ".0\n");
    }
    assert(scanf("%*s") == EOF);
    return 0;
}
```

2.3.4 部分测试数据及输出结果

测试数据：

```
9
3
4
5
6
7
```

```
8
9
10
11
```

输出结果：

```
0.5
2.0
2.5
4.0
5.5
8.0
9.5
12.0
14.5
```

2.4　救火问题（难度：★★★★☆）

2.4.1　问题描述

Fire

(Input File:fire.in / Output File:fire.std)

Problem:

Now imagine you are working in a fire prevention team. Today your team has accepted a task on protecting a building. One of the prevention measures is to hire some security men to patrol.

There are N security men you can hire. Every man has a serve time interval $[L, R]$ and a hiring cost C. It means that this security man can serve from time L to time R costing C money.

As the Tech Lead of the team, you are asked to make a hiring plan which should meet such two conditions:

① There should be at least one security man patrolling at every time moment from time 0 to time T;

② As less money as possible.

Now, given the information of the N security men and T, I'd like you to output the minimum money.

Input:

There are multiple test cases in this problem. The first line will contain a single positive integer T ($1 \leqslant T \leqslant 20$) telling the number of test cases.

For every case, the first line contains two integer N ($1 \leqslant N \leqslant 100{,}000$) and T ($1 \leqslant T \leqslant 1000000000$). Then N lines followed. Each line contains three integers L,R($0 \leqslant L < R \leqslant T$) and C($1 \leqslant C \leqslant 1000$).

Output:

For each test case, output the minimum money. If it's impossible to find a plan which meets the first condition, print -1 instead.

Sample Input:

```
3
3 5
0 3 10
2 5 12
4 5 3
3 5
0 3 10
2 5 12
3 5 3
2 5
0 3 10
4 5 3
```

Sample Output:

```
22
13
-1
```

2.4.2 算法分析

本题主要考查选手分析问题和实现动态规划的能力。

题目的大意是有若干条线段，每选一条线段都会有一定的花费。要求选用若干线段把一段闭区间[0,*T*]完全覆盖，并且花费要最少。解决这一类线段覆盖，通常都可以把线段按某一种顺序排序（左端点，右端点，或者先按左端点再按右端点）来处理。

显然这一道题目按左端点和右端点来排序是对称的。我们不妨考虑按照右端点来排序。我们的目的是要完全覆盖一段闭区间，那么当我们按照右端点的顺序来考虑的时候，不妨假设可以得到从闭区间左端点到某个线段的右端点被完全覆盖的最少花费，这样就可以得到一种“阶段性独立的”子问题，也就是说，后面的子问题的最优值和前面的子问题的最优解的具体方案无关，只和前面的子问题的最优值有关系，这样我们应该可以得到效率很高的算法（如图 2.5 所示）。

现在我们要解决的问题就是：怎样通过前面已经算好的子问题的最优值来算出后面的子问题的最优值。对于一条线段，要知道刚好覆盖闭区间左端点到线段右端点的最少花费，首先要保证从区间左端点到线段的左端点这一段被覆盖住。事实上，假如我们可以知道对于所有的区间[0,*x*] $L_i \leqslant x \leqslant R_i$（其中 L_i,R_i 是我们目前正在考虑的线段的左右端点）刚好被覆盖的最优值，再加上选取当前这一条线段的花费，就是我们所要求的子问题最优值。但是这样的区间有无穷多个，为了使算法可行，我们必须化无穷为有限才行。做到这一点的一个常用的方法就是离散化，我们只考虑关键的点，也就是那些对应某个线段右端点的点。于是我们就得到了一个可行的算法：按照右端点从左到右的顺序扫描给出的线段，对于所有右端点被包含在该线段中的线段，我们可以得出之前定义的子问题的最优值，取其中的最小值，加上正在扫描的线段的花费，我们就得到了正在扫描的线段的最优值（如图 2.6 所示），最后的答案就是所有右端点和闭区间右端点一样或者在其右方的线段所对应的子问题的最优值中的最小值。当然对于无法覆盖左端点的情况花费就是正无穷。由于要先排序再扫描，因此这个算法的复杂度是 $O(n\log_2 n+n^2)$。

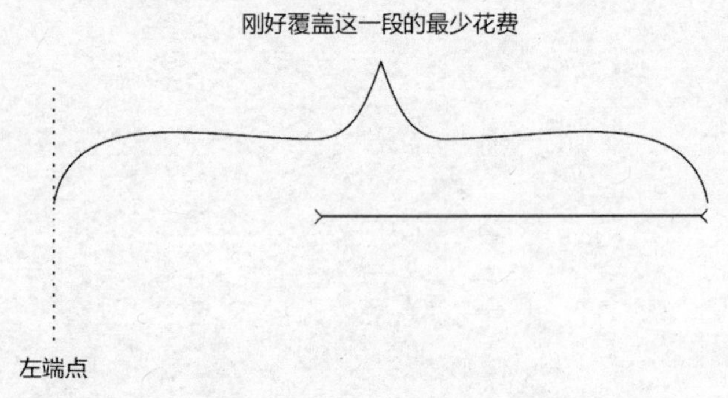

图 2.5　动态规划过程中的子问题

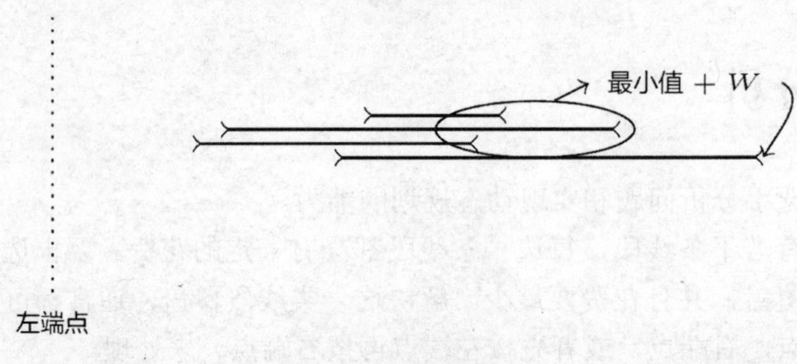

图 2.6　动态规划的转移

虽然算法是可行的，但是对于这道题目的规模来说($n\leqslant 10^5$)，是不足以在规定的时限内解决问题的。我们必须对算法进行优化。回想之前的过程，对于一条正在扫描的线段，要枚举右端点被其包含的线段取得最小值，假如我们可以不用枚举所有的线段就可以得到最小值，就可以降低复杂度了。于是我们要解决的问题就是查找一段区间里面的最小值，这是一个可以用线段树来解决的问题，复杂度是 $O(n\log_2 n+n\log_2 n)$，于是问题得到了解决。

但是本题的标准程序并没有使用线段树，而是根据题目的特点使用了并查集这一数据结构。本题的特点就是我们可以利用扫描的顺序。由于是按照右端点从左到右的顺序处理线段，因此所有处理过的线段的右端点都是比当前扫描到的线段的右端点靠左或者与其相等的，因此我们如果知道了“当前扫描的线段的左端点及其右边所有处理过的点的最小值”，其实就得到了“位于当扫描的线段的左端点和右端点之间的所有点的最小值”（这里的点意思是线段的右端点）。于是我们可以知道，如果一个线段的后面还有一条处理过的线段的值比它小，那么这条线段就不用列入考虑范围，只需要那条值比它小的线段就可以了，这样是不会影响答案的。对于用数组来实现算法的方式（由于需要二分查找在当前扫描的线段左端点右边的点），删除一个点（点是对应线段的）需要 $O(n)$的时间，这样并没有提高效率，于是我们不用真的删除这个点，而是它右边的最优值去“代表”它，所以这一步就可以用并查集来实现。具体的实现方式就是维护一个栈，当当前线段求得的最优值比栈顶元素还要小的时候，那么栈顶的那个元素就可以删掉了，也就是说被当前扫描的线段“代表”了，即用当前扫描的线段作为栈顶元素的根，重复这一过程我们就可以把所有不用列入考虑的点删掉。通过这样的操作可以发现：最靠近当前扫描线段的左端点的而且在左端点右边（这个可以通过二分查找预处理出来）的还没有被删掉（通过查找并查集的根找出来）的点的最优值就是我们要找的最小值，否则的话它就会被右边处理过的某个点删掉。这样我们就找到了一个 $O(1)$（并查集的复杂度）的查找最小值的过程。

一开始排序和预处理的复杂度是 $O(n \log_2 n)$，扫描线段和查找修改最优值的总复杂度是 $O(n)$（每条线段最多会被删除一次），因此总的复杂度就是 $O(n \log_2 n)$。具体实现的细节请参照参考程序。

2.4.3 参考程序

```
#include <cstdio>
#include <algorithm>
#include <cassert>
#include <cstring>
using namespace std;
const int MAXN = 500000;
struct Seg {
    //线段的左右端点及其权值
    int a, b, w;
    //线段按右端点顺序排序
    bool operator < (Seg other) const {
        if (b == other.b) return a < other.a;
        return b < other.b;
    }
}s[MAXN];

int n, top;
//dis[i] 线段 i 对应的子问题的最优值,dis 为-1 表示无穷大
//p[i] 若 p[i]是负数则表示以 i 为根的集合有-p[i]个元素
//否则表示 i 的父亲是 p[i]节点
//st 维护未删除点的栈
//prev[i] 预处理被线段 i 包含的最接近线段的左端点的点
```

```
int dis[MAXN], p[MAXN], st[MAXN], prev[MAXN];
int b[MAXN], id[MAXN];

void preprocess() {
    //i 是线段编号
    //j 是二分出来的线段编号
    int i, j;
    for (i = 0; i < n; i++) b[i] = s[i].b;
    prev[0] = 0;
    //预处理 prev
    for (i = 1; i < n; i++) {
        //二分找出最靠近线段 i 左端点又比它靠左的右端点坐标
        j = lower_bound(b, b + i + 1, s[i].a) - b;
        //把 j 赋给 prev[i]
        prev[i] = j;
    }
}

//查找并查集的根
int usfind(int x) {
    int y = x, t;
    while (p[x] >= 0) x = p[x];
    //路径压缩
    while (y != x) t = p[y], p[y] = x, y = t;
    return x;
}

//并查集合并
void usjoin(int a, int b) {
    //分别找出 a、b 所在集合的根
    int r1 = usfind(a), r2 = usfind(b);
    //如果它们在同一个集合则不用再合并
    if (r1 == r2) return;
    //把 r1 的根设为 r2
    p[r2] += p[r1], p[r1] = r2;
}

void solve() {
    int i, j, m; //临时变量
    //预处理
    preprocess();
    //初始化
```

```
memset(dis, -1, sizeof(int) * n);
    memset(p, -1, sizeof(int) * n);
    //初始值
    dis[0] = s[0].w, st[top = 1] = 0;

    for (i = 1; i < n; i++) {
        //通过并查集取得最优值对应的点
        j = usfind(prev[i]);

        //未能覆盖左端点
        if (j == i || j == i - 1 && dis[j] < 0) {
            dis[i] = -1;
            if (dis[i - 1] < 0) usjoin(i - 1, i);
        }
        if (j < i && dis[j] >= 0) {
            //计算当前线段的最优值
            dis[i] = dis[j] + s[i].w;

            //把前面最优值比现在最优值差的线段删除
            if (dis[i - 1] < 0) usjoin(i - 1, i);
            while (top && dis[st[top]] > dis[i]) {
                //把栈顶元素并到 i 的集合中
                dis[st[top]] = -1;
                usjoin(st[top], i);
                //把栈顶元素删除
                top--;
            }
            st[++top] = i;
        }
    }

}

int main() {
    freopen("fire.in", "r", stdin);
    freopen("fire.out", "w", stdout);
    int i, tn, t;
    int cn = 0;
    //对每一个 test case
    for (assert(scanf("%d", &tn) == 1 && 1 <= tn && tn <= 20); tn--; ) {
        //读入线段数目和 T
        assert(scanf("%d%d", &n, &t) == 2 && 1 <= n && n <= 100000 && 1 <= t && t <= 1000000000);
```

```
        for (i = 1; i <= n; i++) {
            //读入线段信息
            assert(scanf("%d%d%d", &s[i].a, &s[i].b, &s[i].w) == 3);
            assert(0 <= s[i].a && s[i].a < s[i].b && s[i].b <= t && 1 <= s[i].w && s[i].w <= 1000);
        }
        //排序
        sort(s + 1, s + n + 1);
        //加入一个左右端点为 0 的特殊线段
        //以方便处理
        s[0].a = s[0].b = s[0].w = 0;
        n++;

        solve();
        int ans = -1;
        //最后扫描一下取得答案
        for (i = 1; i < n; i++) {
            //比较以线段 i 的右端点结尾的最优值和全局最优值
            if (s[i].b == t && dis[i] != -1 && (ans == -1 || ans > dis[i])) {
                //更新答案
                ans = dis[i];
            }
        }
        //输出答案
        printf("%d\n", ans);
    }
    assert(scanf("%*s") == EOF);
    return 0;
}
```

2.5 树的度数序列（难度：★★☆☆☆）

2.5.1 问题描述

Degree Sequence

(Input File:degree.in / Output File:degree.std)

Two kids DD and QQ were playing in the garden of their house. They were drawing some graphs on the earth.

DD had drawn a tree, which you should have learnt from graph theory. Then he told QQ the degree sequence of that tree. QQ immediately said that it can’t be a tree. DD felt that he was BSed by QQ. Soon afterwards they quarreled and got into a fight.

After that, DD found that he had miscalculated the degree sequence. That is to say, QQ was correct. What made DD feel strange was why QQ could judge if a degree sequence of a graph could be a tree or not in such a short time.

Now, given a degree sequence of a graph, I'd like you to do the job as QQ do: tell me if it is possible that the graph is a tree.

Input:

There are multiple test cases in this problem. The first line will contain a single positive integer $T(1\leqslant T\leqslant 20)$ telling the number of test cases.

Each test case will be an integer $T(1\leqslant T\leqslant 100)$ indicating the number of vertexes, followed by N non-negative integers showing the degree sequence. Each number of the degree sequence will not be bigger than 100.

Output:

For each test case, if it's possible that there is a tree whose degree sequence is the given one, print "Possible", otherwise print "Impossible" in a line(without quotes).

Sample Input:

```
4
1 0
2 1 1
3 2 2 2
3 1 2 1
```

Sample Output:

```
Possible
Possible
Impossible
Possible
```

2.5.2 算法分析

本题考查的是对树的性质的了解。

题目的大意是给出一个图的度数序列，要求你判断可不可能是一棵树的度数序列。显然这道题考查的是对树的性质的了解。

由树的性质可以知道：一个具有 $n-1$ 条边的连通图是一棵树。首先很显然，存在孤点（这里的孤点意思是没有边连接的点，有自环的点不算是孤点）的图不会是一棵树。然后从图的度数序列中我们可以轻易算出这个图有多少条边，问题就是我们如何判断这个图是否连通。事实上，一个没有孤点的有 $n-1$ 条边的图，我们可以在不改变度序列的情况下把它变成连通的。

变换的方法很简单：假如有一个含有 $n-1$ 条边的而且没有孤点的不连通图，那么它必然至少有一个连通分量是有环的，否则全部连通分量都没有环的话可以推出这个图不足 $n-1$ 条边。考虑它的两个连通分量 A 和 B,其中 A 中存在一个环，取环上的一条边，假设是(a,b)，又由于 B 不是孤点，那么 B 中必定可以找出一条边，假设是(u,v)。那么我们可以把(a,b)和(u,v)断掉，再添加两条边：(a,u)和(b,v)，于是这个图的度数序列没有改变，而连通分量 A 和连通分量 B 被连起来了（如图 2.7 所示）。通过反复运用这个变换，最终我们可以把原来的图变成一个连通图。

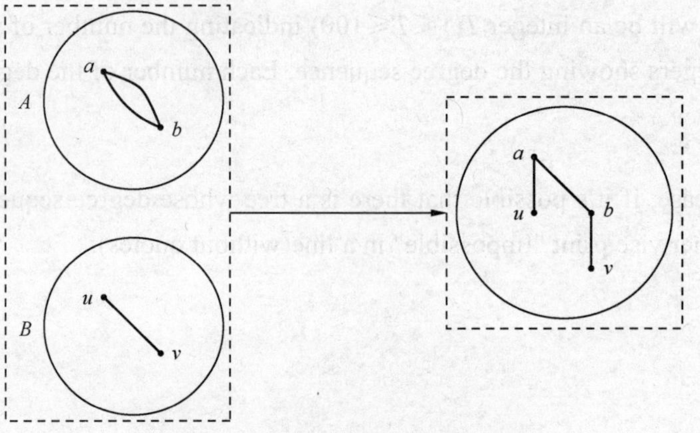

图 2.7　在不改变度数序列的情况下变换

因此结论就是：假如给出的图有 $n-1$ 条边而且没有孤点的话，则一定存在一棵树对应给出的度数序列。

这个算法需要统计所有点的度数的和，一共有 N 个点，因此这个算法的复杂度是 $O(n)$的。

2.5.3　参考程序

```
#include <stdio.h>
#include <assert.h>

int main() {
    freopen("degree.in", "r", stdin);
    freopen("degree.out", "w", stdout);
    //tn 是测试数据个数
    //n 是点的数目
    //sum 统计所有点的度数和
    //t 存储一个点的度数
    //i 是临时变量
    int tn, n, sum, t, i;
    //flag 是是否合法的标记
```

```
    char flag;
    for (assert(scanf("%d", &tn) == 1), assert(1 <= tn && tn <= 20); tn--; ) {
        //读入点的数目
        assert(scanf("%d", &n) == 1 && n >= 1 && n <= 100);
        //sum用来统计度数和,除以2就是边数
        //flag用来标记是否存在孤点
        sum = 0, flag = 0;
        for (i = 1; i <= n; i++) {
            //读入某个点的度数
            assert(scanf("%d", &t) == 1 && t >= 0 && t <= 100);
            //是否存在孤点
            if (!t && n > 1) flag = 1;
            sum += t;
        }
        //判断度数是否合法
        if (!flag && sum == 2 * (n - 1)) printf("Possible\n");
        else printf("Impossible\n");
    }
    assert(scanf("%*s") == EOF);
    return 0;
}
```

第 3 章　2009 年中山大学内部选拔赛第三试试题分析

3.1　前 *K* 个排列问题（难度：★★☆☆☆）

3.1.1　问题描述

Previous Permutation

(Input File:order.in / Output File:order.std)

Given a permutation A of $1\ldots N(N\leqslant 20)$, now you need to find the K-previous permutation of A. We said that a permutation B is the 1-pervious permutation of A if and only if the next permutation of B is A in numerical order. In this way we can define 2-pervious permutation, 3-pervious permutation, etc. Please keep in mind that the permutation $(1,2,\ldots,N)$ does NOT have any pervious permutations.

Input:

Input contains multiple test cases. For each test cases, the first line of input contains two integers：N and $K(0<K\leqslant 10^9)$，then the second line contains a permutation of $1\ldots N$. Input is terminated by a single line contains two zeros.

Output:

For each test case output the needed permutation in a single line. In case of none existence, just output -1 in a single line.

Sample Input:

```
5 4
4 1 3 2 5
5 1
1 2 3 4 5
5 119
5 4 3 2 1
0 0
```

Sample Output:

```
3 5 4 1 2
-1
1 2 3 4 5
```

3.1.2 算法分析

本题考查的是选手的组合数学基础知识。

题目大意是给出一个 N 个数的排列，求出所有 N 个数的排列中，字典序（排列中每个数看作一个字符）位于给出的排列前 K 个的那个排列。

由于 N 个数的全部排列有 $N!$ 个，而 N 达到了 20，要把所有排列全部生成是不现实的。而由于 K 达到了 10^9，因此从给出的排列开始一个个地往前推也是不现实的。假如我们可以把第 i 个排列和整数 i 对应起来，问题就好办多了，只需要把给出的排列对应的整数算出来，把它减去 K，再求出得出的这个数对应的这个数的排列就可以了。

怎么样高效地算出对应的整数呢？其实有一种叫"康托展开"的可以把一个排列对应的字典序排序的位置的整数算出来。通俗一点来说，这是一种"字典法"。

假设 N=3，那么把所有排列按字典序列出来就是：

1，2，3

1，3，2

2，1，3

2，3，1

3，1，2

3，2，1

回想一下我们构造这个序列的过程：首先对于第一个数，是按 1，2，3…这样的顺序下来的，由于第一个数已经确定，剩下的 N−1 个数排列的方案有$(N-1)!$个，因此按每个数开头的排列各有$(N-1)!$个。从第二个数开始，只能从前面设有选择的数中选择，我们把可以选择的数从小到大列出来，例如第一个数已经选定为 1，那么就只有剩下的 2,3 可以作为第二个数，依此类推。于是把一个排列对应到一个整数就是一个类似查字典的过程。以排列 2,3,1 为例，一开始字典中有 1,2,3 三个数可以选择，由于第一个数为 2，那么我们知道有以 1 开头的排列在 2,3,1 前面，一共有 2!=2 个。现在字典中只剩下了 1 和 3 可以选择，那么我们就可以知道有以 2,1 开头的排列在 2,3,1 前面，一共有 1!=1 个，因此 2,3,1 对应的整数就是 2!+1!=3,当然这个编号是从 0 开始的，因此说明了 2,3,1 是第 4 个排列。

从以上过程可以看出，把排列映射成一个整数的过程就是确定一个可变进制数的每一位的过程，最高位的权是$(N-1)!$，次高位是$(N-2)!$，依此类推。因此把一个整数还原成一个排列的过程只需要把这个可变进制数的每一位解出来就可以了。按照这个算法，无论是映射还是逆映射复杂度都是 $O(N^2)$（查字典需要 $O(N)$时间）。

3.1.3 参考程序

```
#include<stdio.h>
#include<algorithm>
using namespace std;

//由于对应的整数太大，需要 64 位整数来表示
typedef __int64 int64;

//a 是输入的排列，同时存储输出的结果
int a[35], i, N, K;
//p 用来存储可变进制数每一位的权值
int64 s, p[35];

//获取排列 a 对应的整数
int64 get_per(int *a)
{
    int i, j;
    int64 c, ret = 0;

//计算可变进制数的值，这里是把排列倒过来算，因此排最前的排列对应的数是 N! - 1,
//而排最后的排列对应的数是 0
    for (i=N-2;i>=0;i--){
        c = 0;
        for (j=i;j<N;j++)
            if (a[j] > a[i]) c++;
        ret += c*p[N-i-1];
    }
    return ret;
}

//根椐一个整数 key 构造出对应的排列 a
void set_per(int *a, int64 key)
{
    int i, h[30], j, k;
    memset(h, 0, sizeof(h));
    for (i=0;i<N;i++){
```

```
        //解出可变进制数的某一位
        for (k=0;key>=p[N-i-1];k++,key-=p[N-i-1]);
        //找出可变进制数据当前的一位对应的数字
        for (j=N;j>0;j--){
            //如果数字 j 还没用则 k 减 1
            if (h[j] == 0) k--;
            if (k<0) break;
        }
        //存储结果
        a[i] = j;
        //设置第 j 位已经被使用
        h[j] = 1;
    }
}

int main()
{
    freopen("order.in", "r", stdin);
    freopen("order.out", "w", stdout);
    //预处理可变进制数每一位的权值
    p[0] = p[1] = 1;
    for (i=2;i<=20;i++){
        p[i] = i * p[i-1];
    }
    while (scanf("%d%d",&N, &K)&&N){
        for (i=0;i<N;i++) scanf("%d", &a[i]);
        //先把排列映射成整数
        s = get_per(a);
        //是否存在前 K 个排列
        if (s + K >= p[N]) printf("-1\n");
        else{
            //整数加 K,即对应的排列往前倒推 K
            s += K;
            set_per(a, s);
        }
        for (i=0;i<N;i++)
            printf("%d%c",a[i],i==N-1?'\n':' ');
    }
    return 0;
}
```

3.2　统计矩形内点数（难度：★★★★☆）

3.2.1　问题描述

Points Inside

(Input File:point.in / Output File:point.std)

There are $N(0<N\leqslant 50000)$ points on the plane, each time you are given a rectangle, and your task here is to count how many points are inside the rectangles. Notice that the points lie at the boundaries of the rectangles should not to be counted.

Input:

The first line of input contains a single integer $T(T\leqslant 20)$, T test cases follow.

For each test case, the first line will be an integer N, and then N line follow, each line contains two integers X_i,Y_i. After that there is a single line contains a single integer $Q(0<Q\leqslant 50000)$, indicating that Q rectangles are given. And the Q lines follow, each line contains 4 integers X_{i1}, Y_{i1}, X_{i2}, Y_{i2}, indicating the lower-left and upper-right corner of the rectangle, and it's guaranteed that $X_{i1}< X_{i2}$, $Y_{i1},< Y_{i2}$. All coordinates given will be larger than 0 and less than or equal to 1000000.

Output:

For each test case, output one integer in a single line, indicating the total number of points in the given rectangles. If one point is inside in K rectangles, it will be counted K times.

Sample Input:

```
1
4
2 2
3 3
4 4
5 5
3
1 1 6 6
2 2 5 5
3 3 4 4
```

Sample Output:

```
6
```

3.2.2　算法分析

本题考查的是特殊数据结构方面的知识。

题目大意是给出 N 个平面上的点，再给出 Q 个矩形询问，对给出的这些矩形内包含的点的数目求和。注意边界上的点不算被包含，并且一个点若被 K 个矩形包含则要算 K 次。

假如不考虑时间限制的话，这道题目最直接的做法就是对于每个矩形，枚举每个点是否在该矩形内，如果是就把结果加 1，这样的复杂度就是 $O(NK)$。但是考虑到数据规模，这样的复杂度效率太低，因此我们应该想办法降低统计每个矩形包含的点的数目的时间复杂度。解决询问矩形范围内包含多少个点的问题，通常可以使用求部分和或者是二维线段树和树状数组（针对需要更改点的情况）。但是这几种方法的空间复杂度都是 $O(N^2)$，不适合点数特别多的情况。

其实这几种做法思想都是考虑空间的某种层次细分，假如某个层次的一块区域被矩形完全包围，那么我们就不用考虑这个层次的子区域，直接把这个区域的已经在建立数据结构的时候预处理好的统计信息取出来就行了，从而达到降低复杂度的目的。因此我们可以尝试寻找空间复杂度更低的细分方法。

其中的一种比较直观的方法就是四叉树。就是每一层都把当前的矩形区域划分成面积相近的四个更小的区域，假如某个区域里面没有包含点的话就不必细分下去了，直到区域只包含一个点为止，由于只需要扩展有包含点的区域，因此空间复杂度会大大降低，不过由于其节点个数和点之间的距离有关系，所以复杂度不好估计。

而本题的参考程序则是采用一种特殊的数据结构：KD（K-Dimension）树。KD 树是一种可以表示空间划分的数据结构，而且可以比较简单地扩展到多维的情况。它的主要做法就是轮流按照某一个维度把当前节点对应的区域划分成两个区域，使两个区域包含的点数相近或者面积相近，以保持树的平衡性（见图 3.1）。

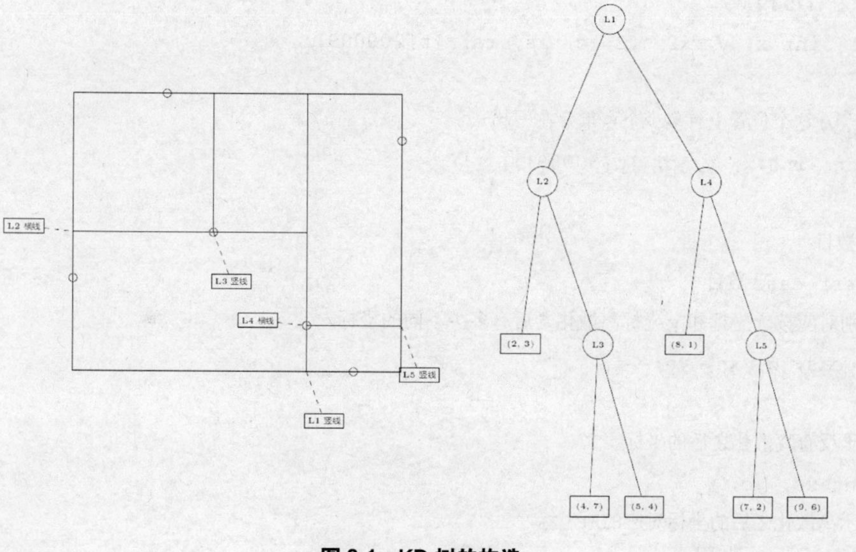

图 3.1　KD 树的构造

KD 树建树的过程是 $O(N\log_2 N)$的（参考程序每次直接用 STL 来重新排序，因此是 $O(N\log_2^2 N)$的），而查询查询某个矩形里面包含的点是 $O(\sqrt{N}+M)$的，其中 M 是结果对应的节点数目。由于我们没必要把所有包含的点都输出，因此 M 就是完全被矩形包含的 KD 树节点数目（一旦发现一个节点被完全包含，它的后代就会被完全忽略，因此不包含在 M 中），而可以证明和一个矩形相交却不被包含的 KD 树节点数目最多是 $O(\sqrt{N})$ 的（有兴趣的读者可以参看参考文献[1] Hemant M. Kakde 的《Range Searching using Kd Tree》），而 M 最多是其两倍（最坏情况是每个和矩形相交而不被包含的节点的两个儿子都是被完全包含的节点，只有相交而不被包含的节点才有必要递归访问下去），因此查询的复杂度就是 $O(\sqrt{N})$。

综上可得总的复杂度就是 $O(N\log_2^2 N+K\sqrt{N})$。具体的实现请参看参考程序。

3.2.3　参考程序

```
#include<stdio.h>
#include<string.h>
#include<stdlib.h>
#include<algorithm>
#include<map>
#include<iostream>
using namespace std;

//64 位整数
typedef __int64 int64;

//KD 树的节点结构
//t 对应一棵 KD 树
//[x,x2],[y,y2]对应该节点所对应的 x 坐标范围和 y 坐标范围
//ls,rs 记录左右儿子标号
struct node{ int x, y, x2, y2, c, ls, rs; }t[200009];
//二维点结构
//c 表示在(x,y)这个位置上有多少个点重叠在一起
struct point{ int x, y, c; }p[50009];

//n 表示点的数目
//cas 存储 test case 数目
//xn、yn 分别对应按 x 坐标和 y 坐标离散化之后有多少不同的坐标
int n, tn, cas, q, xn, yn;
int64 ans;
//xo、yo 用于反查离散化之后的坐标
map<int, int>xo, yo;
//xa、ya 表示离散化之后的坐标对应的原坐标
int xa[50009], ya[50009];
```

```
//分别按 x 和 y 来排序
bool cmpx(point a, point b){ return a.x<b.x; }
bool cmpy(point a, point b){ return a.y<b.y; }
//建立 KD 树
//dp 表示深度
//nd 是目前总共有多少节点
//st,ed 表示当前节点对应的二维点在数组中的范围(起始位置，结束位置)
void buildTree(int dp, int nd, int st, int ed)
{
    int mid, i;
    //初始化当前节点，求出当前节点对应的矩形范围
    t[nd].c = p[st].c;
    //左右儿子暂时初始化为空
    t[nd].ls = t[nd].rs = -1;
    //初始化坐标范围
    t[nd].x = t[nd].x2 = p[st].x;
    t[nd].y = t[nd].y2 = p[st].y;
    //扫描当前节点区域内的点，得到坐标范围
    for (i=st+1;i<=ed;i++){
        //计算覆盖次数
        t[nd].c += p[i].c;
        //更新 x 坐标的最小值
        if (p[i].x < t[nd].x) t[nd].x = p[i].x;
        //更新 x 坐标的最大值
        if (p[i].x > t[nd].x2) t[nd].x2 = p[i].x;
        //更新 y 坐标的最小值
        if (p[i].y < t[nd].y) t[nd].y = p[i].y;
        //更新 y 坐标的最大值
        if (p[i].y > t[nd].y2) t[nd].y2 = p[i].y;
    }
    //如果当前节点只包含一个点，则不会有儿子节点
    if (st == ed) return ;

    if (dp & 1){
        //按 y 划分
        sort(p+st, p+ed+1, cmpy);

        //把当前区域按 y 坐标划分成两部分
        mid = (p[st].y + p[ed].y) / 2;
        //p[0]、p[i]为 y 坐标小于等于 mid 的点
        for (i=st;i<=ed;i++)
```

```
            if (p[i].y > mid) break;
        //如果存在 y 坐标小于等于 mid 的点
        if (st <= i-1){
            //为当前节点新增一个左儿子
            tn++;
            t[nd].ls = tn;
            //递归建立左儿子
            buildTree(dp+1, tn, st, i-1);
        }
        //如果存在 y 坐标大于 mid 的点
        if (i <= ed){
            //为当前节点新增一个右儿子
            tn++;
            t[nd].rs = tn;
            //递归建立右儿子
            buildTree(dp+1, tn, i, ed);
        }
    }else{
        //按 x 划分
        sort(p+st, p+ed+1, cmpx);
        //把当前区域按 x 坐标划分成两部分
        mid = (p[st].x + p[ed].x) / 2;
        //p[0]、p[i]为 x 坐标小于等于 mid 的点
        for (i=st;i<=ed;i++)
            if (p[i].x > mid) break;
        //如果存在 x 坐标小于等于 mid 的点
        if (st <= i-1){
            //为当前节点新增一个左儿子
            tn++;
            t[nd].ls = tn;
            //递归建立左儿子
            buildTree(dp+1, tn, st, i-1);
        }
        if (i <= ed){
            //为当前节点新增一个右儿子
            tn++;
            t[nd].rs = tn;
            //递归建立右儿子
            buildTree(dp+1, tn, i, ed);
        }
    }
}
```

```
//定义一个比较函数
bool cmpxy(point a, point b){ if (a.x==b.x) return a.y<b.y;else return a.x<b.x; }
//预处理
void init()
{
    int i, j, nn = 0;
    //先按 x 坐标排序，再按 y 坐标排序
    sort(p, p+n, cmpxy);

    //把相同坐标的点合并
    i = 0;
    while (i<n){
        j = i + 1;
        //p[i] ～ p[j - 1]为 x、y 坐标相等的点
        while (j<n && p[j].x == p[i].x && p[j].y == p[i].y) j++;
        //把坐标赋给 p[nn]
        p[nn].x = p[i].x;
        p[nn].y = p[i].y;
        //设置 p[nn]的覆盖数
        p[nn].c = j - i;
        //下一次循环
        i = j;
        nn++;
    }
    n = nn;

    //把 x 坐标离散化
    xn = 0;
    //先排序
    sort(p, p+n, cmpx);
    //清空 x 坐标的集合
    xo.clear();
    for (i=0;i<n;i++){
    //如果在集合中找不到相应的 x 坐标
      if (xo.find(p[i].x) == xo.end()){
          //把 x 坐标加入集合中
          xa[xn] = p[i].x;
          //设置对应 x 坐标离散化之后的标号
           xo[p[i].x] = xn++;
      }
      //把原来的 x 坐标设置为离散化之后的标号
      p[i].x = xo[p[i].x];
```

```
    }

    //把 y 坐标离散化
    yn = 0;
    //先排序
    sort(p, p+n, cmpy);
    //清空 y 坐标的集合
    yo.clear();
    for (i=0;i<n;i++){
        //如果在集合中找不到相应的 y 坐标
      if (yo.find(p[i].y) == yo.end()){
            //把 y 坐标加入集合中
            ya[yn] = p[i].y;
            //设置对应 y 坐标离散化之后的标号
            yo[p[i].y] = yn++;
        }
        //把原来的 y 坐标设置为离散化之后的标号
      p[i].y = yo[p[i].y];
    }
    tn = 0;

    //建立 KD 树
    buildTree(0, 0, 0, n-1);
}

//询问矩形(x,y)--(x2,y2)中包含的点的数目
//nd 是当前节点的编号
int64 queryTree(int nd, int x, int y, int x2, int y2)
{
    //判断节点是否被询问的区域包含，分别判断 x 坐标范围和 y 坐标范围
    if (t[nd].x >= x && t[nd].x2 <= x2 && t[nd].y >= y && t[nd].y2 <= y2){
        //假如节点被完全包含
        return t[nd].c;
    }
//判断节点是否与被询问的区域没有交集，分别判断 x 坐标范围和 y 坐标范围
    if (t[nd].x > x2 || t[nd].x2 < x || t[nd].y > y2 || t[nd].y2 < y){
        //假如节点与询问完全没有交集
        return 0;
    }

    int64 tmp = 0;
    //相交但不完全包含
```

```
    if (t[nd].ls != -1) tmp += queryTree(t[nd].ls, x, y, x2, y2);
    if (t[nd].rs != -1) tmp += queryTree(t[nd].rs, x, y, x2, y2);
    return tmp;
}

//找到离散化坐标中比给定坐标大的最小的一个
//二分查找,a 是存放坐标的数组，xa,ya 中的一个
//val 是给定的坐标值,len 是数组长度
int findMinLarger(int *a, int val, int len)
{
    //初始化二分范围
    int low = 0, high = len - 1, mid;
    //如果二分范围没有缩小为 1，则继续二分过程
    while (low < high){
        //求二分中间位置
        mid = (low + high) / 2;
        //如果中间位置的值比 val 大，并且前面一个比 val 小，则返回中间位置
        if (a[mid] > val && (mid==0 || a[mid-1] < val)) return mid;
        //否则如果中间位置的值比 val 大，则区间右端点缩小为 mid - 1
        if (a[mid] > val) high = mid - 1;
        //若中间位置的值小于等于 val,左区间增加为 mid + 1
        else low = mid+1;
    }
    //为了防止出错，调整一下区间，再次扫描[low - 5, high + 5]范围内的值
    low -= 5;if (low < 0) low = 0;
    high += 5; if (high > len-1) high = len-1;
    for (mid = low; mid <= high; mid++)
      if (a[mid] > val && ( mid==low || a[mid-1] < val)) return mid;
    //printf("Larger val = %d Not Found!\n", val);
    return -1;
}

//找到离散化坐标中比给定坐标小的最大的一个
int findMaxLess(int *a, int val, int len)
{
    //初始化二分范围
    int low = 0, high = len - 1, mid;
    while (low < high){
    //求二分中间位置
        mid = (low + high) / 2;
        //如果中间位置的值比 val 小，并且前面一个比 val 大，则返回中间位置
        if (a[mid] < val && (mid==len-1 || a[mid+1] > val)) return mid;
```

```
        //否则如果中间位置的值比 val 小，则区间左端点增大为 mid + 1
        if (a[mid] < val) low = mid+1;
        //若中间位置的值大于等于 val,左区间缩小为 mid - 1
        else high = mid-1;
    }
    //为了防止出错，调整一下区间，再次扫描[low - 5, high + 5]范围内的值
    low -= 5;if (low < 0) low = 0;
    high += 5; if (high > len-1) high = len-1;
    for (mid = low; mid <= high; mid++)
        if (a[mid] < val && ( mid==high || a[mid+1] > val)) return mid;
    //printf("Less val = %d Not Found!\n", val);
    return -1;
}

//处理询问
void work()
{
    //q 记录询问个数
    //x、x2、y、y2 记录输入的矩形范围
    int q, x, y, x2, y2;
    //ret 记录 KD 树询问返回结果
    int64 ret;
    ans = 0;
    //读入查询个数
    scanf("%d", &q);
    while (q--){
        scanf("%d%d%d%d", &x, &y, &x2, &y2);
        //先把询问替换成离散坐标
        //如果找不到 x,则把 x 换成比 x 大的最小的 x 值离散化之后的编号
        if (xo.find(x) == xo.end()) x = findMinLarger(xa, x, xn); else x = xo[x] + 1;
        //如果找不到 x2,则把 x2 换成比 x2 小的最大的 x 值离散化之后的编号
        if (xo.find(x2) == xo.end()) x2 = findMaxLess(xa, x2, xn); else x2 = xo[x2] - 1;
        //如果找不到 y,则把 y 换成比 y 大的最小的 y 值离散化之后的编号
        if (yo.find(y) == yo.end()) y = findMinLarger(ya, y, yn); else y = yo[y] + 1;
        //如果找不到 y2,则把 y2 换成比 y2 大的最小的 y 值离散化之后的编号
        if (yo.find(y2) == yo.end()) y2 = findMaxLess(ya, y2, yn); else y2 = yo[y2] - 1;

        //执行询问,如果询问区间范围不合法则返回 0
        if (x == -1 || y == -1 || x2 == -1 || y2 == -1 || x > x2 || y > y2) ret = 0;
        //否则对 KD 树进行询问
        else ret = queryTree(0, x, y, x2, y2);
        //把返回值加入最终答案
        ans += ret;
```

```
    }
    //输出答案
    cout<<ans<<endl;
}
int main()
{
    freopen("point.in", "r", stdin);
    freopen("point.out", "w", stdout);
    //主程序
    int i;
    //读入测试数据个数
    scanf("%d", &cas);
    while (cas--){
        scanf("%d", &n);
        for (i=0;i<n;i++){
            //读入点的坐标
            scanf("%d%d", &p[i].x, &p[i].y);
            //覆盖数初始化为1
            p[i].c = 1;
        }
        //初始化操作
        init();
        //处理询问
        work();
    }
    return 0;
}
```

3.3 工程分配问题（难度：★★★★☆）

3.3.1 问题描述

Project Assignment

(Input File:project.in / Output File:project.std)

Special Judge（特殊评测）

There are $N \leqslant 40$ projects and $M \leqslant 5$ engineers in the factory. Project i ($0 \leqslant i \leqslant N$) will start from week S_i and end at week E_i($0 \leqslant S_i \leqslant E_i < 20$). The workload of week k($S_i \leqslant k \leqslant E_i$) of project i is W_{ik}($0 < W_{ik} \leqslant 10$). One project must and can only be assigned to one engineer, but one engineer can be assigned to more than one project. For each week, the engineers' total workload can not be larger than $C(0<C\leqslant100)$. Your task here is to find such a feasible assignment.

Input:

The first line of input contains a single integer $T(T\leqslant10)$, T test cases follow.

For each test case, the first line will be 3 integers N,M,C, indicating the number of project, the number of engineer, and the workload limitation of all engineers in each week. And then N lines follow, the first 2 integers of each line indicating the starting week S_i and ending week E_i of project i, then E_i-S_i+1 integers follow, indicating the workload of project i from week S_i to week E_i. It's guaranteed that the feasible assignment will always exist.

Output:

For each test case, output M lines, indicating the feasible assignment. You can output any feasible assignment as you like, but just one is enough.

The first integer of the i-th line should be an integer *pi*, indicating that there are *pi* projects assigned to engineer *i* totally, then *pi* integers follow, indicating the serial numbers of the assigned projects, counting from zero as they appeared in the input. Output a blank line after each test case.

Sample Input:

```
1
6 2 14
0 2 5 9 3
2 2 5
0 2 1 5 4
0 1 1 7
2 2 8
0 1 7 5
```

Sample Output:

```
3 4 3 2
3 5 1 0
```

Hint:

In the example above, there are 6 projects and 2 engineers, and the workload limitation for all engineers in each week is 14. One of the feasible assignments, as show in the sample output, is to assign project 4, 3 and 2 to the first engineer, and project 5, 1 and 0 to the second engineers. Take the first engineers for example, his workload from week 0 to week 2 is 2, 12 and 12, all of which are not larger than 14.

3.3.2　算法分析

从题目和数据规模来看，这是一道适合用搜索来解决的题目。

题目大意是把若干工程分配给若干工程师，一个工程只能由一个工程师来完成，一个工程师可以完成多个工程，并且一个工程在某个时间范围内每一周都有一定的工作量。目标就是制订一个分配方案，使得每个工程师在每一周的工作量总量都不会超过一个给定的阈值。

假如我们采用枚举法的话，显然其方案数目的复杂度是 $O(N^M)$，而每一个方案都要枚举每一周每个工程师是否会超过工作量的限制。就本题来说，要枚举的方案乘以判断的复杂度大概是 $40^5 \times 20 \times 5 \approx 10^{10}$。显然直接使用枚举法是不可行的。因此我们必须要加入强力的剪枝。

参考程序采用的是一种启发式的搜索方法。由于题目只需要找出一组可行解，因此我们可以考虑先随机出一个解，然后对这个解进行若干调整，看是否可以调整出一个可行解。可以看到，调整的策略是影响算法效率的重要因素。在参考程序中采用的是 3-opt 操作，就是从一个解中选出三个工程师，其中至少一个工程师是工作量超负荷的，然后采用常规的搜索方法把这三个工程师负责的工程重新分配，看看是否可以使得其中超负荷工作的工程师不用再超负荷工作，直到迭代次数超过限制或者所有的工程师不再超负荷工作。

然而如果每次随机选择三个工程师，不一定能够取得很好的效果，实践中效果确实也不好。这里我们就应该尝试采用一些“直觉上觉得很有道理”和“很可能在大多数情况下表现优异”的策略，并利用实践来检验（其实这就是一种很重要的进行合理猜想的能力）。这里介绍一下参考程序中采用的策略：一个符合直觉的策略就是一个工程师的工作总量越多越应该先被重新调整，当然，只有某天的工作量超过阈值的工程师才有必要一定要重新调整，同时我们可以合理地规定，超过阈值的工作量越多越应该重新调整。因此我们可以依据这种策略来给某个工程师的工作定一个“评分方案”，评分越高越有降低工作量的必要。由于超出阈值的部分的影响比没有超出来的部分大得多，因此我们可以定一个足够大的惩罚值，作为超出阈值部分的权值。

具体来说一个工程师的分数按公式（3-1）定义（其中方括号的意思是满足其中条件的话值就是 1，否则就是 0）。我们可以把所有的工程师按其分数从大到小排序，于是第一个工程师就应该被选出来作为三个中的一个，而排名最后的两个则可以作为另外两个（按照分数的定义，这两个工程师工作量少，适合分担第一个工程师的工作量）。

$$score_i = \sum_j workload_j[\text{工程 } j \text{ 由工程师 } i \text{ 负责}] + \sum_k penalty * (\sum_j W_{jk} - C)[\text{工程 } j \text{ 由工程师 } i \text{ 负责并且工程师 } i \text{ 第 } k \text{ 个星期的总工作量超过} C] \tag{3-1}$$

*penalty*是一个充分大的数

通过进行多次随机，多次调整，在实践中可以很快得出一个可行解。

由于实现是随机算法，所以其运行时间是不确定的，可以知道最坏情况要枚举完 $O(N^M)$ 个分配方案才能找到答案。然而在实践过程中这个算法在解存在的情况下可以非常快地找到解。

具体的实现过程请参照参考程序。

3.3.3　参考程序

```
#include<assert.h>
#include<stdio.h>
#include<stdlib.h>
#include<string.h>
#include<algorithm>
using namespace std;

//标准程序可以处理的最大规模
#define maxProject 169
#define maxEngineer 29
#define maxWorkingWeeks 59

//惩罚值
const int penalty = 50000;

//定义一个无穷大的值
const int INF = 0xFFFFFFF;
const int INTSIZE = sizeof(int);

//用来表示一个工程的结构体
struct Projects{
  //一个工程每个星期的工作量
  int workload[maxWorkingWeeks];
  //一个工程的起始星期、结束星期和所有星期的工作量总和
  int startingWeek, endingWeek, totWorkload;
}project[maxProject];

struct Engineer{
  //totWorkload用来表示工程师的分数值
  //workload表示工程师每个星期的总工作量
  int totWorkload, workload[maxWorkingWeeks];
  //asn表示工程师所负责的工程数目
  //asg表示工程师所负责的具体工程
  int asn, asg[maxProject];
}engineer[maxEngineer];

//工程数目
int projectCount;
```

```
//工程师数目
int engineerCount;
//数据中最多涉及的星期范围
int totalWorkingWeeks;
//阈值
int maxWorkload;


//读入数目
void readData()
{
    int i, j;
    //读入工程数目、工程师数目和最大工作负载
    scanf("%d%d%d", &projectCount, &engineerCount, &maxWorkload);
    //检查数据范围
    assert(projectCount<=40&&engineerCount<=5);
    //初始化工程信息
    totalWorkingWeeks = 0;
    memset(project, 0, sizeof(project));
    for (i=0; i<projectCount; i++){
        scanf("%d%d", &project[i].startingWeek, &project[i].endingWeek);
        //求出数据中最多涉及的星期范围
        if (project[i].endingWeek > totalWorkingWeeks) totalWorkingWeeks = project[i].
endingWeek;
        for (j=project[i].startingWeek; j<=project[i].endingWeek; j++){
            //读入每个工程在某一周的工作负载
            scanf("%d", &project[i].workload[j]);
    //检查数据范围
    assert(project[i].workload[j]<=10&&project[i].workload[j]>0);
            //预计算某个工程的工作量总和
            project[i].totWorkload += project[i].workload[j];
        }
    }
    totalWorkingWeeks++;
    //检查数据范围
    assert(totalWorkingWeeks<=20);
}

//输出结果方案
void showResult()
{
    int i, j;
```

```
    for (i=0;i<engineerCount;i++){
      //输出一个工程师负责的任务个数
       printf("%d", engineer[i].asn);
      //输出工程师具体负责的任务
       for (j=0;j<engineer[i].asn;j++)
           printf(" %d", engineer[i].asg[j]);
       printf("\n");
    }
    printf("\n");
}

//把工程 prj 分配给工程师 eng 并更新分数值
int assignProject(int eng, int prj)
{
    int i, tmp;
    //分数加上新加入的工程的工作总量
    engineer[eng].totWorkload += project[prj].totWorkload;
    //把工程 prj 分配给工程师 eng
    engineer[eng].asg[ engineer[eng].asn++ ] = prj;
    for (i=project[prj].startingWeek; i<= project[prj].endingWeek; i++){
        //记录原来的工作负载
        tmp = engineer[eng].workload[i];
        //工作负载加上工程 prj 第 i 个星期的工程负载
        engineer[eng].workload[i] += project[prj].workload[i];

        //调整超出阈值部分的分数
        if (engineer[eng].workload[i] > maxWorkload){
            //如果原来的工作负载已经超过最大工作负载
            if (tmp > maxWorkload)
                //不用减去最大工作负载
                tmp = project[prj].workload[i];
              else
                //若原来的工作负载没有超过最大工作负载，而现在超过了
                //则不超过的部分不用乘以惩罚值
               tmp = engineer[eng].workload[i] - maxWorkload;
            //计算惩罚值
            engineer[eng].totWorkload += penalty * tmp;
        }
    }

    //如果分数值大于 penalty,则说明工程师超负荷工作
    return (engineer[eng].totWorkload < penalty);
```

```
}

//把工程 prj 从工程师 eng 负责的工程中去除并更新分数值
void removeProject(int eng, int prj)
{
    int i, tmp;
    //分数减去被移除的工程的工作总量
    engineer[eng].totWorkload -= project[prj].totWorkload;
    //工程师负责的工程数目减 1
    engineer[eng].asn--;
    for (i=project[prj].startingWeek; i<= project[prj].endingWeek; i++){
        //记录原来的工作负载
        tmp = engineer[eng].workload[i];
        //把工程 prj 在第 i 星期的工作负载从总工作负载中减去
        engineer[eng].workload[i] -= project[prj].workload[i];

        //调整超出阈值部分的分数
        if (tmp > maxWorkload){
            //如果后来的工作负载还是大于最大工作负载
              if (engineer[eng].workload[i] > maxWorkload)
                 //不用减去最大负载
                tmp = project[prj].workload[i];
              else
                //原来是超过最大工作负载
                //减去这个工作后不超过
                //则原来不超过的部分不用乘以惩罚值
                tmp -= maxWorkload;
            //计算惩罚值
            engineer[eng].totWorkload -= tmp * penalty;
        }
    }
}

//重置某个工程师负责的工程
inline void clearProject(int eng)
{
     engineer[eng].asn = engineer[eng].totWorkload = 0;
    //清空工程师信息
    memset(engineer[eng].workload, 0, INTSIZE*(totalWorkingWeeks + 1));
}
void init()
{
```

```
    int i;
    for (i=0; i<engineerCount; i++) clearProject(i);
}

//be1,be2,be3 分别为要重新调整的三个工程师
//bsgp1,bsgp2 记录前两个工程师负责工程的数目
//mxdp 代表可以选用的工程的总数目
//dpCot 记录回溯函数被调用的次数
//fbr: 如果等于 2 则说明回溯函数成功找到一个解
int be1, be2, be3, bsgp1,bsgp2, mxdp, dpCot, fbr;
//pod: 按起始星期排序的工程的编号
//bsg: 原来的三个工程师的分配方案
int pod[maxProject], bsg[maxProject];

bool  cmpStartingWeek(int  a,  int  b){  return  project[a].startingWeek  <  project[b].
startingWeek; }
//最大步数限制为 3000
const int maxDPCot = 3000;

//用回溯法搜索三个工程师的分配方案
//d 代表深度，即对应哪个工程
void dfsbb3(int d)
{
    //已经搜到结果或者超过步数限制则返回
    if (fbr == 2 || dpCot > maxDPCot) return ;

    //每调用一次计数加 1
    dpCot++;

    //已经处理完所有工程，说明搜索到一个解了
    if (d >= mxdp){
        fbr |= 2;
      return ;
    }

    //尝试把工程分配给工程师 be1
    if (assignProject(be1, pod[d])){
        //递归处理下一个工程
        dfsbb3(d+1);
        //如果找到解就直接返回
        if (fbr == 2) return ;
```

```
    }
    //把工程从 be1 中删除，恢复原来的状态
    removeProject(be1, pod[d]);
    //尝试把工程分配给工程师 be2
    if (assignProject(be2, pod[d])){
        //递归处理下一个工程
        dfsbb3(d+1);
        //如果找到解就直接返回
        if (fbr == 2) return ;
    }
    //把工程从 be2 中删除，恢复原来的状态
    removeProject(be2, pod[d]);
    //尝试把工程分配给工程师 be3
    if (assignProject(be3, pod[d])){
        //递归处理下一个工程
        dfsbb3(d+1);
        //如果找到解就直接返回
        if (fbr == 2) return ;
    }
    //把工程从 be3 中删除，恢复原来的状态
    removeProject(be3, pod[d]);
}

//搜索三个工程师的新的分配方案
int branchAndBound3(int eg1, int eg2, int eg3)
{
    int i, j, n, sum;

    //先把原来的分配方案保存起来
    bsgp1 = engineer[eg1].asn;
    bsgp2 = bsgp1 + engineer[eg2].asn;
    //这里的 n 代表要三个工程师负责的工程的数目
    n = bsgp2 + engineer[eg3].asn;
    for (i=0;i<bsgp1;i++) bsg[i] = engineer[eg1].asg[i];
    for (i=bsgp1;i<bsgp2;i++) bsg[i] = engineer[eg2].asg[i-bsgp1];
    for (i=bsgp2;i<n;i++) bsg[i] = engineer[eg3].asg[i-bsgp2];

    //如果有某一星期要考虑的工程的工作量总和大于阈值的 3 倍
    //则由鸽巢原理得知无论怎么调整总有一个工程师工作负荷超过阈值
    //于是不用搜索，直接返回
    for (i=0;i<totalWorkingWeeks;i++){
        sum = 0;
```

```
    for (j=0;j<n;j++)
        //对每一个工程，如果当前星期处于工程bsg[j]的范围内
        if (i >= project[bsg[j]].startingWeek && i <= project[bsg[j]].endingWeek)
            //则加入累加值中
            sum += project[bsg[j]].workload[i];
    //判断工作负载是否大于最大工作负载的 3 倍
    if (sum > maxWorkload + maxWorkload + maxWorkload)
        return -1;
}

//按要考虑的工程按起始星期的顺序排序
//从而使回溯过程按照时间顺序来搜索
for (i=0;i<n;i++) pod[i] = bsg[i];
sort(pod, pod+n, cmpStartingWeek);
//把 eg1 赋给 be1
be1 = eg1;
//把 eg2 赋给 be2
be2 = eg2;
//把 eg3 赋给 be3
be3 = eg3;
//记录要处理的工程数目
mxdp = n;
//重置是否找到解的标记
dpCot = fbr = 0;

//先把三个工程师的分配方案重置
clearProject(eg1);
clearProject(eg2);
clearProject(eg3);

//调用回溯函数进行具体搜索
dfsbb3(0);

if (fbr == 0){
    //调整失败，把方案还原
    //清除工程师的工程记录
    clearProject(eg1);
    clearProject(eg2);
    clearProject(eg3);
    //把原来的工程记录还原
    for (i=0;i<bsgp1;i++) assignProject(eg1, bsg[i]);
```

```
        for (i=bsgp1;i<bsgp2;i++) assignProject(eg2, bsg[i]);
        for (i=bsgp2;i<n;i++) assignProject(eg3, bsg[i]);
    }

    //找到一个使三个工程师不用超负荷工作的方案
    return (fbr == 2);
}

bool cmpLoad(int a, int b){ return engineer[a].totWorkload > engineer[b].totWorkload; }
//产生一个随机的解并调整
//看看是否可以得出一个合要求的解
int getFeasibleAssignment()
{
    //rep 为重复执行次数
    //suc 为是否成功找到一个合法解的标记
    int i, j, k, mi, rep = 4, suc = 0, micost = INF;
    int cost, n, pt, ph, needop, res;
    //od 存放工程随机洗牌之后的顺序
    //eod 存放按分数排序的工程师的编号
    static int od[maxProject], eod[maxEngineer];
    //注意这里的 n 代表工程师数目
    n = engineerCount;
    //重复进行 rep 次
    while (!suc && rep--){
        suc = 1;
        //把工程随机洗牌
        for (i=0;i<projectCount;i++) od[i] = i;
        random_shuffle(od, od+projectCount);
        for (i=0;i<n;i++) clearProject(i);

        //根据随机出来的顺序使用某种贪心的策略
        if (rep & 1){
            //第一次重复尝试采用 first fit 策略
            for (i=0;i<projectCount;i++){
                k = 0;
                mi = INF;
                for (j=0;j<engineerCount;j++)
                    //即工程分配给第一个可以负责该工程而不会超负荷的工程师
                    if ( assignProject(j, od[i]) ) break; else{
                        //如果不存在这样的工程师则
                        //分配给分数值最小的工程师
                        if (engineer[j].totWorkload < mi){
```

```
                    mi = engineer[j].totWorkload;
                    k = j;
                }
                //删除分配失败的工程
                removeProject(j, od[i]);
            }
        if (j >= engineerCount) {
        //如果不存在这样的工程师
            suc = 0;
            //分配给分数值最小的工程师
          assignProject(k, od[i]);
          }
        }
}else{
    //不是第一次重复则采用best fit 策略
    for (i=0;i<projectCount;i++){
        mi = INF;
        k = 0;
        for (j=0;j<engineerCount;j++){
            //分配给负责该工程的情况下分数值最小的工程师
            assignProject(j, od[i]);
            cost = engineer[j].totWorkload;
            //记录最小分数值
            if (cost < mi){
                mi = cost;
                k = j;
            }
            //删除分配失败的工程
            removeProject(j, od[i]);
        }
        //分配给负责该工程的情况下分数值最小的工程师
        assignProject(k, od[i]);
        if (cost > penalty) suc = 0;
    }
}
//如果贪心的方法得到了一个符合要求的解，则直接返回
if (suc) break;

//neeop 表示是否需要进行 3-opt 调整操作
needop = 1;
while (needop){
    needop = 0;
```

```
        ph = 0; pt = n-1;
        for (i=0;i<n;i++) eod[i] = i;
        //按分数排序工程师
        sort(eod, eod+n, cmpLoad);
        //如果已经是一个符合条件的解,则返回
        if (engineer[eod[0]].totWorkload < penalty){
            suc = 1;
            break;
        }
        //按顺序处理超负荷工作的工程师
        while (ph + 1 < pt && engineer[eod[ph]].totWorkload > penalty){
            //如果正在处理的超负荷工作工程师
            //与最后两个工程师进行调整无法达到目的
            //则和倒数第二和第三个工程师一起进行调整
            //如果再不行再把右界向左移
            while (ph + 1 < pt){
                int pjn = engineer[eod[pt]].asn + engineer[eod[pt-1]].asn + engineer
[eod[ph]].asn;
                res = branchAndBound3(eod[pt], eod[pt - 1], eod[ph]);
                if (res == 1){
                    //成功调整，进行下一次 3-opt 操作
                    needop = 1;
                    break;
                }
                pt--;
            }
            if (needop)   break;
            //如果到最后都不能成功调整，则尝试处理
            //下一个超负荷工作的工程师
            ph ++;
            pt = n-1;
        }
    }
    if (suc) break;
  }

  return suc;
}


void work(int repc)
```

```
{
    //重复多次随机调整的过程
     while(repc--){
         if (getFeasibleAssignment()){
            //如果得到了一个可行解,输出结果
             showResult();
             return ;
         }
     }
}

//主函数
int main(int argc, char** argv)
{
    freopen("project.in", "r", stdin);
    freopen("project.out", "w", stdout);
    //测试数据个数
    int T;
    //初始化随机种子
    srand(9973);
    scanf("%d", &T);
    while (T--){
        //读入数据
        readData();
        //初始化
        init();
        //开始求解过程
        work(100);
    }
    return 0;
}
```

3.4　《工程分配问题》评测程序的设计（难度：★★☆☆☆）

3.4.1　问题描述

Judge for Project Assigment

(Input File:judge.in / Output File:judge.std)

After setting up problem C（problem C means the previous problem）, the judge is too tired to write the code for the special judgment. Considering that you also need such a code to test your solution, the judge would like to leave this work to you. Given dozens of projects, the number of engineer, the workload limitation and an assignment as described in problem C, your task here is to tell whether the given assignment is feasible or not. We said that an assignment is feasible if and only if the following conditions hold.

Every project is assigned to one of the engineers, and each project is assigned to only one engineer.

For all engineers, the total workload of each week does not exceed the workload limitation C.

Input:

The first line of input contains a single integer $T(T \leqslant 20)$, T test cases follow.

For each test case, the first line will be 3 integers:N,M,C, and then N lines follow, as described in the 'Input' part of problem C. After those M lines follow, indicating the given assignment, as described in the 'Output' part of problem C.

Output:

For each test case, if the given assignment is feasible, just output the string 'Feasible' (without quotes) on a single line. Output the string 'Infeasible' (without quotes) on a single line otherwise.

Sample Input:

```
2
6 2 14
0 2 5 9 3
2 2 5
0 2 1 5 4
0 1 1 7
2 2 8
0 1 7 5
3 4 3 2
3 5 1 0
6 2 14
0 2 5 9 3
2 2 5
0 2 1 5 4
0 1 1 7
2 2 8
0 1 7 5
6 0 1 2 3 4 5
0
```

Sample Output:

```
Feasible
Infeasible
```

3.4.2　算法分析

这道题目其实就是针对上一道题目（工程分配问题）来设计评测程序，判断输出是否合法（每个工程只会由一个工程师负责，每个工程师每个星期的工作量不超过阈值）。

这就是一道简单编程题，只需要参考上一道题目的题意，照着题意来实现就可以了。

3.4.3　参考程序

```
#include<stdio.h>
#include<stdlib.h>
#include<string.h>
#include<assert.h>

const int maxProject = 100;
const int maxEngineer = 30;
const int maxWeek = 50;

//w: 每个工程师每个星期的总工作量
//pw: 每个工程每个星期的工作量
//app: 每个工程被几个工程师负责
int w[maxEngineer][maxWeek], pw[maxProject][maxWeek], app[maxProject];
int N, M, W, C;

void wrong()
{
    puts("Infeasible");
}

void judge()
{

    //i、j、k 是循环变量
    //cot 记录某个工程师负责的工作数量
    //st,ed 记录读入的工程的起始时间和终止时间
    //p 记录工程编号
    //ok 记录判断的结果
    int i, j, k, cot, st, ed, p, ok = 1;
    //读入工程个数、工程师个数、最大工作负载
    scanf("%d%d%d", &N, &M, &C);
```

```
    W = 0;
    for (i=0;i<N;i++){
       //读入工程的信息
       scanf("%d%d", &st, &ed);
       //读入工作负载
       for (j=st;j<=ed;j++) scanf("%d", &pw[i][j]);
       //记录最大涉及的星期
       if (ed > W) W = ed;
    }
    //把 app 清零
    memset(app, 0, sizeof(app));
    for (i=0;i<M;i++){
       //读入工程师 i 负责的工程数目
       if (scanf("%d", &cot)!=1) ok = 0;
       if (cot<0 || cot >N) ok = 0;
       for (j=0;j<cot;j++){
          if (scanf("%d", &p)!=1) ok = 0;
          //工程编号范围不合法
          //或者一个工程由不止一个工程师负责
          if (p<0 || p>=N || app[p]) ok = 0;
          app[p]++;

          for (k=0;k<=W;k++){
             w[i][k] += pw[p][k];
             //工程师的工作量超负荷
             if (w[i][k]<0 || w[i][k] > C) ok = 0;
          }
       }
}
    //出现不合法的情况就输出信息并返回
    if (!ok) return wrong();
    for (i=0;i<N;i++)
       //若负责某个工程的工程师个数不是 1
       //则输出信息并返回
       if (app[i] != 1) return wrong();
    //方案可行
    puts("Feasible");
}


int main() {
    freopen("judge.in", "r", stdin);
```

```
    freopen("judge.out", "w", stdout);
    //cas 为测试用例个数
    int cas;
    scanf("%d", &cas);
    while (cas--){
        memset(pw, 0, sizeof(pw));
        memset(w, 0, sizeof(w));
        judge();
    }
    return 0;

}
```

3.5 向量分解问题（难度：★★★★☆）

3.5.1 问题描述

Quantum

(Input File:quantum.in / Output File:quantum.std)

We said that a vector $\vec{V}=<x,y>$ is a 2-D unit vector if and only if $x^2+y^2=1$, here x and y are real numbers. For two vectors: $\vec{V_1}=<a_0,...,a_n>$ and $\vec{V_2}=<b_0,...,b_m>$, we define the operator @ as follow:

$$<a_0,\ldots,a_m>@<b_0,\ldots,b_m>=<a_0b_0,\ldots,a_0b_m,\quad a_1b_0,\ldots,a_1b_m,\ldots,a_nb_0,\ldots,a_nb_m>$$

Given a set of $N=2^k(1\leqslant k\leqslant 5)$real numbers $\{r_0,\ldots,r_{n-1}\}$ (order insensitive), your task here is to find if there exist k 2-D unit vector $\vec{V_1},...\vec{V_k}$ such that $\vec{V}_1@\vec{V}_2...@\vec{V}_k$ is equal to the vector $<\sqrt{p_0},...,\sqrt{p_{n-1}}>$, here $p_0,...,p_{n-1}$ is a permutation of $r_0,\ldots,r_{n-1}$.

Input:

The first line of the input file is an integer $T\leqslant 10$, the number of test cases. Each test case consist two lines, the first line is an integer N, and the second line contains N real numbers.

Output:

For each test case, output 'YES' (without quotes) in a single line if the expected vector exists, or else output 'NO' (without quotes) in a single line.

Note:

we think that $x=y$ if $|x-y|<10^{-6}$.

Sample Input:

```
2
4
0.25 0.25 0.25 0.25
4
0.1 0.2 0.3 0.4
```

Sample Output:

```
YES
NO
```

Hint:

For the first example, there exist 2 unit vectors $\vec{V_1}=<\sqrt{0.5},\sqrt{0.5}>$, $\vec{V_2}=<\sqrt{0.5},\sqrt{0.5}>$ such that $\vec{V_1}@\vec{V_2}=<\sqrt{0.25},\sqrt{0.25},\sqrt{0.25},\sqrt{0.25}>$.

3.5.2 算法分析

这道题目的大意是定义一种向量（这道题目里面的向量的分量是不用考虑顺序的，在题目中已经多次强调这一点）的二元操作@，就是分别从两个向量中各选出一个分量相乘，所有这些对的乘积构成一个新的向量。然后输入中会给出 2^k 个实数，要求输出输入的向量中每个分量开根号所组成的向量是否可以分解成 k 个二维单位向量的@操作。

由于向量中每个分量是实数，因此要枚举出这 k 个向量是不可行的。我们先来简单分析一下@操作有什么特点。

① 首先很显然的，@操作满足交换率和结合率，这一点直接验证一下就可以知道。（性质 1）

② 两个单位向量@操作得到的还是单位向量：

$$\sum_i x_i^2=1,\sum_i y_i^2=1\Rightarrow\sum_{i,j}(x_i\times y_j)^2=(\sum_i x_i^2)\times(\sum_i y_i^2)=1 \text{（性质 2）}$$

③ 两个向量的所有分量都不是 0，那么它们的@操作的结果中也不会出现 0，反过来也成立（因为两个非 0 的数相乘还是一个非 0 数，而 0 乘以任何数都是 0）。（性质 3）

④ @操作的结果中的分量对应进行@操作的每个向量各选一个出来的组合。例如：

$$<a_0,b_0>@<a_1,b_1,c_1>=<a_0a_1,a_0b_1,a_0c_1,b_0a_1.b_0c_1>$$

同样通过简单验证或者用归纳法就可以证明。（性质 4）

有了这些性质，问题就可以简化很多了。首先由性质 2 得知输入的数的和必须为 1。其次如果输入的数中有 0 的话，说明如果存在一个分解的话肯定有一个二维单位向量是<0,1>（应用性质 3），用交换率把它放到最后，显然这个单位向量可以去掉，然后把输入的一半的 0 去掉，即

$$<a_1,a_2,...,a_p>@<0,1>=<\overbrace{0,0,0,...,0}^{p\text{个}0},a_1,a_2,...,a_p>$$

重复这样的步骤直到剩下的数中没有 0，或者 0 的数目不足一半（这种情况下肯定不存在分

解）。这样做的好处就是不用考虑除 0 的问题。现在的问题就是剩下的非 0 数组成的向量是否存在一个分解。

由性质 4 得知，假如我们知道输入的数与原来 k 个向量的组合的对应关系，通过 2^k 个由组关系得出的合方程和 k 个单位向量得出的方程联立，我们就可以求出原来的 k 个向量，那么显然输入就存在一个分解。但是要枚举这样的对应关系，最多一共会有$(2^5)!=32!$种情况，数目太大了。于是我们必须想办法减少要枚举的数目。事实上，我们已经有了由 k 个由单位向量得出的方程，那么我们只需要知道 k 个数对应的组合一共就有 $2k$ 个方程，足够把 k 个二维向量的各个分量都求出来了，也就是说我们只需要枚举其中 k 个组合对应的关系就足够了。那怎么枚举才又方便又有效率呢？其实我们可以利用“二进制编码”。

首先假设 k 个向量分别是$<a_0,b_0>,\dots,<a_{k-1},b_{k-1}>$，由于分量的顺序不重要，不妨设 $a_i<b_i \wedge a_i>0, 0\leqslant i<k$（0 的情况已经被去掉了）。那么我们把输入的数按大小排序，最小的一个必定对应$(a_0a_1\dots a_{k-1})^2$，最大的一个必定对应$(b_0b_1\dots b_{k-1})^2$（输入的值是平方之后的值）。接下来我们可以把一个组合对应于一个二进制数：假如一个组合在第 i 个向量中选择了 a_i，我们就把第 i 位设为 0，否则设为 1。例如，最小的数对应的二进制数就是 00..0(k 个 0)，最大的则对应 11…1(k 个 1)。可以证明，假如我们确定了组合 00..1(1 个 1),00..11(2 个 1),00..111(3 个 1), …,01..1($k-1$ 个 1)各自所对应的数，就可以求出其他组合所对应的数是什么。为了证明这个结论，不妨假设 k=5，那么组合 00000 和 11111 一开始就确定了，并且我们已经枚举出来 00001,00011,00111,01111 各自对应输入的哪一个数，现在我们要求组合 01101 对应的数是多少，则有 01101=01111−00010=01111−(00011−00001)，只要我们想办法构造一种操作 $f(x,y)$，使得对组合 x,y，$f(x,y)$就是组合 $x-y$ 所对应的数（其中且 y 中为 1 的位在 x 中也要为 1，即 x and $y=y$，and 表示按位与），问题就可以解决了。假设 $N_x=\prod_i\left(\begin{cases}a_i & x第i位是0\\ b_i & x第i位是1\end{cases}\right)$，那么 $N_x\cdot N_0/N_y=N_{x-y}$，因为 $N_0/N_y=\prod_i\left(\dfrac{a_i}{b_i}\right)$ [y 的第 i 位是 1]，因此乘以 N_0/N_y，作用就是把 y 中为 1 的位变为 0（从 b_i 变到 a_i），当然 x 中对应的位也要为 1 才行。事实上，假如我们知道了 00001 的值，我们就知道了组合 $0\sim2^1-1$ 对应的值（十进制表示），这时再确定 00011 的值，分别“减去” $0\sim2^1-1$ 的值就可以求出组合 $0\sim2^1-1$ 对应值的值，依此类推，因此知道这 $k-1$ 个组合之后要求出 2^k 个组合对应的值，所需要的时间复杂度是 $O(2^k)$即 $O(N)$，这样做的好处是在回溯过程中的第 k 层我们可以先把 $0\sim2^k-1$ 对应的值求出来，而更深的层可以利用前面几层的计算结果，提高了搜索的效率。最后需要做的就是验证求出来的 2^k 个数是否和输入的数一致，如果是一致的则说明找到了一个分解，否则就继续枚举。

最坏情况下需要枚举的方案一共有 $C_{2^k-2}^{k-1}$ 种，因此最坏情况下复杂度就是 $O(N^{k-1}\times N)=O(N^k)$。具体实现请参看参考程序。

3.5.3　参考程序

```
#include<stdio.h>
#include<stdlib.h>
```

```
#include<math.h>
#include<algorithm>
using namespace std;

//容许的误差范围
const double eps=1e-6;

//n为输入的数的个数
//m满足2^m=n
int n, m;

//a用来存储输入的数
//s用于存储在枚举过程中确定的值
//r用于存储s排序之后的值，方便比较
double a[100], s[100], r[100];

bool cmp(double a, double b)
{
    return a>b;
}

//读入并作初步判断
bool prepare()
{
    int i;
    double sum = 0.0;
    for(i=0; i<n; i++) {
        scanf("%lf", &a[i]);
        sum += a[i];
    }

    //检验和是否为1
    if(fabs(sum - 1.0) > eps) {
        return false;
    }

    //从大到小排序
    sort(a, a+n, cmp);
    //把0去掉
    while(n>0 && fabs(a[n-1])<eps) n--;
    m=0;
    while((1<<m)<n) m++;
```

```
    //检查 0 的个数是否正确
    return (1<<m)==n;
}


//检查枚举出来的对应关系是否是一个分解
bool check()
{
    int i, j;
    //求出组合 2^(k-1)~2^k-1 的值
    for(j=1; j<=(1<<(m-1)); j++) s[(1<<m)-1-j]=s[(1<<m)-1]*s[0]/s[j];

    //比较枚举出来的值是否和输入的值一致
    for(i=0; i<n; i++) r[i]=s[i];
    //把 r 从大到小排序
    sort(r, r+n, cmp);
    for(i=0; i<n; i++)
    //如果和输入不相等就返回 false
        if(fabs(r[i]-a[i])>eps) return false;
    //和输入相等
    return true;
}


//回溯法枚举 m-1 个对应关系
bool backtrace(int k)
{
    //循环变量
    int i, j;
    //已经处理完 m - 1 个对应关系
    if(k==m) return check();

    //枚举组合 2^k-1 对应的数
    for(i=1; i<n-1; i++){
        s[(1<<k)-1]=a[i];
        //求出组合 2^(k-1)~2^k-1 对应的值
        for(j=1; j<=(1<<(k-1)); j++) s[(1<<k)-1-j]=s[(1<<k)-1]*s[0]/s[j];
        //找到解则直接返回
        if(backtrace(k+1)) return true;
    }

    return false;
```

```
}

int main()
{
    freopen("quantum.in", "r", stdin);
    freopen("quantum.out", "w", stdout);
    int cas;//测试数据个数
    scanf("%d", &cas);
    while(cas--){
        scanf("%d", &n);
        if(!prepare()){
            printf("NO\n");
            continue;
        }
        //组合 0 对应最小的数
        s[0]=a[n-1];
        //组合 2^m-1 对应最大的数
        s[n-1]=a[0];

        if(backtrace(1)) printf("YES\n");
        else printf("NO\n");

    }

    return 0;
}
```

第 4 章　2009 年中山大学内部选拔赛第四试试题分析

4.1　矩形摆放问题（难度：★★★☆☆）

4.1.1　问题描述

Innocent Idiots

(Input File:idiot.in / Output File:idiot.std)

There are two idiots, AC and RC, on a Cartesian plane. The original position of AC is (x_a,y_a), while that of RC is (x_r,y_r), with $x_a=x_r$ and $y_a<y_r$. They start moving to the right, that is, where the x-coordinate increases at the same time. If want to, AC and/or RC could take a 90-degree turning at any time. But they never go to the left, that is, where the x-coordinate decrease. After a while, they feel tired and bored and stop moving. The final position of AC is (x'_a , y'_a), while that of RC is (x'_r , y'_r). Interestingly, we have $x'_a = x'_r$ and $y'_a < y'_r$. The traces of them maybe something like the picture below (see Figure 4.1).

We call the trace of AC T_a and the trace of RC T_r. It's guaranteed that T_a and T_r never intersect. If connecting (x_a,y_a) and (x_b,y_b) with a segment, and connecting (x'_a , y'_a)and (x'_r , y'_r) in a similar way, we'll have a polygon like the picture below (see Figure 4.2).

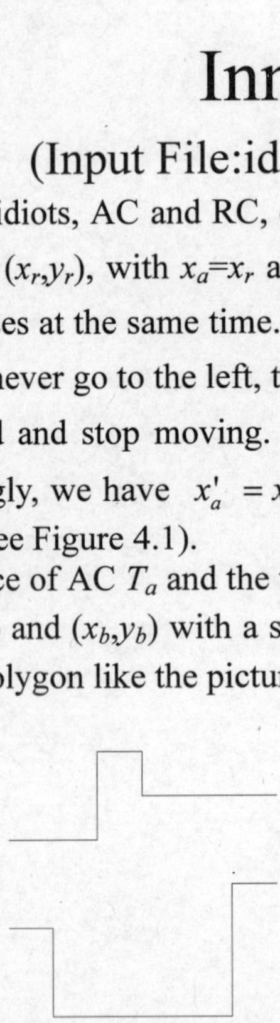

Figure 4.1　Traces Example

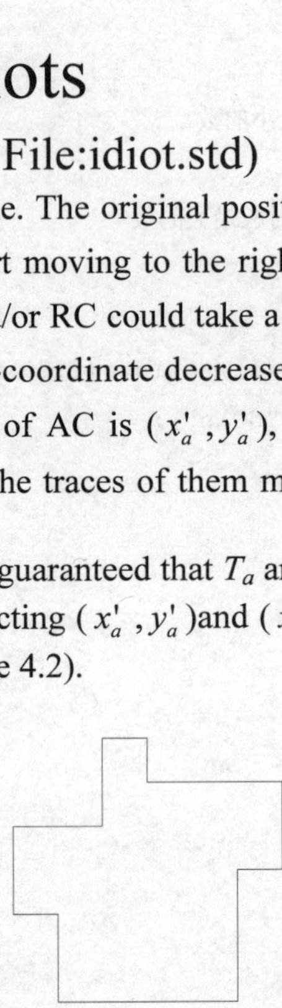

Figure 4.2　Closed Polygon

So, let's forget that two idiots. Here comes our problem. ("What?" AC and RC shout, "Is this why you call us Innocent Idiots?")

Given a polygon generated in the way explained above, could we place a rectangle with size W * H into it, having that the side with length W of the rectangle is parallel to the x-axis? And if so, please tell me the best position for the left-bottom corner of the rectangle. By the best position, I mean the one has smallest x-coordinate, and smallest y-coordinate if there is a tie. The rectangle could be placed into the polygon, if and only if it could entirely inside the polygon after placing.

Input:

First is an integer *T*, indicating the number of test cases. $T<10$.

Each test case if formatted as following:

First is an integer N_a, indicating the number of vertexes of T_a.

Each of the following N_a lines contains two integers X_a and Y_a, separated by a comma, indicating the coordinate of the corresponding vertex. Vertexes are given in the same order as they appear in the trace.

After that there is a similar part describing T_r.

The number of vertexes in a trace will be less than or equal to 100000, and all coordinates will fit in 32-bit unsigned integers.

Finally, there are two integers *W* and *H*, indicating the width and the height of the rectangle. *W* and *H* will fit in 32-bit unsigned integers as well.

Output:

For each test case, output the coordinates of the best position if exists, in this form "X,Y" (quotes for clarity), or "impossible" (quotes for clarity) other wise.

Sample Input:

```
2
4
0,1
1,1
1,0
4,0
2
0,4
4,4
3 4
4
0,1
2,1
2,0
4,0
2
0,4
4,4
3 4
```

Sample Output:

```
1,0
Impossible
```

4.1.2 算法分析

这道题的大意是：给出两条折线，一条在上，一条在下。两条折线要么向右伸展，要么向上下伸展，但是两条折线不能相交。而且两条折线的左右端点的 x 坐标分别相等。把它们闭合起来就形成了一个多边形，要在这个多边形里面放一个 $W \times H$ 的矩形，要求左下角的 x 坐标最小，如果有两个方案 x 坐标相等则选择左下角 y 坐标最小的一个。

首先思考最直接的做法，当然就是在这个多边形里面枚举要放的矩形的左下角坐标，判断是否可行。但是多边形里面的点有无限个，我们必须想办法把要枚举的点减少到有限个。一个合理的猜想是这个矩形的左下角坐标应该是由题目的输入数据中出现的某个 x 坐标和某个 y 坐标组成，这明显是成立的，因为假如存在一个可行的摆放方案，它的左下角坐标与题目中给出的所有的 x 坐标都不相等，那么我们必然可以把这个矩形向左移动，得到一个更好的可行摆放方案，y 坐标的情况也是一样。这样我们就得到了一个 $O(N^3)(N=N_a+N_b)$的暴力算法（分别枚举 x,y 坐标再扫描所有的点判断可行性）。

但是事实上我们不需要同时知道 x 坐标和 y 坐标。假如我们枚举出了矩形左下角的 x 坐标 X_0，那么我们就需要在 x 坐标位于$[X_0, X_0+W]$这个范围中有足够的位置摆放一个高为 H 的矩形，而在这个范围里面的可以摆放的矩形的高最大为该范围内上折线的最小值减去下折线的最大值（如图 4.3 所示），而最小的 y 坐标就是下折线的最大值。于是这就是一个区间最大（小）值问题，可以用线段树等数据结构来实现，枚举加上查询，总复杂度就是 $O(N\log_2 N)$。

虽然我们已经得到一个效率上可行的算法，但其实还存在更快的算法。本题的参考程序使用的是基于队列的 $O(N)$算法。下面介绍一下它的原理。

首先有摆放的矩形的左下角的 y 坐标值必由下折线的某条横线段的 y 坐标决定，而且矩形刚好摆放在该线段上方，否则我们可以把矩形往下移动。假如有一条下折线的横线段 (X_a,Y)—(X_b,Y)，如果线段的左右两边没有任何阻碍的话，一个摆放在它上方的矩形的左下角 x 坐标范围就是$[X_a-W,X_b]$，不在这个范围之内的话矩形就会掉下去了。但是，如果这条线段的左右两边有所阻碍（想象线段的左右两边存在比它高的两堵墙），则 x 坐标的范围就会相应缩短（图 4.4 展示了左边有一堵墙的情况，右边有阻碍的情况类似）。这样对于下折线的每一条横线段，我们都可以得到一个"可以摆放在 y 以上的位置的矩形左下角 x 坐标应该摆放的位置的范围"。同样道理我们可以对上折线作对称的处理，对于上折线的每一条横线段得到"可以摆放在 y 以下的位置的矩形左下角 x 坐标应该摆放的位置的范围"。假如我们有一个上折线的横线段所对应的区间 R_1，而这个线段的高度是 Y_1，有一个下折线的横线段对应的区间 R_2，这个线段的高是 Y_2，那么在 $R_1 \cap R_2$ 这个范围内，可以摆放的矩形高度就是(Y_1-Y_2)，因为矩形可以摆放在 Y_1 以下 Y_2 以上。

怎么很快地得到这些区间呢？对于一个横线段，我们只需要得到左边和右边最近的墙，因此我们可以用队列从左到右扫一次，再从右到左扫一次，因为某堵墙可以阻碍所有左（右）边比它低的横线段，而已经被之前某堵墙阻碍的横线段不用处理，这样的情形就可以用队列来解决。

显然去除长度为 0 的范围之后，上折线的各区间的左端点从左到右的顺序排列的，这一点根据区间的意义用反证法就可以证明，对于下折线同理可证。因此得到的区间也是有序的，于是我们就可以想象一条竖直的扫描线从左到右扫描这些区间，碰到一个 x 坐标（因为要尽量靠左，因此必然是某个区间的左端点），就拿与该扫描线相交的两个上下区间来算一下高度，看是否可以摆进去。因为区间是有序的，这样扫描一遍只需要 $O(N)$的时间。而队列花费的时间也是 $O(N)$的。因此算法的总复杂度就是 $O(N)$。

具体实现请参考参考程序。

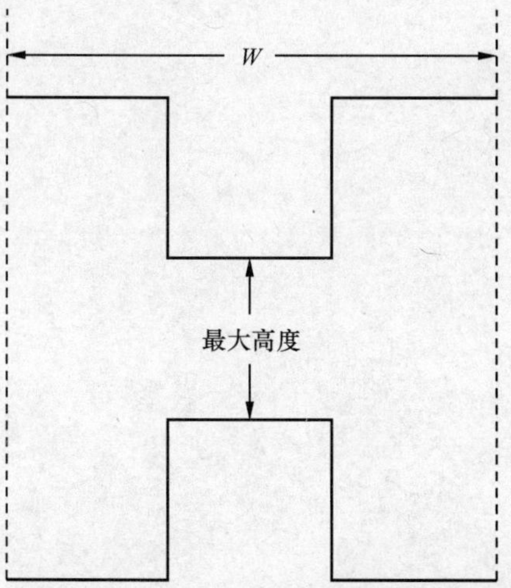

图 4.3 范围在[X_0, X_0+W]内可以摆放矩形的最大高度

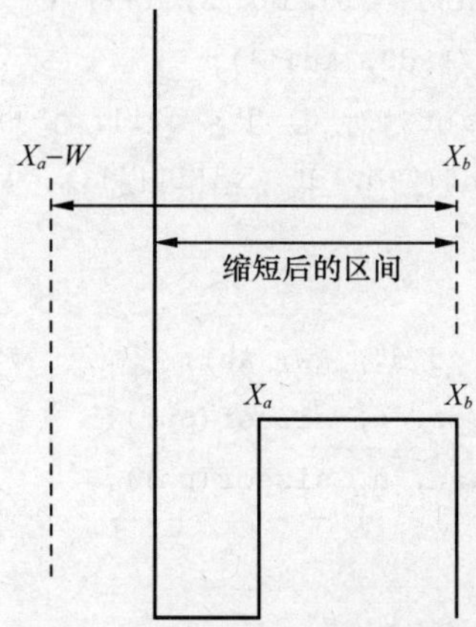

图 4.4 x 坐标的范围被阻碍缩短

4.1.3 参考程序及算法实现

```
#include<stdio.h>
#include<string.h>
#include<algorithm>

using namespace std;

//最大点数
const int MAXN = 100005;

//pp 用于存储两条折线上的点
//p 用于存储区间上的点
struct Point {
  int x, y;
}p[2][MAXN], pp[2][MAXN];
//Q 是队列
//tail 对应队尾位置
int Q[MAXN], tail;
//n 用来存储区间的数目
//nn 存储读入的点数
int n[2], nn[2];
//读入的 W,H 值
int w, h;
FILE* fp;
```

```
//读入数据
void input() {
  for (int i = 0; i < 2; i++) {
    scanf("%d", &n[i]);
    for (int j = 0; j < n[i]; j++) {
      scanf("%d,%d", &p[i][j].x, &p[i][j].y);
    }
  }
  scanf("%d%d", &w, &h);
  memcpy(pp, p, sizeof(pp));
  memcpy(nn, n, sizeof(nn));
}

void solve() {

  //先处理下折线

  //从左到右扫描，找到右边最近的墙来缩短区间
  tail = -1;
  for (int i = 0; i < n[0]; i += 2) {
    //把左边比当前线段高度低的横线段出队
    while (tail >= 0 && p[0][i].y > p[0][Q[tail]].y) {
      int t = p[0][i].x - w;
    //用当前墙的 x 坐标减去矩形宽度缩短栈顶线段的右端点
      if (t < p[0][Q[tail]].x) {
        p[0][Q[tail]].x = t;
      }
        //把栈顶线段出栈
      --tail;
      }
      //把当前线段右端点作为墙入栈
    Q[++tail] = i + 1;
  }

  //处理最右边
  int tmp = p[0][n[0] - 1].x - w;
  while (tail >= 0) {
  if (tmp < p[0][Q[tail]].x) {
    //用当前墙的 x 坐标减去矩形宽度缩短栈顶线段的右端点
      p[0][Q[tail]].x = tmp;
      }
```

```
      //把栈顶线段出栈
      --tail;
    }


  //从右到左扫描，找到左边最近的墙来缩短区间
  tail = -1;
  for (int i = n[0] - 1; i >= 1; i -= 2) {
    //把右边比当前线段高度低的横线段出队
    while (tail >= 0 && p[0][i].y > p[0][Q[tail]].y) {

//栈顶线段的左端点为当前墙的 x 值和栈顶线段的左端点的 x - w 的最大值
p[0][Q[tail]].x = max(pp[0][i].x, pp[0][Q[tail]].x - w);
      --tail;
}
//当前线段的左端点当作墙入栈
    Q[++tail] = i - 1;
  }

  //最左边也是一堵墙
  while (tail >= 0) {
    //栈顶线段的左端点为当前墙的 x 值和栈顶线段的左端点的 x - w 的最大值
    p[0][Q[tail]].x = max(pp[0][0].x, pp[0][Q[tail]].x - w);
    //把栈顶线段出栈
    --tail;
  }

  //去除长度小于 0 的区间
  int cnt = 0;
  for (int i = 0; i < n[0]; i += 2) {
    if (p[0][i].x <= p[0][i + 1].x) {
      p[0][cnt++] = p[0][i];
      p[0][cnt++] = p[0][i + 1];
    }
  }
  n[0] = cnt;
  //不存在长度大于等于 0 的区间
  //即整个多边形都放不下一个矩形
  if (cnt == 0) {
    puts("impossible");
    return;
  }
```

```
  //处理上折线，与下折线对称
  tail = -1;
  for (int i = 0; i < n[1]; i += 2) {
    //把左边比当前线段高度低的横线段出队
    while (tail >= 0 && p[1][i].y < p[1][Q[tail]].y) {
      int t = p[1][i].x - w;
    //用当前墙的 x 坐标减去矩形宽度缩短栈顶线段的右端点
      if (t < p[1][Q[tail]].x) {
        p[1][Q[tail]].x = t;
      }
      //把栈顶线段出栈
      --tail;
    }
    //把当前线段右端点当作墙入栈
    Q[++tail] = i + 1;
  }
//处理最右边
  tmp = p[1][n[1] - 1].x - w;
  while (tail >= 0) {
    //用当前墙的 x 坐标减去矩形宽度缩短栈顶线段的右端点
    if (tmp < p[1][Q[tail]].x) {
      p[1][Q[tail]].x = tmp;
    }
    //把栈顶线段出栈
    --tail;
  }
  tail = -1;
  //从右到左扫描，找到左边最近的墙来缩短区间
  for (int i = n[1] - 1; i >= 1; i -= 2) {
    //把右边比当前线段高度低的横线段出队
    while (tail >= 0 && p[1][i].y < p[1][Q[tail]].y) {
    //栈顶线段的左端点为当前墙的 x 值和栈顶线段的左端点的 x - w 的最大值
     p[1][Q[tail]].x = max(pp[1][i].x, pp[1][Q[tail]].x - w);
         //当前线段的左端点当作墙入栈
     --tail;
    }
    Q[++tail] = i - 1;
  }
 //处理最左边
  while (tail >= 0) {
//栈顶线段的左端点为当前墙的 x 值和栈顶线段的左端点的 x - w 的最大值
```

```
p[1][Q[tail]].x = max(pp[1][0].x, pp[1][Q[tail]].x - w);
    //把栈顶线段出栈
    --tail;
  }
  cnt = 0;
//去除长度小于 0 的区间
  for (int i = 0; i < n[1]; i += 2) {
    if (p[1][i].x <= p[1][i + 1].x) {
    //如果区间长度大于等于 0 则保留区间
      p[1][cnt++] = p[1][i];
      p[1][cnt++] = p[1][i + 1];
    }
  }
  n[1] = cnt;
//如果不存在长度大于等于 0 的区间则返回无解
  if (cnt == 0) {
    puts("impossible");
    return;
  }


  //扫描线从左到右扫描
  for (int i = 0, j = 0;;) {
    //上下区间的交对应于下区间的左端点
    if (p[1][j].x <= p[0][i].x && p[0][i].x <= p[1][j + 1].x) {
      //可以放下一个高度为 H 的矩形
      if (p[1][j].y - p[0][i].y >= h) {
        printf("%d,%d\n", p[0][i].x, p[0][i].y);
        return;
      }
    }

    //上下区间的交对应于上区间的左端点
    if (p[0][i].x <= p[1][j].x && p[1][j].x <= p[0][i + 1].x) {
      if (p[1][j].y - p[0][i].y >= h) {
        printf("%d,%d\n", p[1][j].x, p[0][i].y);
        return;
      }
    }

    //扫描线往右移，选择相应的区间
    if (j == n[1] - 2 && i == n[0] - 2) break;
```

```
    else if (j == n[1] - 2) i += 2;
    else if (i == n[0] - 2) j += 2;
    else if (p[0][i + 1].x < p[1][j + 1].x) i += 2;
    else j += 2;
  }

  //找不到解
  puts("impossible");
}


int main() {//主程序
  freopen("idiot.in", "r", stdin);
  freopen("idiot.out", "w", stdout);
  int T;//测试数据数目
  scanf("%d", &T);
  while (T--) {
    input();
    solve();
  }
  return 0;
}
```

4.2　简单数论问题（难度：★★☆☆☆）

4.2.1　问题描述

Naked Number Theory

(Input File:number.in / Output File:number.std)

Given two positive integers a and N, satisfying $(a,N)=1$, please find the smallest positive integer x with $a^x \equiv 1 (\bmod N)$.

Input:

First is an integer T, indicating the number of test cases. $T<3001$.

Each of following T lines contains two positive integer a and N, separated by a space. $a<N\leqslant 1000000$.

Output:

For each test case print one line containing the value of x.

Sample Input:

```
2
2 3
3 5
```

Sample Output:

```
2
4
```

4.2.2 算法分析

这是一道考查选手数论基础的题目。

题目大意是给出两个互质的正整数 a,N，要求最小的正整数 x 使得 $a^x \equiv 1(\bmod N)$。

事实上由数论的经典定理欧拉定理可知，对于互质的两个数 a、N 有 $a^{\phi(N)} \equiv 1(\bmod N)$，其中 $\phi(N)$ 表示比 N 小且与 N 互质的数的个数。由此我们可以得到：x 必然是 $\phi(N)$ 或 $\phi(N)$ 的约数。首先对于大于 $\phi(N)$ 的数显然不会是答案。现在假设 x 小于 $\phi(N)$ 且不是 $\phi(N)$ 的约数，那么有 $\phi(N) = qx + r(0 < r < x)$，则

$$\begin{aligned}1 &\equiv a^{\phi(N)} \\ &\equiv a^{qx+r} \\ &\equiv (a^x)^q \times a^r \\ &\equiv 1^q \times a^r \\ &\equiv a^r \pmod N\end{aligned}$$

因此，r 是比 x 更小的答案，这和 x 的定义矛盾。因此我们只需要枚举 $\phi(N)$ 的约数就可以了，每枚举到一个数就用二分幂求模来检验。这样的复杂度就是 $O(\sqrt{N}\log_2 N)$，因为 $\phi(N) \sim O(N)$。

接下来的问题就是怎么求 $\phi(N)$，事实上 $\phi(N)$ 满足递推式：$\phi(px) = \begin{cases}(p-1)\times\phi(x) & (p,x)=1 \\ p\times\phi(x) & (p,x)\neq 1\end{cases}$

p 是质数。因此我们可以在用筛法求质数的过程中计算 1～N 的 $\phi(N)$ 函数。假如采用线性筛法的话复杂度就是 $O(N)$。因此整个算法的复杂度就是 $O(N+\sqrt{N}\log_2 N)$。

具体实现请参考参考程序。

4.2.3 参考程序

```
#include<stdio.h>
#include<math.h>

//N的最大值
const int MAXN = 1000000;
```

```
//prime[i]存储第 i 个质数
//cp 表示目前质数数目
int prime[MAXN], cp;
//fg[i]标记 i 是否不是质数
//为假则表示 i 是质数
char fg[MAXN];
//phi[i]记录 phi 函数相应的值
int phi[MAXN];

//线性筛法
void preprocess() {
  phi[1] = 1;
  for (int i = 2; i < MAXN; i++) {
    if (!fg[i]) {
      //得到一个质数
      prime[cp++] = i;
      phi[i] = i - 1;
    }
    for (int j = 0; j < cp && (long long) prime[j] * i < MAXN; j++) {
      fg[prime[j] * i] = 1;
      //应用 phi 函数的递推式
      if (i % prime[j] == 0) {
        phi[prime[j] * i] = phi[i] * prime[j];
        break;
      } else {
        phi[prime[j] * i] = phi[i] * (prime[j] - 1);
      }
    }
  }
}

//二分幂求模
//用二分法求 a^p mod n
int exp_mod(int a, int p, int n) {
    //初始答案为 1
  int ret = 1;
  long long aa = a;
    //不断把 p 向右移位
  while (p) {
    //p 的某一位是 1(假设是第 k 位)
    if (p & 1) {
```

```
    //答案乘上 a^(2^k)
     ret = ret * aa % n;
    }
    p >>= 1;
    //aa 是 a^(2^k)
    aa = aa * aa % n;
  }
  return ret;
}
int main() {//主程序
  freopen("number.in", "r", stdin);
  freopen("number.out", "w", stdout);
  preprocess();
  int T;
  scanf("%d", &T);
  while (T--) {
    int a, n;
    scanf("%d%d", &a, &n);

    //枚举 phi(n)的约数
    int nn = (int)sqrt(phi[n]);
    int ans = n;
    for (int i = 1; i <= nn; i++) {
      if (phi[n] % i == 0) {
        //检验 i 和 phi(n)/i 是否是答案
        if (exp_mod(a, i, n) == 1) {

          //是的话更新答案最大值
          if (ans > i) ans = i;
        }
        //phi[n] / i 也有可能是答案
        if (exp_mod(a, phi[n] / i, n) == 1) {
          if (ans > phi[n] / i) ans = phi[n] / i;
        }
      }
    }
    printf("%d\n", ans);
  }
  return 0;
}
```

4.3　护士工作安排问题（难度：★★★☆☆）

4.3.1　问题描述

Nurse Scheduling

(Input File:nurse.in / Output File:nurse.std)

There are *N* nurses to be scheduled for 5 days. To be precisely, each nurse will be assigned a working pattern, which is a 0/1 string of length 5 indicating which days she will work on. For example, if a nurse is assigned a pattern denoted as 01001, that means she will work on the second day and the fifth day, and will be off on the other days. Nurses have their own preferences about these working patterns. The preference, of a nurse on a pattern, will be denoted as a non-negative integer; the larger it is, the more that nurse like that pattern. Each of the 5 days has a certain requirement for nurses.

The task is to assigned every nurse a working pattern, meeting exactly the requirement of every day (no more or less), and make the sum of the preferences of all nurses on their corresponding assigned pattern as large as possible.

Note that, there are always 2^5=32 candidate working patterns for each nurse, that is, 00000, 00001, …, 11110, 11111.

Input:

First is an integer *T*, indicating the number of test cases. *T*<25.

Each test case is formatted as following:

First is an integer *N*, indicating the number of nurses. *N*<21.

N lines follow. The *i*-th line contains 32 non-negative integers, separated by space, denoting the preferences of the *i*-th nurse on the patterns of 00000, 00001, 00010, …, 11110, 11111, respectively. All preferences are less than 70000.

The last line of a test case contains 5 non-negative integers, indicating the requirements for the 1st, 2nd, 3rd, 4th, 5th day, respectively. It's guaranteed that there always exists a feasible solution.

Output:

For each test case, print one line containing the largest sum of preferences.

Sample Input:

```
1
1
1 2 3 4 5 6 7 8 9 10 11 12 13 14 15 16 17 18 19 20 21 22 23 24 25 26 27 28 29 30 31 32
0 0 0 1 0
```

Sample Output:

3

4.3.2 算法分析

这道题目的大意是要求给 N 个护士安排 5 天的工作，显然每个护士有 32 种不同的安排，题目输入每个护士对每种安排的喜好值和每天要求有刚好（不多不少）多少个护士工作，要求输出符合每天工作人数的条件下，N 个护士的喜好值之和最大是多少。

如果要枚举所有可能的安排，则最坏情况下会有 32^{20} 种可能。因此暴力枚举显然不可能。对于这种最优化问题我们可以往动态规划的方向思考，一个很直接的状态就是 $dp[i]$ $[n1]$ $[n2]$ $[n3]$ $[n4]$ $[n5]$，其中 i 表示考虑前 i 个护士，$n1$～$n5$ 则对应 5 天每天工作的人数。则转移方程就是：

$dp[i]$ $[n1]$ $[n2]$ $[n3]$ $[n4]$ $[n5]$=max{

$dp[i]$

$[n1-bit[p]$ $[1]]$

$[n2-bit[p]$ $[2]]$

$[n3-bit[p]$ $[3]]$

$[n4-bit[p]$ $[4]]$

$[n5-bit[p]$ $[5]]+love[i][p]$

$p\in 32$ 种安排

$bit[p][k]$表示安排方案 p 是否安排了在第 k 天工作

$love[i][p]$表示护士 i 对安排 p 的喜好程度}

这样的状态数一共有 $20\times20^5=6.4\times10^7$ 个，即 $O(N^6)$，而每个状态转移是 2^5，即总共大约有 2×10^9 个转移操作，这样的规模很难保证在题目时间限制内跑出答案，必须想办法减少状态数。先来观察状态的构成：

护士数目×第 1 天要求工作的人数×⋯×第 5 天要求工作的人数

事实上，由于护士的数目 N 是固定的，因此，假如我们知道了第 i 天不工作的人数 x_i，就可以确定第 i 天工作的人数是 $N-x_i$，也就是说，我们可以在状态中用第 i 天不工作的人数来表示第 i 天工作的人数。而显然 x_i 和 $N-x_i$ 不会同时大于 $N/2$，我们可以选择较小的一个作为要表示的状态，因此状态的数目最多就是 $N\times\left(\frac{N}{2}\right)^5$，最大的状态数目一下子缩小到原来的 1/32，基本操作的数目减小为 6.4×10^7，已经在可以接受的范围内了。因此，整个算法最坏情况下的复杂度就是 $O(N^6)$。

4.3.3 参考程序

```
#include<stdio.h>
#include<string.h>

//定义各个量的最大值
const int N = 20;
const int DAY = 5;
const int PAT = 1 << DAY;

//输入的 n 值
int n;
//存储某个护士对某个安排的喜好值
int love[N][PAT];
//某一天要求工作的人数
int req[DAY];
//存储动态规划的状态
int memo[N][N/2+1][N/2+1][N/2+1][N/2+1][N/2+1];
//预处理的表
//用于快速获取对于某个安排方案对某一天的安排
int bit[PAT][DAY];
//标记第 i 天选择用工作的人数来表示(false)还是不工作的人数来表示(true)
int changed[DAY];

//预处理 bit 表
void preprocess() {
  for (int i = 0; i < PAT; i++) {
    int k = i;
    for (int j = 0; j < DAY; j++) {
      bit[i][DAY - 1 - j] = k & 1;
      k >>= 1;
    }
  }
}

//把 5 个最大为 1 的数转成二进制制数
//即把每天工作的人数转成对应的安排方案
```

```
inline int getDec(int r0, int r1, int r2, int r3, int r4) {
  return ((((((r0 << 1) | r1) << 1) | r2) << 1) | r3) << 1) | r4;
}

//输入
void input() {
  scanf("%d", &n);
  for (int i = 0; i < n; i++) {
    for (int j = 0; j < PAT; j++) {
      scanf("%d", &love[i][j]);
    }
  }
  for (int i = 0; i < DAY; i++) {
    scanf("%d", &req[i]);
  }
}

//求状态dp[p][r0][r1][r2][r3][r4]的值
int dp(int p, int r0, int r1, int r2, int r3, int r4) {
  //如果答案已经有记录则直接返回
  if (memo[p][r0][r1][r2][r3][r4] != -1) return memo[p][r0][r1][r2][r3][r4];
  //如果只有一个人
  if (p == 0) {
    //直接把剩下的每天工作的人数转换成对应的安排方案
    return memo[p][r0][r1][r2][r3][r4] = love[0][getDec(changed[0] ^ r0,
        changed[1] ^ r1, changed[2] ^ r2, changed[3] ^ r3, changed[4] ^ r4)];
  }
  int ret = 0;
  //枚举当前护士的安排方案
  for (int i = 0; i < PAT; i++) {
    int rr0 = r0 - (bit[i][0] ^ changed[0]);
    int rr1 = r1 - (bit[i][1] ^ changed[1]);
    int rr2 = r2 - (bit[i][2] ^ changed[2]);
    int rr3 = r3 - (bit[i][3] ^ changed[3]);
    int rr4 = r4 - (bit[i][4] ^ changed[4]);
    //判断前一个状态是否合法
    if (rr0 >= 0 && rr0 <= p && rr1 >= 0 && rr1 <= p
        && rr2 >= 0 && rr2 <= p && rr3 >= 0 && rr3 <= p
        && rr4 >= 0 && rr4 <= p) {
      //利用前一个状态的值计算当前状态的值
```

```
    int t = dp(p - 1, rr0, rr1, rr2, rr3, rr4) + love[p][i];
    //取最大值
    if (t > ret) ret = t;
    }
  }
  return memo[p][r0][r1][r2][r3][r4] = ret;
}
void solve() {
  for (int i = 0; i < DAY; i++) {
   //选取小于 n/2 的一个值作为要表示的状态
   if (req[i] + req[i] > n) {
    //req[i] > n / 2,选取 n - req[i]
    req[i] = n - req[i];
    //标记答案要取反
    changed[i] = 1;
   } else {
    changed[i] = 0;
   }
  }
   //初始化 dp 值
  memset(memo, -1, sizeof(memo));
   //计算 dp 并输出结果
  printf("%d\n", dp(n - 1, req[0], req[1], req[2], req[3], req[4]));
}
int main() {
//预处理
  preprocess();
//测试数据个数
  int T;
  scanf("%d", &T);
  while (T--) {
   freopen("nurse.in", "r", stdin);
   freopen("nurse.out", "w", stdout);
   //输入
   input();
   //求解
   solve();
  }
  return 0;
}
```

4.4 "卡蛋岛"问题（难度：★★★★☆）

4.4.1 问题描述

Cadan Island

(Input File:cadan.in / Output File:cadan.std)

It's a board game like the famous Catan Island.

Your opponent has N villages on the board. The objective for him/her is to connect all the villages directly or indirectly. For the sake of simplicity, we assume your opponent is a pretty girl. She could connect two villages by constructing a road between them on a certain cost. The costs for different pairs of villages may differ. Note that some pairs of villages might not be suitable to build roads between due to the rule of the game. As the game proceeds, she will obtain one unit of resource per second, which could be used to build roads. How about you? Your objective is to make the game finishes as late as possible, so that you could spend an as long as possible time with the pretty girl. For this purpose, you applied for the VIP privilege, which allows you to forbid the construction between one pair of villages.

"We're gonna done in A seconds", says the girl at the beginning, without knowing that you're already a glorious VIP player.

"No, no, no. I could let you stay longer than that. And I have X ways to do it! "

Here comes the problem, what is the value of X above? That is, how many ways could you make the game last for more than A seconds. Note that, one way uniquely corresponds to one unordered pair of villages.

Be aware that, you never want to upset the pretty girl, hence, if it becomes impossible for the girl to finish the game after your forbidding one pair of villages, this forbidding is not counted in the value of X. And you can assume that the game could definitely be finished if you do nothing.

Input:

First is an integer T, indicating the number of test cases. $T \leqslant 10$.

Each test case is formatted as following:

First is an integer N, indicating the number of villages. $2 \leqslant N \leqslant 1000$.

N lines follow. Each line contains N space-separated integers. The j-th integer on the i-th line indicates the cost for building a road between the i-th and the j-th villages. It's guaranteed that the j-th integer on the i-th line is equal to the i-th integer on the j-th line. An "-1" means road building is not suitable between the two villages due to the rule of the game, but not your VIP privilege. These integers are non-negative and less than 1000000.

Output:

For each test case, print one line containing only one integer, the value of X.

Sample Input:

```
2
2
0 1
1 0
3
0 1 2
1 0 2
2 2 0
```

Sample Output:

```
0
1
```

4.4.2 算法分析

这道题目就是给出一个无向图，图的边上有边权，已知这个图的最小生成树的权和是 A，问有多少种方案删除图上的一条边，使得新图仍然存在生成树而且最小生成树的大小大于 A。

一个直接的想法就是枚举删除哪一条边，然后重新求一次最小生成树，看是否大于 A。但是这样做的复杂度就有 $O(N^3)$，对于 1000 个点的数据效率还不够快。因此我们可以想想看有没有办法不用重新求最小生成树就可以知道删边后最小生成树权和有没有变大。但是最小生成树权和变大这个条件似乎比较难得出有用的结论（至少这道题目的作者没有想出来），因此我们可以试试反方向来想：有没有方法可以不用重新求最小生成树就可以知道删边后最小生成树的权和是不是不变（肯定不可能变小）。

首先假如我们已经求出原来的图的最小生成树 T，显然不在 T 上的边即使删掉也不会使最小生成树的权和变大，我们现在只需要考虑删掉 T 上的一条边会怎么样。首先要定义一条边对应的回路：不在 T 上的一条边就对应了树上的一条路径（假设有一条不在树上的边(u,v)，那么这条边就对应了树上从 u 到 v 的路径），一条边和它所对应的路径就构成了一条回路，即这条边所对应的回路。

根据最少生成树的特点可以得出这样的结论：T 上的一条边 x 被删掉后，最小生成树的权和维持不变的充要条件是：存在一条边 $y \notin T$，使得 x 在 y 所对应的回路上，且 $W_x=W_y$，W_x 表示边 x 的权值。

为了证明方便，这里先定义一种替换操作 Replace(T,x,y)，其中 $x \in T, y \notin T$，且 x 在 y 对应的回路上，这个操作的意义是把 x 从 T 中去掉，再把 y 加入 T 中。显然一棵树 T 经过一个替换操作之后仍然是一棵树（如图 4.5 所示）。

现在证明充分性：假设存在一条边 $y \notin T$，使得 x 在 y 所对应的回路上，且 $W_x=W_y$，那么只要进行替换操作 Replace(T,x,y)，就可以得到一棵权和没有改变的树。

然后证明必要性：假设在最小生成树 T 上删除一条边 x 后，可以得到一棵权和原来一样

的最小生成树 T'。那么通过对比这两棵树，可以得到新加入的边集 $ADD=T'-T$，和被删掉的边集 $DEL=T-T'$。

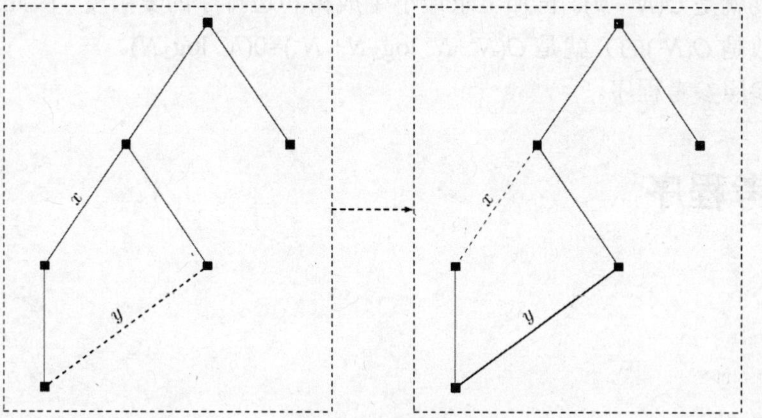

图 4.5 替换操作

由我们的假设知道 $x \in DEL$，因为 n 个顶点的图的生成树的边数肯定是 $n-1$ 条，所以两个集合所含边数相等，即$|ADD|=|DEL|$。而且一定可以找到一种一一对应关系，ADD 里面的每一条边 a 都对应 DEL 中的一条边 b，b 在 a 所对应的回路上。假设$|ADD|=k$，我们把 ADD 中的 k 条边逐条加入，每加入一条边，都会在树上形成一个回路，这条回路上必然有一条边被删掉，否则到最后 T'上就存在回路了，而被删掉的边必然是 DEL 中的边，重复 k 次这个过程，我们就找到了一个一一对应关系。因此我们可以假设 ADD 中的边 a 所对应的 DEL 中的边是 $M(a)$，其中 $M(a)$在 a 所对应的回路上。由于前后权和没有改变，有 $\sum\left\{W_a - W_{M(a)} \mid a \in ADD\right\} = 0$。

不妨假设 $M(y) = x, y \in ADD$。假如 $W_y<W_x$，那么只要做替换操作 Replace(T,x,y)就可以得到一棵权和更小的生成树，这和 T 是最小生成树矛盾，所以不会出现这种情况。假如 $W_y>W_x$，即 $W_y-W_{M(y)}>0$，那么必然存在另一对对应的边 $t \in ADD, s = M(t)$, $W_t - W_s<0$，即 $W_t<W_s$，因此我们如果作替换操作 Replace(T,s,t)就可以得到一棵权和更小的生成树，也和 T 是最小生成树矛盾。因此必然有 $W_x=W_y$，必要性得证。

因此假如边 $x \in T$ 被包含在一条权和与它相等的边所对应的回路上，那么这条边就不会使新图的最小生成树权和增大。由此我们得到一个算法：枚举不在 T 上的边，然后删除它所对应的回路上和它相等的边，到最后 T 中没有被删掉的边数就是答案。但是这样的复杂度最坏情况下也是 $O(N^3)$，并没有改进。然而我们按照边权从小到大的顺序枚举的话，就可以利用其中的单调性质。

假如我们枚举到一条边权是 W_a 的话，那么 T 中 a 所对应的回路上所有边在往后的枚举中都不需要考虑。因为这个回路上的边肯定不会大于 W_a，如果边权大于 W_a 的话只要用一下替换操作就可以得到权和更小的最小生成树了，如果边权等于 W_a 的话自然被排除在答案之外，如果还没被排除到答案之外而且权小于 W_a 则往后扫描到权更大的边的时候它也会幸存下来，因此它必然会被算入答案之中。

根据这个我们可以设计以下算法：按边权从小到大的顺序枚举不在 T 中的边，从这条边的两个端点往根（随便定一个根）的方向删除 T 中的边，直到遇上两个端点的最近公共祖先为止，其中之前被删除的边用类似并查集的方法缩掉，就可以直接跳过不用处理，这个过程中如果遇到边权比它小的边就把答案加 1。由于 T 中的每条边最多会被删除一次，因此枚举和删边的复杂度就是 $O(N^2+N)$。再加上求最小生成树和边排序的复杂度，因此总的复杂度（最坏情况下，边数是 $O(N^2)$的）就是 $O(N^2+N^2 \log_2 N+ N^2)=0(N^2 \log_2 N)$。

具体实现参照参考程序。

4.4.3　参考程序

```
#include<stdio.h>
#include<string.h>
#include<algorithm>
using namespace std;

//最大顶点数
const int N = 1005;
//定义无限大数
const int INF = 1000000000;

//读入的邻接矩阵
int g[N][N];
//读入的顶点数目
int n;
//Prime 算法求最小生成树过程中存储当前集合
//到其他顶点的最小边权
int d[N];
//pnt[i]表示最小生成树中顶点 i 的父亲顶点
int pnt[N];
//访问标记
char used[N];

struct Edge {
  //边(u,v),权为 w
  int u, v, w;
//根据参数初始化一条边
  Edge(int uu = 0, int vv = 0, int ww = 0) : u(uu), v(vv), w(ww) {}
//按权值比较函数
  bool operator <(const Edge &o) const {
    return w > o.w;
  }
```

```
}edge[N * N]; // 存储不在最小生成树中的边

//表示最小生成树的邻接链表
int adj[N][N];
//存储邻接链表中每个顶点的出度
int cnt[N];
//保存 DFS 序访问的过程中
//进入该顶点的时刻和离开该顶点的时刻
//用于快速判断某个顶点是否是另外一个顶点的祖先
int first[N], last[N];

//标记某条边是否属于最小生成树
char inmst[N][N];

//DFS 过程中的计时器
int tim;

//输入
void input() {
  scanf("%d", &n);
  for (int i = 0; i < n; i++) {
    for (int j = 0; j < n; j++) {
      scanf("%d", &g[i][j]);
    }
  }
}

//DFS 序访问最小生成树
//记录进入时刻和离开时刻
void dfs(int u) {
  used[u] = 1;
  //进入顶点 u
  first[u] = tim++;
  for (int i = 0; i < cnt[u]; i++) {
    int v = adj[u][i];
    if (!used[v]) {
      dfs(v);
    }
  }
  //离开顶点 u
  last[u] = tim++;
}
```

```
//判断 u 是否是 v 的祖先
//即 v 的[进入-离开]时间区间是否被 u 的[进入-离开]区间包含
inline int is_ance(int u, int v) {
  return first[u] <= first[v] && last[u] >= last[v];
}

//Prime 算法求最小生成树
//并把树结构保存在 inmst,adj,pnt 中
void mst() {
  memset(used, 0, sizeof(used));
  memset(cnt, 0, sizeof(cnt));
  memset(inmst, 0, sizeof(inmst));

  for (int i = 0; i < n; i++) {
    //d[i]初始化为从 0 出发的边的权值
    d[i] = g[0][i];
    pnt[i] = 0;
  }
    //d[0]初始化为 0
  d[0] = 0;
    //pnt[0]初始化为 0
  pnt[0] = 0;
  int u = 0;
  for (int i = 0; i < n; i++) {

  if (u != pnt[u]) {
      //把边(pnt[u], u)加入最小生成树中
      inmst[u][pnt[u]] = inmst[pnt[u]][u] = 1;
      adj[pnt[u]][cnt[pnt[u]]++] = u;
    }
    //标记 u 已访问
    used[u] = 1;
    int v = -1;
    for (int j = 0; j < n; j++) {
      if (!used[j]) {
        //如果存在目标为 j 的边比 d[i] 记录的还小，则更新 d[j] 的记录
        if (d[j] > g[u][j]) {
          //把 j 的父亲改为 u
          d[j] = g[u][j];
          pnt[j] = u;
        }
```

```
      //v记录下一个最优的顶点
      if (v == -1 || d[v] > d[j]) v = j;
     }
    }
   u = v;
  }
}

//把等于-1的边权变为无穷大
void preprocess() {
  for (int i = 0; i < n; i++) {
    for (int j = 0; j < n; j++) {
      if (g[i][j] == -1) g[i][j] = INF;
    }
  }
}

//还剩下多少边没有被删除
int left;
//最终答案
int ans;
int curr_w;

//删除从st到ed的路径
void erase1(int st, int ed) {
  //st和ed是同一个点，则终止过程
  if (is_ance(st, ed)) return;
  //如果是最小生成树中的边
  if (inmst[st][pnt[st]]) {
    //找到一条边的权小于当前枚举到的边权
    //答案加1
    if (curr_w > g[st][pnt[st]]) ans++;
    //把边的标记去掉
    inmst[st][pnt[st]] = inmst[pnt[st]][st] = 0;
    left--;
  }

  //递归调用删除过程
  erase1(pnt[st], ed);

  //把st的父亲直接改为ed，
  //用类似并查集的方式把st-ed之间的边缩掉，
```

```
  //但是加入了一条不属于最小生成树的边
  //因此要删除边的时候要判断是否是最小生成树中的边
  pnt[st] = ed;
}

//求解过程
void solve() {
  preprocess();
  //先求最小生成树
  mst();
  tim = 0;
  memset(used, 0, sizeof(used));

  //对最小生成树作 DFS 树访问
  dfs(0);
  int m = 0;

  //把不在最小生成树中的边加入边列表中去
  for (int i = 0; i < n; i++) {
    for (int j = i + 1; j < n; j++) {
      if (!inmst[i][j] && g[i][j] != INF) {
        edge[m++] = Edge(i, j, g[i][j]);
      }
    }
  }

  //从大到小排序
  sort(edge, edge + m);
  ans = 0;
  left = n - 1;
  //从后面往前枚举，即从小到大枚举
  //直到最小生成树的边被全部删除或者枚举完所有的边
  for (int i = m - 1; i >= 0 && left; i--) {
    int u = edge[i].u;
    int v = edge[i].v;
    curr_w = edge[i].w;
    if (is_ance(u, v)) {
      //如果枚举 u 是 v 的祖先，那它们的最近公共祖先就是 u
      erase1(v, u);
    } else if (is_ance(v, u)) {
      //如果枚举 v 是 u 的祖先，那它们的最近公共祖先就是 v
      erase1(u, v);
```

```
    } else {
      //找到 u 和 v 的最近公共祖先
      int ed = u;
      while (!is_ance(ed, v)) {
        //如果 ed 不是 v 的祖先就继续往根的方向走
        ed = pnt[ed];
      }
    //分别删除从 u、v 到它们最近公共祖先路径上的边
      erase1(u, ed);
      erase1(v, ed);
    }
  }
    //输出答案
  printf("%d\n", ans);
}
int main() {
  freopen("cadan.in", "r", stdin);
  freopen("cadan.out", "w", stdout);
    //测试数据个数
  int T;
  scanf("%d", &T);
  while (T--) {
    //输入
    input();
    //求解
    solve();
  }
  return 0;
}
```

4.5 宿舍搬运问题（难度：★★★★☆）

4.5.1 问题描述

Stupid Moving

(Input File:stupid.in / Output File:stupid.std)

These days, we are on an annoying and stupid moving, from our old dorm to a new one. You, a remover, are hired to help finish this tough job.

There are totally *n* students who need the service. Any two of them share neither a same old dorm, nor a same new one. You start form your company, visit every old dorm and new dorm exactly once, and finally return to your company, in a single tour. The following constraints must be kept in mind when designing the tour:

For each student, you must visit his old dorm before his new one.

Your truck is narrow enough, so, if A's luggage are on the truck when B's luggage are being loaded, the unloading process must occur in B's new dorm before A's.

For the sake of simplicity, dorms are numbered from 1 to *N* (=2*n*), and your company is numbered 0, and we call all these places "node". The distances between any two nodes will be given. The task is to find a shortest tour satisfying all the constraints.

Note that, any node could be visited more than once.

Input:

First is an integer *T*, indicating the number of test cases. $T < 20$.

Each test case is formatted as following:

First is an integer *N*, indicating the number of nodes. $N \leqslant 25$ and is odd.

Each of the following *N* lines contains *N* space-separated integers. The *j*-th integer on the *i*-th line denotes the distance between node *i* and node *j*. These data are guaranteed to be consistent. All distances are less than 500.

Then (*N*−1)=2 lines follow. Each of these lines contains two integer *X* and *Y*, separated by a space, denoting that a student want to move from node *X* to node *Y*. It's guaranteed that 1 to *N*!1 appear exactly once in these (*N*−1)=2 lines.

Output:

For each test case, print one line containing the total distance of a shortest tour.

Sample Input:

```
2
5
0 1 9 9 1
1 0 1 9 9
9 1 0 1 9
9 9 1 0 1
1 9 9 1 0
1 2
3 4
5
0 1 1 9 9
1 0 9 1 9
1 9 0 9 1
9 1 9 0 1
```

```
9 9 1 1 0
1 2
3 4
```

Sample Output:

```
5
5
```

4.5.2 算法分析

这道题目是旅行商（TSP）问题的一个变种。一个输入有 $2n+1$ 个顶点，除了通过每个点至少一次并回到出发点（只要先求出任意两点间的最短路径，就可以转化为每个点只经过一次，下面用 dist[i][j]表示从顶点 i 到顶点 j 的最短距离）这个限制外，还有额外的限制。首先有一个出发点，除了出发点之外剩下的 $2n$ 个点被分为 n 对有序对(a_i;b_i)，旅行方案必须保证 a_i 要比 b_i 先被访问。另外，访问这些顶点要满足后进先出限制，即把访问 a_i 看做把 i 入栈，把访问 b_i 看做把 i 出栈，一个旅行方案必须对应一个合法的入栈出栈序列。

如果先不考虑其他限制，这就是一个 TSP 问题。由于点数只有 25 个，因此我们可以利用基于集合的动态规划（集合 DP）来求出最优的访问方案，即定义 $dp[st][i][j]$，其中 st 是顶点的集合，这个状态值保存“只考虑集合 st 中的顶点，形成一条链经过其中每个顶点至少一次，并且链的两端分别是顶点 i,j”这一种情况中的最短距离。然后我们通过枚举两端加上不在 st 中的顶点，可以加在 i 的那一端，也可以加在 j 那一端，得出一个新状态。一共有 $2^{N-1}\times(N-1)^2$= $2^{24}\times24^2$ 个状态，每个状态转移是 $O(N)$的，因此，最坏情况下的复杂度就是 $O(2^N\times N^3)$，但是这样无法保证有序对访问限制和后进先出访问限制，而且效率也不够高。考虑到只有 $n=(N-1)/2$ 个有序对，可不可以应用额外的两个限制来降低动态规划的复杂度并保证状态对应的是合法解呢？

首先研究一下合法解的结构。由图 4.6 可以看出，合法解中直接把每个有序对连起来的线是不相交的。而不被其他的线包含的线称为一个块，因为它代表了被它包含的所有有序对，它们排列起来形成一块，块内的顶点除了两个端点外不会和块外的其他顶点有联系。显然一个合法的解由若干个块组成。而每个块里面由“子”块组成，于是块的结构可以这样子递归定义下去。只要解符合这样的结构就一定是合法的。因此我们虽然不能以顶点为单位转移，但是可以以块为单位转移，因为利用块的结构是可以满足“最优子结构”和“无后效性”这两个条件的。定义状态值 $dp[st][i][j]$，其中 st 是顶点对的编号的集合，这个状态值保存“用集合 st 中的顶点，排成若干个块从左到右排列的形式，而且最左边的顶点是 a_i，最右边的顶点是 b_j”这种形式的最短距离，不妨称这种形式为块排列，用 block(st,i,j)来表示，显然一个块就是两端是同一个顶点对的块排列（即 $i=j$）。一个块排列 block(st,i,j)只能由三种途径得到：

① 若$|st|=1$（显然这样必然有 $i=j$），则 block(st,i,i)就是一个块(a_i, b_i)；

② 否则若 $i=j$ 则可以在 block($st-\{i\},y,z$)前面加上 a_i，后面加上 b_i；

③ 若 $i\neq j$ 则可以在 block(x,i,k)（其中 $x\subseteq st-\{j\}$）后面添加一个块，即 block($st-x,j,j$)。

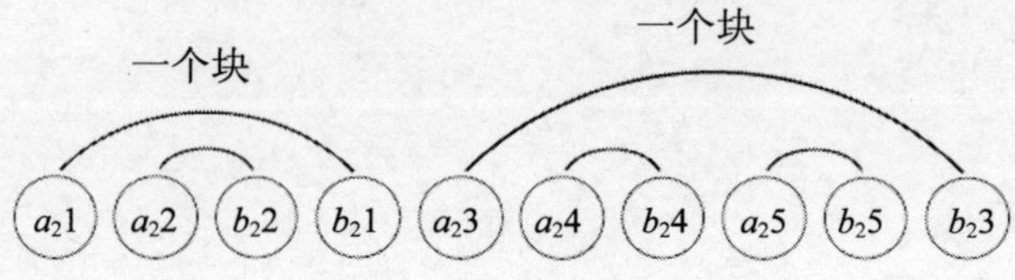

图 4.6　合法解的结构

因此我们可以得出转移的过程：

$$
dp[st][i][j]=\begin{cases}
dist[a_i][b_i] & |st|=1 \\[2ex]
\begin{aligned} & dp[st-i][y][z] \\ & +dist[a_i][a_y] \\ & +dist[b_z][b_j] \end{aligned} & |st|>1\wedge i=j \\[2ex]
\begin{aligned} \min\ \{ & dp[x][i][k] \\ & +\ dp[st-x][j][j] \\ & +\ dist[b_k][a_j] \\ & \mid x\subseteq st-\{j\}\} \end{aligned} & |st|>1\wedge i\neq j
\end{cases}
$$

状态一共有 $2^n\times n^2$（其中有些状态是不可能出现的，例如 $i\notin st$ 或 $j\notin st$ 时）。转移的时候当 i=j（对每个集合 st 有 $O(n)$个这样的状态）时需要枚举 y 和 z，当 $i\neq j$（对每个集合 st 有 $O(n^2)$个这样的状态）时需要枚举 x 和 k。前者的数量级是 $2^n\times n^3$，后者的数量级是 $2^n\times n^2\times 2^n\times n$ $<2^N\times n^3$，因此整个转移在最坏情况下的总复杂度就是 $O(2^N\times n^3)$（注意乘号后面的是小写的 n），这个上界要比一开始只考虑 TSP 限制的动态规划要好很多。

实现细节请参看参考程序。

4.5.3　参考程序

```
#include <stdio.h>
#include <string.h>
#include <math.h>
#include <time.h>
#include <stdlib.h>
#include <utility>
#include <algorithm>
using namespace std;

//定义无穷大值
const int INF = 0x3f3f3f3f;
```

```
//定义 N 的最大值
const int N = 29;
//n 的最大值
const int M = N / 2;

//DP 的状态值
int dp[1 << M][M][M];

//任意两点间距离
int dis[N][N];

//存储 n 个点对
pair <int, int> PD[M];
//nPD 为点对个数
//size 为总的点数
int nPD, size;

//nvtID[i]保存集合 i 里面有多少个元素
//vtID[i]保存集合 i 里面的元素
int vtID[1 << M][M], nvtID[1 << M];
//保存 0～(2^16-1)编号所对应的集合含有多少个元素
int oneBit[1 << 16];

//读入数据并求出任意两点间距离
void input() {
    scanf("%d", &size);
    for (int i = 0; i < size; i++) {
        for (int j = 0; j < size; j++) {
            scanf("%d", &dis[i][j]);
        }
    }
    // Floyd 求任意两点间距离
    for (int k = 0; k < size; k++) {
        for (int i = 0; i < size; i++) {
            for (int j = 0; j < size; j++) {
                //更新最短路径
                if (dis[i][k] + dis[k][j] < dis[i][j]) {
                    dis[i][j] = dis[i][k] + dis[k][j];
                }
            }
        }
    }
```

```
    nPD = 0;
    for (int i = 0; i < size / 2; i++) {
        int x, y;
        //读入搬迁的起始点和目标点
        scanf("%d%d", &x, &y);
        PD[nPD++] = make_pair(x, y);
    }
}

//预处理
void preprocess() {
  memset(dp, 0, sizeof(dp));
  memset(nvtID, 0, sizeof(nvtID));
  memset(vtID, 0, sizeof(vtID));
  memset(oneBit, 0, sizeof(oneBit));
  //i、k、j为循环变量，n初始化为点对数目
    int i, j, k, n = size / 2;
    for (i = 1; i < (1 << n); ++i) {
        for (j = 0; j < n; ++j) {
            //如果顶点j在集合i中
            if (i & (1 << j)) {
                //初始化vtID表
                vtID[i][nvtID[i]++] = j;
            }
            //把DP值初始化为无穷大
            for (k = 0; k < n; ++k)
                dp[i][j][k] = INF;
        }
    }

    //初始化oneBit表
    for (i = 1; i < (1 << 16); ++i) {
        for (j = i; j; j >>= 1)
            if (j & 1) ++oneBit[i];
    }
}

//用不相交的两个集合x、y
//求出x并y这个集合的所有状态的值
inline void calc(int x, int y) {
    int i, j, k, l1, l2, l3, t, z = x | y;
    for (l1 = 0; l1 < nvtID[x]; ++l1) {
        i = vtID[x][l1];
```

```
        for (l2 = 0; l2 < nvtID[x]; ++l2) {
            j = vtID[x][l2]; //枚举得到 x 中的两个元素 i、j
            for (l3 = 0; l3 < nvtID[y]; ++l3) {
                k = vtID[y][l3]; //枚举得到 y 中的元素 k

                //在 block(x,i,j) 后面加上一个块 block(y,k,k)
                t = dp[x][i][j] + dp[y][k][k] + dis[PD[k].second][PD[i].first];
                if (dp[z][k][j] > t)
                    dp[z][k][j] = t;
                //在 block(x,i,j) 前面加上一个块 block(y,k,k)
                t = dp[x][i][j] + dp[y][k][k] + dis[PD[j].second][PD[k].first];
                if (dp[z][i][k] > t)
                    dp[z][i][k] = t;
                //集合 y 只含一个元素
                if ((y & (y - 1)) == 0) { // y = 2 ^ p
                    //在 block(x,i,j) 的两端加上 y 中的元素对应的两个点
                    t = dp[x][i][j] + dis[PD[k].first][PD[i].first] +dis[PD[j].second][PD[k].
second];
                    if (dp[z][k][k] > t)
                        dp[z][k][k] = t;
                }
            }
        }
    }
}

//快速求出集合 x 的元素个数
#define getOne(x) (oneBit[(x) >> 16] + oneBit[(x) & 0xffff])

//求解
void solve() {
    int i, j, k, x, y, n = size / 2, t, ans = INF;

    preprocess();

    //枚举集合 x
    for (x = 1; x < (1 << n); ++x) {
        //x 中只含一个元素
        if ((x & (x - 1)) == 0) { // x = 2 ^ p,
            //block(x,k,k) 就是只含两个点的块
            k = vtID[x][0];
            dp[x][k][k] = dis[PD[k].first][PD[k].second];
```

```
        } else {
            //枚举出另一个集合 y
            //y 必须是 x 的子集
            for (y = 1; y < x; ++y)
                //x 包含的元素必须是 y 的两倍，
                //因为若 block(x,i,j)是由两个或以上的
                //块组成的块排列，则要么开头的那个块
                //的点对数小于等于行 x 中元素个数的一半，
                //要么末尾的那个块的点对数小于等于
                //x 中元素个数的一半，这里取 y 是较小的
                //一个块，以减少要计算的数量
                if (getOne(x) >= getOne(y) * 2) {
                    //判断 x 是否包含 y
                    if (x == (x | y))
                        calc(x ^ y, y);
                }
        }
    }

    //用出发点连接 n 个点对构成的块排列的两端，
    //构成一个环状的周游方案
    for (i = 0; i < n; ++i)
        for (j = 0; j < n; ++j) {
            t = dp[(1 << n) - 1][i][j] + dis[0][PD[i].first] + dis[PD[j].second][0];
            if (t < ans)
                //更新最优值
                ans = t;
        }
    printf("%d\n", ans);
}

int main() {
  freopen("stupid.in", "r", stdin);
  freopen("stupid.out", "w", stdout);
  int T;
  scanf("%d", &T);
  while (T--) {
    input();
    solve();
  }
    return 0;
}
```

第 5 章　2009 年中山大学内部选拔赛第五试试题分析

5.1　加边（难度：★★★☆☆）

5.1.1　试题

Problem A

Add Edges

(Input File: add.in / Output File: add.std)

Description:

Given an $N \times M$ ($1 \leqslant N, M \leqslant 300$) matrix where each grid in the matrix contains a height h ($1 \leqslant h \leqslant 1{,}000{,}000$). You can go horizontally and vertically between any two adjacent grids. But you can only go from a higher grid to a lower grid, if the height of two adjacent grids is the same, you can go with both directions.

Now, please calculate how many bidirectional edges should be built at least (the edge can be built between any two grids) so that you can go from any grid u to any other grid v.

Input:

Input may contain several test cases. The first line is a positive integer, T ($T \leqslant 10$), indicating the number of test cases below.

For each test case, the first line contains two integers N, M, indicating the size of the matrix (N rows and M columns, $1 \leqslant N, M \leqslant 300$).

There are N rows below. Each row contains M integers h ($1 \leqslant h \leqslant 1000000$), indicating the height of each grid.

Output:

For each test case, output the answer on a single line.

Sample Input:

```
2
1 1
10
2 3
1 2 3
4 5 6
```

Sample Output:

```
0
1
```

5.1.2 题目分析和算法实现

本题主要考察基本的强连通算法和一定的数学证明能力。

本题题意为：给出一个 $N \times M$ 的矩阵，矩阵上的每个点都有高度值。矩阵中相邻两点是连通的，而且只能从高度高的点到达高度低的点，高度相同的点之间可以互相到达。现在要求在图中连若干有向边，使得图中任意一点都可以到达其他所有点，问至少需要多少边。

首先我们可以把问题抽象成图论问题，该题涉及一个有向图，点数为 $N \times M$，边数为 $O(N \times M)$，加边之后使到图的任意两点相互可达。首先，很明显可以发现的是，在一个已经两两可达的连通块中连点是没有意义的。这启发我们应该对图进行缩点，即求出强连通分支。接下来，每一个强连通分支都可以把它当做一个整体来看待。

对于构造出来的新图，如果只有一个强连通分支，那么答案显然为零。如果有一个以上的连通分块，那么合法方案必须满足以下条件：入度为零的点必须有边指向它，其他点才有可能到达该点，同样，出度为零的点，也必须有边连出去，这样才有可能到达其他点。假如入度为零的点的个数和出度为零的点的个数的最大值为 m，那么答案肯定至少 m。

进一步分析，我们可以发现可以很容易构造出只需要 m 条边的解决方案：对于每个连通块（特指无向图下的连通，非强连通），如果有多于一个入度为零的点，则选定一个点作为最终的入点，其他入度为零的点用边指向它。对于出度为零的点超过一的情况做同样的处理。那么，所有的连通块都统一为只有一个入度零点和出度零点，两两相连形成一个环就可以将图构成一个强连通图了。

以上证明完毕，我们只需要进行强连通缩点，并统计点的度数即可。强连通缩图是比较经典的算法，但是实现略复杂，选手需要有扎实的编程功底才能准确地实现该算法。

强连通分量算法的复杂度取决于边的数目，而根据本题构图边数小于 $4NM$，因此最终算法的复杂度为 $O(NM)$。

5.1.3 参考程序及程序分析

```
#include <stdio.h>
#include <string.h>
#include <algorithm>
#include <assert.h>
using namespace std;

int const maxn = 309; // 点数
int const maxm = 90009; //边数
int const dx[] = {0, 1, 0, -1};//方向变量
```

```
int const dy[] = {1, 0, -1, 0};
struct Edge{ //边表
    int to;
    Edge *next;
};

Edge edgeM[maxm * 8], *g[maxm], *gt[maxm];//边表
int dfs_time; // dfs序号
int order[maxm]; // dfs序列
int scc_id[maxm]; // 强连通分支
int sccID; // 强连通分支编号
int scc_vn[maxm]; //强连通遍历序
bool vst[maxm]; //访问标记
int N, M, ID; // 最大点数，最大边数，边数
int in_degree[maxm], out_degree[maxm]; //入度，出度
int mat[maxn][maxn]; //邻接矩阵

void link(Edge *g[], int x, int y)
{ //在图g中加边
    Edge *p = &edgeM[ID++];
    p->to = y;
    p->next = g[x];
    g[x] = p;
}

void dfs(int x)
{ // 第一次深度优先搜索求出dfs序
    vst[x] = true;
    for(Edge *p = g[x]; p; p = p->next)if(!vst[p->to]){
//以下搜索点x的邻边
        dfs(p->to);
    }
    order[dfs_time++] = x; //记录深度优先搜索序
}

void dfst(int x)
{ // 第二次深搜求出强连通分支的点
    vst[x] = true;//标记x为访问点
    scc_vn[scc_id[x] = sccID]++; //设置连通块标号
    Edge *p;
    for(p = gt[x]; p; p = p->next)if(!vst[p->to]){
```

```
        //枚举 x 的邻边
        dfst(p->to);
    }
}

void input()
{ //读入输入
    //初始化
    ID = 0;
    dfs_time = 0;
    sccID = 0;
    memset(g, 0, sizeof(g));//清空边表
    memset(gt, 0, sizeof(gt));
    memset(vst, 0, sizeof(vst)); //以下清空连通分量使用到的数组
    memset(scc_vn, 0, sizeof(scc_vn));
    memset(in_degree, 0, sizeof(in_degree));
    memset(out_degree, 0, sizeof(out_degree));
    //读入矩阵数据
    scanf("%d%d", &N, &M);
    for(int i = 0; i < N; i++){
        for(int j = 0; j < M; j++) {
            scanf("%d", &mat[i][j]);
        }
    }
}

void solve()
{ //主程序
    //构图
    for(int i = 0; i < N; i++){
        for(int j = 0; j < M; j++){
            for(int k = 0; k < 4; k++) { //枚举 4 个方向
                int r = i + dx[k], c = j + dy[k];
                if(r >= 0 && r < N && c >= 0 && c < M && mat[i][j] >= mat[r][c]){ //构图，加边
                    link(g, i * M + j, r * M + c);
                    link(gt, r * M + c, i * M + j);
                }
            }
        }
    }
    //求出 dfs 序
```

```
    memset(vst, false, N * M);
    for(int i = 0; i < N * M; i++)if(!vst[i]){
        dfs(i);
    }
    memset(vst, false, N * M);
    //逆 dfs 序遍历节点，对每个节点深度优先搜索，可求出强连通分支
    for(int i = N * M - 1, sccID = 0; i >= 0; i--){
        if(!vst[order[i]]){
            dfst(order[i]);
            sccID++;
        }
    }
    //统计每个强连通分支的入度和出度
    for(int i = 0; i < N * M; i++){
        for(Edge *p = g[i]; p; p = p->next){//枚举点 i 的邻边
            if(scc_id[i] != scc_id[p->to]){ //统计连通块的度数
                out_degree[scc_id[i]]++;
                in_degree[scc_id[p->to]]++;
            }
        }
    }
    //特殊处理只有一个强连通分支的情况
    if(sccID == 1) {
        printf("0\n");
        return;
    }
    //统计入度和出度为零的点的个数
    int a = 0, b = 0;
    for(int i = 0; i < sccID; i++) {
        if(in_degree[i] == 0){
            a++;
        }
        if(out_degree[i] == 0){
            b++;
        }
    }
    //两者最大值即为答案
    printf("%d\n", a > b? a: b);
}

int main()
```

```
{
    freopen("add.in", "r", stdin);
    freopen("add.out", "w", stdout);
    int T;
    scanf("%d", &T);
    while (T--) { //处理每个样例
        input();
        solve();
    }
    return 0;
}
```

5.1.4　部分测试数据和输出结果

测试数据：

```
4
1 1
222324
8 1
296722
719292
69821
596913
408068
80686
699409
703242
1 2
344365 808900
6 8
96365 557823 366343 947518 666969 850262 682584 97509
805861 809962 448833 982043 750875 387989 689418 499759
301834 186598 390581 161395 86955 696699 67893 498222
511468 500130 121712 377462 721452 163268 75101 84469
199821 108708 277671 18329 476280 341342 538243 182249
515215 402106 706866 149148 382138 835998 609127 282763
```

输出结果：

```
0
3
1
11
```

5.2 比特（难度：★★★☆☆）

5.2.1 试题

Problem B

Bits

(Input File: bits.in / Output File: bits.std)

Description:

Given a $2\times M$ ($1\leqslant M\leqslant 1000$) matrix, each grid in the matrix contains 0 or 1. There are totally N ($1\leqslant N\leqslant 1000$) 1s in the matrix. Now, you have to set L($1\leqslant L\leqslant N$) rectangles (each rectangle can only have the size $1\times W$or$2\times W$,$1\leqslant W$) to cover all the 1s. All the rectangles should not be overlapped (that means they don't have a common area bigger than 0, however, common vertices and common edges are allowed).

Please calculate the minimum total area of all the rectangles.

Input:

Input may contain several test cases. The first line is a positive integer, T ($T\leqslant 10$), indicating the number of test cases below.

For each test case, the first line contains three integers M, N, L, indicating the size of the matrix, the number of 1s, and the number of rectangles you have to set ($1\leqslant M\leqslant 1000$, $1\leqslant N\leqslant 1000$, $1\leqslant L\leqslant N$).

There are 2 rows below. Each row contains M integers b ($b = 0$ or $b = 1$).

Output:

For each test case, output the answer on a single line.

Sample Input:

```
2
1 1 1
1
0
3 3 2
1 0 1
0 1 0
```

Sample Output:

```
1
4
```

5.2.2　题目分析和算法实现

本题主要考查动态规划算法。

本题题意为：给出一个 2×*M* 的矩阵，矩阵上的值为 0 或 1，现在可以用 *L* 个 1×*W* 或 2×*W* 的矩阵覆盖 1，*W* 值任意，不允许矩阵间重复覆盖，并覆盖完所有 1，问至少矩阵的总大小最小为多少。

举例来说，图 5.1 所示的 0-1 矩阵有这样的覆盖方案（见图 5.2）。

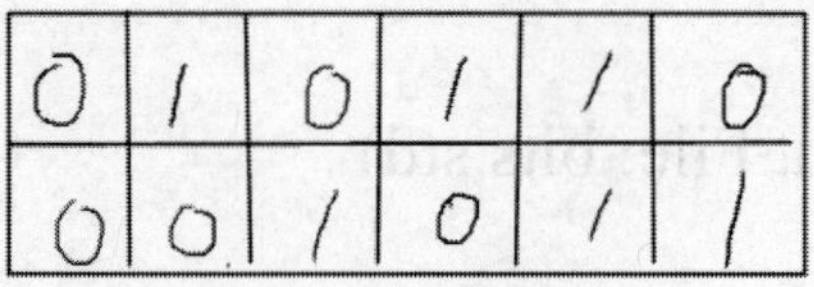

图 5.1　0-1 矩阵

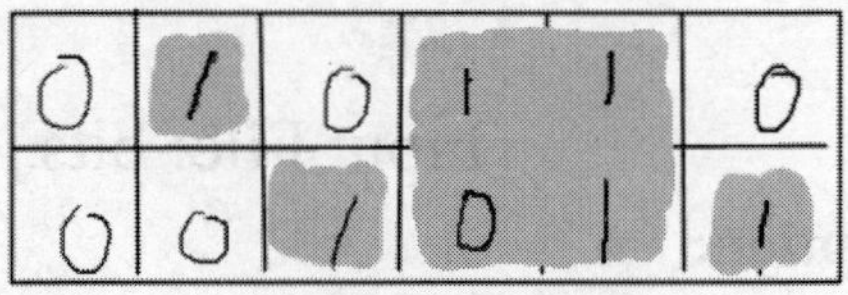

图 5.2　覆盖方案

如果我们从左往右看，可以发现前面的矩阵覆盖会影响后面矩阵的覆盖方案。直接暴力枚举的话，无法在合理时间内出解。但是，此题中矩阵高只有 2，这启发我们可以使用动态规划算法解决此问题。

在每两列之间的把 0-1 矩阵分割开来，会把部分方块分割开来，我们发现只有如图 5.3 所示的五种情况。

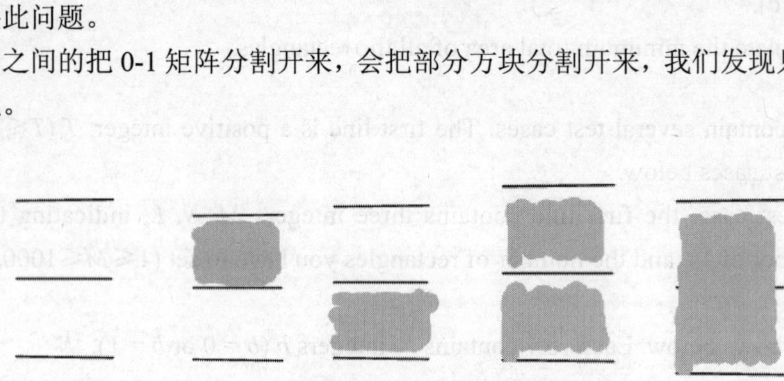

图 5.3　五种覆盖方法

其中最后一种由 2×*W* 的矩阵组成，我们设这五种状态分别为 OO、XO、OX、X_X、XX。设计动态规划状态为 *dp*[*c*, *nRect*, *type*]，其中 *c* 表示计算到第几列，*nRect* 表示使用了多少方块，*type* 表示当前列属于五种可能情况的哪种，*dp* 值保存最小面积。最终的答案即为 dp[*m*, *L*, ‘OO’]。

本题状态转移数比较多，选手需要仔细分析，注意不要有遗漏的情况。以 OX 状态为例，*dp*[*c*, *nRect*, ‘OX’]的值由 *dp*[*c*−1, *nRect*, ‘OX’]+1, dp[*c*−1, *nRect*, ‘X_X’]和 *dp*[*c*−1, *nRect*−1, *t*] +1(*t* = 0,1,2,3,4)的最小值决定。其中第一个值是指左边的方块直接延长到下一列，第二个值是指 XX 类型的上面方块截断，但是下面方块继续延长，第三个值是指左边的方块全部截断，并在当前列重新放新的方块，所以 *nRect* 数目必须增加。

XO 状态和 OX 是对称的，将 OX 中的转移对称交换即可。

OO 状态的值 *dp*[*c*, *nRect*, ‘OO’]的值由 *dp*[*c*−1, *nRect*, *t*](*t* =0,1,2,3,4)的最小值决定，因为该

状态可以由所有状态不放方块得来，矩阵数不变，消耗为零。

XX 状态的值 *dp*[*c*, *nRect*, 'XX']的值由 *dp*[*c*−1, *nRect*−1, *t*] + 2(*t* =0,1,2,3,4)的最小值决定，因为该状态可以由所有状态放一块方块得来，所以消耗值要加 2。

X_X 状态的值 *dp*[*c*, *nRect*, 'X_X']的值由 *dp*[*c*−1, *nRect*, 'X_X']+2，*dp*[*c*−1, *nRect*−1，'OX']+2，*dp*[*c*−1, *nRect*−1，'XO']+2 和 *dp*[*c*−1, *nRect*−1, *t*] + 2(*t* =0,1,2,3,4)的最小值决定，因为该状态可以由所有状态放两块方块，或者延长某个方块得来，所以消耗值要加 2。

在以上动态规划中，我们需要保存 $M \times L$ 个状态，状态转移为 $O(1)$，所以最终本算法的空间复杂度为 $O(M \times L)$，时间复杂度为 $O(M \times L)$。

5.2.3 参考程序及程序分析

```
#include <cstdio>
using namespace std;

//该函数更新 a 的值(如果 b 比 a 小)
template<class T>
void checkMin(T& a, T b)
{
    if(a > b){
        a = b;
    }
};
//for 循环简写
#define Rep(i,n) for(int i = 0; i < (n); ++i)

int const N = 1024; //最大的方块数/最大列数
int dp[N][N][5]; //dp 状态
int mat[2][N]; //0-1 矩阵
int oo = 0x3f3f3f3f; //无穷大值
int const OO = 0, OX = 1, XO = 2, XX = 3, X_X = 4; //五种可能的状态

int doit(int c, int nRect, int type)
{//记忆化 dp，参数分别为列数、方块个数、类型
    if(nRect < 0){
        return oo; //处理非法情况
    }
    if(c == -1){
        if(type == OO && nRect == 0){
            return 0;
        }
```

```
//做到列数为-1 时，只有状态 dp[-1, 0, OO]是合法的
        return oo;
    }
    int &ret = dp[c][nRect][type]; //记忆化 dp，ret 的类型是引用
    if(ret != -1){
        return ret; //如果之前计算过该值则直接返回
    }
    ret = oo; //初始值设为无穷大

    switch(type){
        case OO:
            //为了覆盖所有 1，下面两个位置必须为 0
            if(mat[0][c] == 0 && mat[1][c] == 0){
                //该状态可以由所有状态转移而来，t 枚举所有可能的 5 种状态
                Rep(t, 5){
                    checkMin(ret, doit(c - 1, nRect, t));
                }
            }
            break;
        case OX:
            //为了覆盖所有 1，下面位置必须为 0
            if(mat[0][c] != 1){
                //转移参见正文分析
                checkMin(ret, doit(c - 1, nRect, OX) + 1);
                checkMin(ret, doit(c - 1, nRect, X_X) + 1);
                //该状态可以由所有状态转移而来，t 枚举所有可能的 5 种状态
                Rep(t, 5){
                    checkMin(ret, doit(c - 1, nRect - 1, t) + 1);
                }
            }
            break;
        case XO:
            //为了覆盖所有 1，下面位置必须为 0
            if(mat[1][c] != 1){
                //转移参见前面分析
                checkMin(ret, doit(c - 1, nRect, XO) + 1);
                checkMin(ret, doit(c - 1, nRect, X_X) + 1);
                //该状态可以由所有状态转移而来，t 枚举所有可能的 5 种状态
                Rep(t, 5){
                    checkMin(ret, doit(c - 1, nRect - 1, t) + 1);
                }
            }
```

```
        break;
    case XX:
        //转移参见正文分析
        checkMin(ret, doit(c - 1, nRect, XX) + 2);
        Rep(t, 5){
            checkMin(ret, doit(c - 1, nRect - 1, t) + 2);
        }
        break;
    case X_X:
        //转移参见正文分析
        checkMin(ret, doit(c - 1, nRect, X_X) + 2);
        checkMin(ret, doit(c - 1, nRect - 1, XO) + 2);
        checkMin(ret, doit(c - 1, nRect - 1, OX) + 2);
        Rep(t, 5){
            checkMin(ret, doit(c - 1, nRect - 2, t) + 2);
        }
        break;
    }
    return ret;
}

int main()
{//主程序
    freopen("bits.in", "r", stdin);
    freopen("bits.std", "w", stdout);
    int m, n, L; //列数，点数，方块数
    int ca; //样例数
    scanf("%d", &ca);
    Rep(ica, ca){ //枚举所有样例
        scanf("%d%d%d", &m, &n, &L);
        //读入 0-1 矩阵
        Rep(i, 2)Rep(j, m){
            scanf("%d", &mat[i][j]);
        }
        //dp 值全部标记为未访问
        memset(dp, -1, (sizeof dp));
        //末尾标记为 0，方便 dp
        mat[0][m] = mat[1][m] = 0;
        //记忆化 dp 输出答案
        printf("%d\n", doit(m, L, OO));
    }
}
```

5.2.4　部分测试数据和输出结果

测试数据：

```
2
1 1 1
0
1
212 348 298
1 1 1 1 1 1 1 1 1 1 1 1 1 1 1 1 1 1 0 1 1 0 1 1 1 1 1 0 0 1 1 1 0 1 1 1 1 1 1 0 1 1 0 1 1
1 1 1 1 0 1 1 1 1 0 1 1 1 0 0 1 1 1 1 1 1 1 1 1 1 0 1 1 1 1 1 1 1 1 1 1 1 1 0 0 0 0 1 1 1
1 1 1 1 1 1 1 1 1 1 0 0 1 1 1 1 0 1 1 1 1 0 1 0 1 1 1 1 0 1 1 1 1 1 1 1 1 1 1 1 0 1 1 1 1
0 1 1 1 1 1 1 1 1 1 1 1 1 1 1 0 1 1 1 1 1 1 1 1 0 0 1 1 1 1 1 1 1 1 0 1 1 1 1 1 0 1 0 1 1
0 1 1 1 1 1 1 1 1 1 1 1 1 1 1 1 1 1 1 1 1 0 1 1 1 1 1 1 0 1 1 1
1 1 1 1 0 1 1 1 1 1 1 0 1 0 1 1 0 1 1 1 1 0 1 1 1 1 1 1 1 1 0 1 1 1 1 0 1 1 1 1 1 1 1 1 1
1 1 0 1 0 1 1 1 1 1 1 0 0 1 1 0 1 0 1 1 0 1 1 0 0 0 1 1 0 0 1 1 1 1 1 0 1 1 0 1 1 1 1 1 0
1 1 0 0 1 1 1 1 1 1 1 1 1 1 1 1 1 1 1 0 1 1 1 1 1 1 1 0 1 1 1 1 1 1 0 1 1 0 0 1 1 0 1 0 1
0 1 0 1 0 1 1 1 1 1 1 1 1 1 1 1 0 1 1 1 1 1 1 1 1 0 1 1 1 1 1 1 1 1 1 1 1 1 0 1 1 0 1 1 1
1 1 1 1 1 1 1 1 1 1 1 1 1 1 0 0 1 1 1 1 1 0 1 1 1 1 0 1 0 1 1 1
```

输出结果：

```
1
348
```

5.3　循环小数（难度：★★☆☆☆）

5.3.1　试题

Problem C

Floating Point Numbers

(Input File: float.in / Output File: float.out)

Description:

Given a floating point number X, the form is $X = 0.a_1a_2...a_n(b_1b_2...b_m)(1 \leqslant n,\ m \leqslant 8)$. $(b_1b_2...b_m)$ indicates the repetend. For example,0.5 = 0.50 = 0.5(0) = 0.5(00) = 1/2, 0.3(3) = 0.333(33) = 1/3.

Please change the floating point number X into a fraction $A / B(\gcd(A, B) = 1)$.

Input:

Input may contain several test cases. The first line is a positive integer, $T(T \leqslant 10)$ indicating the number of test cases below.

For each test case, the first line contains two integers n, $m(1\leqslant n, m\leqslant 8)$.

The following line contains n numbers $a_1a_2...a_n$.

The following line contains m numbers $b_1b_2...b_m$.

Output:

For each test case, output the number A and $B(0 < A, B)$on a single line.

Sample Input:

```
2
2 2
50
00
4 2
3333
33
```

Sample Output:

```
1 2
1 3
```

5.3.2 题目分析和算法实现

本题主要考查简单的数学知识，题意为：给出循环小数，要求将其转化为分数，并用分式的形式表示出来。

首先我们知道，循环小数和最简分数之间存在着一一对应的关系。这点用极限求和可以很容易地推导出来。

根据题意，X可以表示为以下形式：

$$X = a10^{-n} + b10^{-n-m} + \cdots +b10^{-n-km} + \cdots \ (k\text{ 趋向于无穷})$$

化简可得：

$$X = 10^{-n} \cdot (b10^{-m} + a-a10^{-m}) / (1-10^{-m})$$

所以

$$A = b+ a(10^{m}-1)$$

$$B =10^{n+m}-10^{n}$$

最后求出 A，B 的最大公约数，并化简即可。

结果按公式计算即可，其最终复杂度为 $O(N +M)$。

5.3.3 参考程序及程序分析

```
#include <cstdio>
#include <cstring>
#include <iostream>
```

```
#include <algorithm>
using namespace std;
typedef long long ll; //长整类型
int n, m;
ll pow10[] = {1, 10, 100, 1000, 10000, 100000, 1000000, 10000000, 100000000}; //预处理10的n次方

int main()
{//主程序
    freopen("float.in", "r", stdin);
    freopen("float.std", "w", stdout);
    int T;//样例个数
    ll a, b, A, B; //题目参数
    cin >> T;
    while (T--) {
        cin >> n >> m;
        cin >> a >> b;
        A = a * (pow10[m] - 1) + b; //分子
        B = (pow10[m] - 1) * pow10[n]; //分母
        cout << A / __gcd(A, B) << " " << B / __gcd(A, B) << endl;
    }
    return 0;
}
```

5.3.4　部分测试数据和输出结果

测试数据：

```
8
4 2
3333
33
6 6
285714
285714
8 8
34325617
00000000
8 8
32432444
93938382
8 8
```

```
35256673
76765477
8 8
28374756
52677637
8 8
19191818
34857543
8 8
23345656
23467899
```

输出结果：

```
1 3
2 7
34325617 100000000
18018024786144l 555555550000000
881416835377201 2499999975000000
2837475624302881 9999999900000000
25589090875543 133333332000000
778188533374081 3333333300000000
```

5.4 星（难度：★★★☆☆）

5.4.1 试题

Problem D

Stars

(Input File: stars.in / Output File: stars.std)

Description:

There are N ($1\leqslant N\leqslant 400$) stars in the sky. And each of them has a unique coordinate (x, y) ($1\leqslant x, y\leqslant N$). Please calculate the minimum area of the rectangle (the edges of the rectangle must be parallel to the X, Y axes) that can cover **at least** K ($1\leqslant K\leqslant N$) stars. The stars on the borders of the rectangle **should not be** counted, and the length of each rectangle's edge should be an integer.

Input:

Input may contain several test cases. The first line is a positive integer, T ($T\leqslant 10$), indicating the number of test cases below.

For each test case, the first line contains two integers N, K, indicating the total number of the stars and the number of stars the rectangle should cover at least.

Each of the following N lines contains two integers x, y, indicating the coordinate of the star.

Output:

For each test case, output the answer on a single line.

Sample Input:

```
2
1 1
1 1
2 2
1 1
1 2
```

Sample Output:

```
1
2
```

5.4.2　题目分析和算法实现

本题主要考查线段树的运用。

题意是给出平面上 N 个点，点的坐标范围小于 N，要求找出一个矩形覆盖至少 K 个点，使得该矩形的面积最小。

由于 N 的范围只有 400，我们很容易可以想到一个 N^3 的算法解决这个问题。即枚举矩形的上底和下底，然后将点按照 x 轴的顺序依次加入队列中，动态删点，保证队列的大小不超过 K 即可。

当然此题还可以继续优化。之前的方法枚举的是矩形的上下底，但其实我们只需要枚举矩形的高即可。矩形的高确定之后，矩形的长明显是具有单调性的。于是在高给定的情况下，我们可以二分矩形的长，查询其是否能覆盖超过 K 个点，最终检查所有合法矩形的最大面积，就可以得出答案。

知道矩形的高和宽 H, W，如何很快知道该矩形能否覆盖超过 K 个点？此时我们便需要使用线段树来解决这个问题。首先将一个点(x, y)分解为$(x, y, 1)$和$(x, y + W, -1)$，枚举矩形的左边界，然后将每个点的 1, −1 值加入线段树中，可以发现，线段树的最大子段和刚好等于长度不超过 W 的区间最多包含的点数。使用这个技巧，便可以在 $O(N \log_2 N)$的时间内判断矩形是否可以覆盖 K 个点。

首先我们要枚举高和宽，二分其长度，还需要查询线段树的最大值，所以最终算法的复杂度为 $O(N^2\log_2^2 N)$。

5.4.3　参考程序及程序分析

```
#include <stdio.h>
#include <string.h>
```

```
#include <algorithm>
using namespace std;

const int MAXN = 2009; //最大点数
const int MAXS = 100009; //线段树最多节点

struct Point { //点，权值
    int x, y, w;
    bool operator <(const Point& b) const
    {
        return x < b.x; //按x值排序
    }
};

struct SegNode { //线段树节点
    int b, e, sum, maxSum; //起点，终点，和，最大和
};

Point po[MAXN];  //所有的点
SegNode tree[MAXS]; //线段树节点
int N, K; //点数，应该覆盖的点数

void buildSegTree(int x, int b, int e)
{ //构造线段树
    tree[x].b = b;
    tree[x].e = e;
    tree[x].sum = tree[x].maxSum = 0; //和设为0
    if (b == e){
        return; //叶子节点
    }
    int mid = (b + e) >> 1; //中点
    buildSegTree(x * 2 + 1, b, mid); //递归左右儿子
    buildSegTree(x * 2 + 2, mid + 1, e);
}

void insert(int x, int ps, int value)
{ //线段树中元素增加value值
    if (tree[x].b == tree[x].e) { //叶子节点
        tree[x].sum += value; //确定和及最大和
        tree[x].maxSum = tree[x].sum;
        return;
    }
```

```
    int mid = (tree[x].b + tree[x].e) >> 1;
    if (ps <= mid){//递归左右儿子
        insert(x * 2 + 1, ps, value);
    }else{
        insert(x * 2 + 2, ps, value);
    }
    tree[x].sum += value;//确定和及最大和
    tree[x].maxSum = maxi(tree[x * 2 + 1].maxSum,
                          tree[x * 2 + 1].sum + tree[x * 2 + 2].maxSum);
}

bool check(int W, int H)
{ //检查宽度为W、高度为H能否满足
    static Point p[MAXN * 2]; //所有的点
    int i, j, k, n2 = N / 2;
    for (i = 0; i < n2; i++) { //以下将点(x,y)分解为(x,y,1)和(x,y+H,-1)
        p[i] = po[i];
        p[i].w = 1; //起点
        p[i + n2].y = p[i].y + H;
        p[i + n2].x = p[i].x;
        p[i + n2].w = -1; //终点
    }
    sort(p, p + N); //节点按x值排序
    buildSegTree(0, 1, N); //线段树构图
    for (i = j = 0; i < N;) { //按x轴顺序枚举点
        for (;j < N && p[j].x - p[i].x < W; j++){
            insert(0, p[j].y, p[j].w); //插入点
        }
        if (tree[0].maxSum >= K) {//找到满足答案的解
            return true;
        }
        for (k = i; k < N && p[i].x == p[k].x; k++){
            insert(0, p[k].y, -p[k].w); //删除前面的点
        }
        i = k;
    }
    return false; //没有找到合法解
}

void input()
{ //输入
    scanf("%d%d", &N, &K);
```

```
    for (int i = 0; i < N; i++){ //读入每颗星的坐标
        scanf("%d%d", &po[i].x, &po[i].y);
    }
}

void solve()
{ //主程序
    int i, low, high, mid;
    int ans = N * N, H; //答案值

    N *= 2;
    for (i = 1; i <= N / 2; ++i) { //枚举长
        low = 1; high = ans / i; //二分的区间
        H = -1; //答案值
        while (low <= high) { //以下二分高度
            mid = (low + high) >> 1;
            if (check(i, mid)) { //找到合法解
                H = mid;
                high = mid - 1;
            }else{
                low = mid + 1;
            }
        }
        if (H == -1){
            continue;
        }
        if (i * H < ans){ //更新最优解
            ans = i * H;
        }
    }
    printf("%d\n", ans);
}

int main()
{
    freopen("stars.in", "r", stdin);
    freopen("stars.std", "w", stdout);
    int T; //样例个数
    scanf("%d", &T);
    while (T--) { //处理每个样例
        input();
        solve();
```

```
    }
    return 0;
}
```

5.4.4　部分测试数据和输出结果

测试数据：

```
1
42 30
13 41
31 37
10 10
7 5
12 4
32 20
36 12
14 39
38 34
31 2
31 3
35 3
31 34
10 16
34 5
9 31
33 9
7 25
38 37
18 24
22 8
7 19
18 14
26 3
23 11
27 14
1 31
19 10
24 10
8 29
25 24
41 42
9 28
```

```
31 30
2 41
6 21
6 1
39 19
26 13
10 34
9 2
28 30
```

输出结果：

```
930
```

5.5 插入（难度：★★★☆☆）

5.5.1 试题

Problem E
Insertion

(Input File: insertion.in / Output File: insertion.std)

Description:

Given a list with N ($1 \leqslant N \leqslant 100{,}000$) integers initially. And then, there are M ($1 \leqslant M \leqslant 100000$) insertion follows. The form of each insertion is: ***P V***, meaning that you should insert V before the P-th element of the current list ($0 \leqslant P < N$).

Please output the list after all the insertion.

Input:

Input may contain several test cases. The first line is a positive integer, T ($T \leqslant 10$), indicating the number of test cases below.

For each test case, the first line contains two integers N, M.

The second line contains N integers, indicating the elements of the list initially.

Each of the following M lines contains two integers P, V.

All the elements of the list will fit in a signed 32-bit integer.

Output:

For each test case, output the elements of the list after all the insertions on a single line. And the elements should be separated by a space.

Sample Input:

```
2
2 3
```

```
1 2
0 1
1 10
0 11
5 3
5 4 3 2 1
4 1
4 19
3 2
```

Sample Output:

```
11 1 10 1 2
5 4 3 2 2 19 1 1
```

5.5.2　题目分析和算法实现

本题主要考查数据结构的运用。

题意是给定一个长度为 N 的数组，有 M 个操作，每个操作往数组中某个位置插入元素，经过 M 步后，要求输出最终的数组。

根据题目给出的范围，N<100000，我们考虑用动态的结构来维护这个数组。解决这类问题最通用的方法是使用自平衡伸展树 Splay，实现 $O(\log_2 N)$的插入、查找操作即可，总复杂度为 $O(M\log_2 N)$。

但是 Splay 代码量略大，由于此题查询数目 M<10000，参考程序中使用的是效率不甚高的块状链表结构，但基本可以满足题目要求。

块状链表维护的是 $O(N^{1/2})$块数据块，每次查找一个元素首先遍历所有的块，然后到达某个块再遍历当前块。插入的时候到达指定位置，将该块分解为两块，将元素插入某一块中。执行完每一步之后，遍历所有的块，如果相邻两个块大小总和小于 $N^{1/2}$，则将它们合并。

可见块状链表中插入和查找的复杂度均为 $O(N^{1/2})$，一共有 M 次查询，所以最后总复杂度为 $O(MN^{1/2})$。

5.5.3　参考程序及程序分析

```
#include <stdio.h>
#include <string.h>
#include <algorithm>
using namespace std;
const int BSIZE = 1024;//块状链表分块大小

template <class T> // C++模板
struct List{ //块状链表
```

```
struct Block{ //每个块
    T a[BSIZE]; //块中元素
    int size; //大小
    Block() : size(0)
    {
    }
};
Block* g[10000]; //所有的块
int n; //总元素个数
int pNum; //块的个数

void getLocate(int ps, int& i, int& p)
{ //获得ps的位置
    int sum = 0;
    if (ps <= (n >> 1)){
        //如果位置位于n/2之前
        for (i = 0; i < pNum; ++i){
            if ((sum += g[i]->size) > ps){ //枚举块
                break;
            }
        }
        p = ps - sum + g[i]->size;
    }else{//如果位置位于n/2之后
        ps = n - ps - 1; //位置调转
        for (i = pNum - 1; i >= 0; --i){
            if ((sum += g[i]->size) > ps){ //枚举块
                break;
            }
        }
        p = sum - ps - 1;
    }
}
// => [0, p] and [p + 1, size - 1].
void split(int i, int p)
{ //将第i块分解为两块
    if (p < 0 || p + 1 == g[i]->size)
        return; //处理空集
    //整块移动
    memmove(g + i + 2, g + i + 1, (pNum - i - 1) * sizeof(Block *));
    g[i + 1] = new Block();
    pNum++;
    //构造新块
    memcpy(g[i + 1]->a, g[i]->a + p + 1, (g[i]->size - p - 1) * sizeof(T));
```

```
        g[i + 1]->size = g[i]->size - p - 1;
        g[i]->size = p + 1;
    }

    void merge()
    { //按需合并相邻的块
        int i, j;
        for (i = 0; i < pNum; i = j){ //枚举所有块
            for (j = i + 1; j < pNum && g[i]->size + g[j]->size <= BSIZE; j++){ //可以合并
                memcpy(g[i]->a + g[i]->size, g[j]->a, (g[j]->size) * sizeof(T));
                g[i]->size += g[j]->size;
                delete g[j];
                g[j] = NULL; //删除旧块
            }
        }
        for (i = j = 0; i < pNum; i++)if (g[i]){//去除空隙
            g[j++] = g[i];
        }
        pNum = j;
    }

List() : n(0), pNum(1)
{ //构造函数
    g[0] = new Block();
}
~List()
{ //析构函数
    for (int i = 0; i < pNum; i++){
        delete g[i];
    }
}
    void clear()
    { //清空元素
        for (int i = 0; i < pNum; ++i){
            delete g[i];
        }
        g[0] = new Block(); //保留一个合法块
        n = 0;
        pNum = 1;
    }

    int size()
```

```
    { //返回块大小
        return n;
    }
    void append(const T& val)
    { //加入新元素
        if (g[pNum - 1]->size == BSIZE)
            g[pNum++] = new Block(); //如果超出块大小则新建
        g[pNum - 1]->a[g[pNum - 1]->size++] = val;
        n++;
    }

    // ps = 0...n - 1
    T& operator [](int ps)
    { //获得第ps个块的位置
        int i, p;
        getLocate(ps, i, p);
        return g[i]->a[p];
    }

    // ps = 0...n
    void insert(int ps, const T& val)
    { //在第ps位置加入元素val
        if (ps == n){ //加入末尾
            append(val); return;
        }
        int i, p;
        getLocate(ps, i, p);
        // 如果该块过大，那么分裂
        if (g[i]->size == BSIZE){
            split(i, BSIZE / 2 - 1);
            if (p >= BSIZE / 2){ //更新块位置
                p -= BSIZE / 2; i++;
            }
        }
        //整块移动
        memmove(g[i]->a + p + 1, g[i]->a + p, (g[i]->size - p) * sizeof(T));
        g[i]->a[p] = val; //插入元素
        g[i]->size++;
        n++;
    }
};

int N, M; //点数，操作数目
```

```
List <int> lt; //块状链表

void input()
{ //读入输入
    lt.clear(); //清空块状链表
    scanf("%d%d", &N, &M); //读入输入参数
    for (int i = 0; i < N; ++i) {
        int v;
        scanf("%d", &v); //数组元素
        lt.append(v);
    }
}

void solve()
{ //主程序
    for (int i = 0; i < M; ++i) {
        int P, V;
        scanf("%d%d", &P, &V); //读入插入操作的参数
        lt.insert(P, V);
    }
    int size = lt.size();//元素个数
    for (int i = 0; i < size; ++i) {
        if(i){
            printf(" ");
        }
        printf("%d", lt[i]); //输出最终数组
    }
    printf("\n");
}

int main()
{
    freopen("insertion.in", "r", stdin);
    freopen("insertion.std", "w", stdout);
    int T; //样例个数
    scanf("%d", &T);
    while (T--) { /      /处理每个样例
        input();
        solve();
    }
    return 0;
}
```

5.5.4 部分测试数据和输出结果

测试数据：

```
3
2 3
1 2
0 1
1 10
0 11
5 3
5 4 3 2 1
4 1
4 19
3 2
1 1
500801802
0 -2121140408
```

输出结果：

```
11 1 10 1 2
5 4 3 2 2 19 1 1
-2121140408 500801802
```

第6章　2009年中山大学内部选拔赛第六试试题分析

6.1　计算机程序设计竞赛艺术（难度：★★☆☆☆）

6.1.1　试题

Problem A

The Art of Computer Programming Contest

(Input File: taocpc.in / Output File: taocpc.std)

Viewer discretion is advised. The following problem is very academic and that should not be understood by anyone.

An undirected graph is a graph in which the nodes are connected by undirected arcs.

An undirected arc is an edge that has no direction. Both ends of an undirected arc are equivalent. We denote an undirected arc between node *A* and *B* as A—B.

A directed graph is a graph in which the nodes are connected by directed arcs.

A directed arc is an edge that has direction. One of the endpoints of a directed arc is called the head endpoint and the other is called tail endpoint. We denote a directed arc between node A and B as A→B, in which A is the head endpoint and B is the tail endpoint.

For a node, the number of head endpoints adjacent to a node is called the indegree of the node.

An orientation of an undirected graph is a transformation which turns the graph into a directed graph by assigning each arc a direction. We notate the original undirected graph as $G:=(V,E)$ and the transformed directed graph as $G':=(V', E')$.

A transitive orientation of an undirected graph is an orientation which satisfies the following constraint:

For any three distinct nodes *A*, *B* and *C*

$$A \to B \in E' \wedge B \to C \in E' \Rightarrow A \to C \in E'$$

An undirected graph is called a comparability graph iff it has a transitive orientation.

It was proved in 1962 that a graph is a comparability graph iff it does not contain a 2-chordless odd cycle.

In 1977 an algorithm was designed to check if a given graph is comparability graph with complexity $O(d \cdot |E|)$, where *d* is the maximum degree of nodes. And in 2000 a paper presented a new algorithm solving the same problem in $O(|E| \cdot \log_2|V|)$. Both algorithms return a transitive orientation of the inputted graph if it is found to be comparability graph.

A complete graph is an undirected graph in which each pair of nodes is connected by an edge. It is trivial that all complete graphs are comparability graphs, because complete graphs never contain chordless cycle.

ICTOP(indegree-constrained-transitive-orientation-problem) is to find a transitive orientation of an undirected graph under the upper-bound indegree of each node. In the case that such orientation doesn't exist, the problem aims at finding the transitive orientation which maximize the number of nodes whose indegree doesn't exceed the corresponding upper-bound. In the case that no transitive orientation exists, the problem aims at outputting "Oops" in a single line.

However, here comes the problem.

Z is so stupid that he doesn't understand the above bullshit at all. To spare his professional time on the contest, he decides to draw pictures on the test paper.

As you can see, the test paper is full of bullshit and there's just too little room left for painting arts. Z wonders if he could have enough room for an $X\times Y$ size painting. To generalize the problem, he divides the test paper into $N\times M$ grids. Each grid is either empty or occupied. He wonders if there's an $X\times Y$ sub-grid which contains no occupied grid. Can you help him?

Input:

First line of the input contains a positive integer, indicating the number of test cases.

Each test case starts with a line containing 2 integers N and M ($1\leqslant N, M\leqslant 1000$).

The next N lines each contain M integers. Each integer is either 0, which means the corresponding grid is empty, or 1, which means it's occupied.

Next line is an integer K ($K\leqslant 1000000$), indicating the number of Z's queries.

Each of the next K lines contains two integers A and B, which means Z wonders if there's an empty sub-grid of size $A\times B$ ($1\leqslant A\leqslant N;1\leqslant B\leqslant M$).

Note that query is just asking question. Z will not draw anything during his query stage. So the test paper remains the same for every query in a test case.

Output:

For each query, just output a line containing "Y" if the corresponding empty $A\times B$ sub-grid can be found, or "N" otherwise.

Sample Input:

```
1
3 3
1 1 1
0 0 0
1 0 0
5
1 1
1 3
3 1
```

```
2 2
2 3
```

Sample Output:

```
Y
Y
N
Y
N
```

6.1.2　题目分析和算法实现

本题主要考查基于单调队列的算法优化技巧。

本题题意是：给出一个 $N\times M$ 的 0-1 矩阵，有若干询问，每个询问查询是否存在大小为 $A\times B$ 的全为 0 的子矩形。

直接的做法无非是枚举所有可能的子矩形，判断其是否全空，如果全空的话，那么我们标记这种大小的矩形是合法的。不过这种这种直接的方法复杂度过高，大约在 M^2N^2 左右，无法满足题目的时限需求，我们需要设计一种更优的方法。

我们尝试按照特殊的顺序来枚举所有可能的子矩形。首先枚举矩形的顶部，在顶部已经确定的情况下，我们把每个纵坐标向下延伸的空白串的长度记录下来，于是便得到一个长度序列。这时问题转化为如何在这个长度序列中枚举完顶端确定的所有合法子矩形，仔细思考可以发现，这个问题可以使用基于栈的方法将其优化为线性的复杂度。

我们举一个具体的例子来说明，假设序列是{5, 2, 3, 1}，按顺序枚举这个序列，将每个元素依次放到栈中。在这个例子中，第一步的元素是 5，放到栈中；第二步是 2，为了保证栈严格递增，那么必须把 5 退栈，退栈的同时，可以得到大小为 5×1 的一个合法的矩形；第三步是 3，放入栈中；第四步是 1，由于 2 和 3 都比 1 大，必须退栈，此时我们又得到 2×2、3×1 两个合法解。

使用以上技巧，我们在得到高度序列后，便可以线性地求出合法的子矩形。枚举矩形的顶端，将所有合法的解预存起来，然后遇到每个查询直接输出答案即可。因为矩形的高为 N，扫每一行需要 M，所以最终算法的复杂度为 $O(NM)$。

6.1.3　参考程序及程序分析

```
#include<stdio.h>
#include<string.h>

int const maxn = 1100 //最多的矩形长度
int p[maxn]; //每个格向下延伸的最长空白距离
int ans[maxn]; //每个宽度下能扩展的最长的高度
```

```
int q[maxn]; //储存高度的栈
int qnum[maxn]; //记录栈向左的扩展位置
int ht; //栈的大小
int i, j;
int n, m; //矩阵大小

int main()
{//主程序
    freopen("taocpc.in", "r", stdin);
    freopen("taocpc.std", "w", stdout);
    int ii; //样例个数
    scanf("%d", &ii); //读入样例个数
    while(ii--){ //枚举每个样例
        scanf("%d %d", &n, &m); //读入矩形的长和宽
        memset(p, 0, sizeof(p)); //初始化每个格向下延伸的最长空白距离
        memset(ans, 0, sizeof(ans)); //初始化与处理的答案数组
        memset(q, 0, sizeof(q)); //初始化栈
        memset(qnum, 0, sizeof(qnum)); //初始化栈
        ht = 0; //清空栈
        int temp; //临时变量
        for(i = 1; i <= n; i++){
            for(j = 1; j <= m; j++){
                scanf("%d", &temp); //读入矩阵 0-1 值
                if(temp == 0){
                    p[j]++;
                }else{
                    p[j] = 0; //更新每个点向下延伸的最长位置
                }
                temp = j;
                while(ht && q[ht] >= p[j]){
                //如果加入 p[j]栈非递增,那么一直退栈
                    if(ans[q[ht]] < j - qnum[ht]){
                        //更新高度为 q[ht]的空白矩形的最大长度
                        ans[q[ht]] = j - qnum[ht];
                    }
                    temp = qnum[ht]; //记录向左延伸的最长距离
                    ht--; //退栈
                }
                ht++; //增栈
                q[ht] = p[j]; //将 p[j]加入栈中
                qnum[ht] = temp; //更新 ht 位置向左延伸的距离
```

```
            }
            p[j] = 0; //处理收尾工作,加入高度为 0 的点
            while(ht && q[ht] >= p[j]){ //退栈，意义同上
                if(ans[q[ht]] < j - qnum[ht]){
                    ans[q[ht]] = j - qnum[ht];
                }
                temp = qnum[ht];
                ht--;
            }
        }
        for(i = n - 1; i; i--)if(ans[i + 1] > ans[i]){
            ans[i] = ans[i + 1]; //将最优值更正为连续变化的值
        }
        scanf("%d", &j); //读入查询个数
        while(j--){ //处理每个查询
            scanf("%d %d", &n, &m); //读入查询的长宽
            printf("%c\n",ans[n] >= m? 'Y': 'N'); //输出结果
        }
    }
    return 0;
}
```

6.1.4　部分测试数据和输出结果

测试数据：

```
8
10 10
1 0 0 0 0 0 0 0 0 0
0 0 0 0 0 1 0 0 0 0
0 0 0 1 1 0 0 0 0 0
0 0 0 0 0 0 0 0 0 0
0 0 0 1 0 0 0 0 0 0
0 0 0 0 1 0 0 0 0 0
0 0 0 0 1 1 0 0 0 0
0 0 0 0 0 0 0 0 0 0
0 0 0 0 0 0 0 0 0 0
0 0 0 0 0 0 0 0 0 0
20
6 4
```

```
9 10
1 5
7 8
7 4
6 2
3 5
10 1
4 8
3 8
1 7
7 2
8 6
5 6
3 2
1 1
5 2
1 7
2 8
8 8
```

输出结果：

```
Y
N
Y
N
Y
Y
Y
Y
N
Y
Y
Y
N
N
Y
Y
Y
Y
Y
N
```

6.2　ICTOP 问题（难度：★★☆☆☆）

6.2.1　试题

Problem B

Turn Back

(Input File: back.txt / Output File: back.txt)

Description:

Solve ICTOP on complete graph. So you can BS Z.

Hint: If you don't understand the relative conception goto problem A;

Input:

First line of the input contains a positive integer, indicating the number of test cases.

Each case starts with an integer *N*, indicating the number of nodes of the complete graph.

Next *N* lines each contains an integer, indicating the upper-bound of the indegree of each node.

We have $1 \leqslant N \leqslant 500$ and no integer in the input is larger than 1000000000.

Output:

For each test case just output one line containing an integer, which is the maximum number of nodes whose indegree doesn't exceed the corresponding upper-bound after the transitive orientation.

Sample Input:

```
2
4
0 4 2 3
4
1 1 1 1
```

Sample Output:

```
4
2
```

6.2.2　题目分析和算法实现

本题主要考查简单的图论知识。

本题题意应参照上一题（The Art of Computer Programming Contest）的英文题面，前一题的英文题面中提到一个名为合法的传递方向（transitive orientation）的概念，就是给一个图的每条边指定一个方向，使得该图构成一个闭包。本题给出了一个新的限制，要求是完全图，而且每个点的入度有限制，所以不一定能求得一个合法方案。最后题面要求一个合法的传递方向，使得满足度数限制的点最多。

我们考虑完全图上的传递方向，由于任意两个点直接都有大小关系，不难得出，这其实是一个全序关系，而明显对于 n 个点的图，其点的入度数必为 $0, 1, 2, \dots, n-1$。那么题面等价于找出一个这个度数序列的排列，使得满足要求的点数最多。

为了使得满足限制的点数最多，我们发现，对度数限制序列，如果按从小到大的顺序枚举，每次都尽量选择最小的合法值与其匹配，无法找到的话视为放弃，那么最后匹配出来的点数就是最多的。

算法需要对度数序列进行排序，所以其排序的复杂度为 $O(N \log_2 N)$，N 为点数。

6.2.3 参考程序及程序分析

```
#include<stdio.h>
#include<algorithm>
using namespace std;

int const maxn = 1000 //最多点数
int p[maxn]; //点数度数限制
int i, j;
int n, m; //点数，答案

int main()
{//主程序
    freopen("back.in", "r", stdin);
    freopen("back.std", "w", stdout);
    int ii; //样例个数
    scanf("%d", &ii); //读入样例个数
    while(ii--){ //处理每个样例
        scanf("%d", &n); /读入点数
        for(i = 1;i <= n; i++){
            scanf("%d", &p[i]); //读入度数限制序列
        }
        sort(&p[1], &p[1+n]); //按度数从低到高排列
        m = 0; //答案数置 0
        for(i = 0, j = 1;i < n && j <= n; ++j){
        //依次处理每一个点，从小限制开始
            if(p[j] >= i){
                m++;
                i++; //如果可以满足，则增加答案
            }
        }
        printf("%d\n",m); //输出答案
```

```
    }
    return 0;
}
```

6.2.4 部分测试数据和输出结果

测试数据：

```
20
1
0
2
1 0
3
1 2 1
4
2 2 2 0
5
0 0 1 2 1
6
5 1 2 3 0 3
7
2 3 6 5 6 5 5
8
6 7 7 6 3 2 5 0
9
8 1 7 3 2 6 2 3 6
10
4 1 1 3 8 7 4 2 7 7
11
0 0 6 7 8 7 10 3 5 2 10
12
4 2 4 4 2 9 2 9 10 2 6 9
13
5 12 12 0 8 12 10 10 0 5 8 9 5
14
1 0 11 7 6 4 10 11 7 3 7 5 6 10
15
0 12 11 8 6 11 5 14 7 0 9 2 3 12 12
16
2 10 9 12 3 15 7 6 15 4 6 14 13 12 14 6
17
14 16 4 15 4 13 9 13 2 1 11 0 13 7 13 7 0
```

```
18
16 15 8 0 11 6 17 4 5 12 17 2 3 1 9 2 14 13
19
18 7 0 17 5 7 0 3 12 16 3 15 4 8 8 3 7 1 11
20
8 13 8 3 7 1 10 17 13 14 9 16 15 11 0 9 19 16 18 3
```

输出结果：

```
1
2
3
3
3
5
7
8
8
9
10
10
12
12
14
16
16
17
15
20
```

6.3　航道（难度：★★★☆☆）

6.3.1　试题

Problem C

Fareway

(Input File: fareway.in / Output File: fareway.std)

Description:

The following problem is famous among the contestants. Because they believe that if this problem can be solved elegantly, they can bomb Z to erase him from the next 4+2 contest wherever he is on this planet.

One bomber and N tankers take off from one base, all fully loaded with fuel, all in the same direction, and all flying at the same speed. The fuel capacities of the bomber and tanker are A and B units, respectively. The bomber and tankers consume fuel at the rate of 0.1 units per mile. When a tanker becomes empty, its crew bails out, and the plane is lost. Determine the maximum range of the bomber in these cases.

① While aloft, the tankers can transfer fuel to each other and to the bomber.

② While aloft, the tankers can transfer fuel to the bomber, but not to each other.

③ While aloft, the tankers can transfer fuel to the bomber, and they must return to their home base.

Input:

First line of the input contains a positive integer, indicating the number of test cases.

Each test case consists of only one line, containing 3 positive integers N, A and B ($1 \leqslant N \leqslant 100000; 1 \leqslant A, B \leqslant 1000$).

Output:

For each test case just output one line containing 3 real numbers of 2 digits of precision, which are the maximum range of the bomber of case a, b and c, correspondingly, in mile.

Sample Input:

```
1
1 500 300
```

Sample Output:

```
6500.00 6500.00 6000.00
```

6.3.2　题目分析和算法实现

本题主要考查简单的数学计算和推导。

本题题意是给出 n 部运输机和一架轰炸机，运输机和轰炸机之间可以交换汽油，最后要问轰炸机最远可以运行多远。

题目有三问，分别规定了交换汽油的三种方式，我们分三种情况讨论这个问题。

① 运输机相互之间可以交换汽油，运输机和轰炸机之间也可以交换汽油。要使用什么策略才能使轰炸机运行最远呢？通过观察我们可以发现，运输机的数目是依次减少的，即每一辆运输机都会在某一时刻因燃油耗尽而脱离整体。类比火箭分级发射的原理，我们很容易想到这样的策略：在第一部运输机卸下前，这部机的所有燃油用于维持整个系统的运行，第二步运输机卸下前，该部运输机接着维持整个系统，这样一直持续下去，直到所有的运输机都卸下，这时轰炸机才运用自己的燃油走完最后的路程。限于篇幅关系，此方案和以下两个方案都没给出证明，严格的证明可以使用微分等方法，有兴趣的读者可以尝试证明一下。

按照这个策略，我们可以算出轰炸机的行走路程为：$B/(n+1) + B/n + \ldots + B/2 + A$。

② 运输机相互之间不可交换汽油，运输机和轰炸机之间可以交换汽油。这个限制和前一个限制的不同之处是，不可以使用一台运输机的燃油来维持整个系统的运行，每台运输机只能和轰炸机共享燃油。在这种限制下，最优策略会有什么变化呢？按照前面的思路，我们应

该尽量早地卸下运输机，那么可以使用这样的策略：在第一部运输机卸下前，这部机的所有燃油用于维持自己和轰炸机的运行，其他运输机自己运行，卸下后，第二步运输机和轰炸机一起运行，其他运输机自己运行，如此循环下去，直到所有的运输机都卸下，这时轰炸机才运用自己的燃油走完最后的路程。

按照这个策略，我们可以算出轰炸机的行走路程为：$B/2^n + B/2^{n-1} + \ldots + B/2^1 + A$。

③ 运输机相互之间不可交换汽油，运输机和轰炸机之间可以交换汽油，暗示运输机必须有足够的燃油可以回到起点。这个限制和第二个限制的不同之处是运输机必须保留足够的燃油可以回程。那么，在向轰炸机输送燃油过程中，只要保证运输机存有足够的燃油可以回程即可，具体的方案与方案二大致相同，我们可以算出轰炸机行走的最长路程为：B/3n $+B/3^{n-1} + \ldots + B/3^1 + A$。

数的乘方可以 O(N)预处理，于是计算以上数学表达式的复杂度为 $O(N)$，其中 N 为运输机数目。

6.3.3 参考程序及程序分析

```
#include<stdio.h>

double ans; //答案值
int i, j;
int n; //运输机的数量
int A, B; //运输机和轰炸机的容量

int main()
{
   freopen("fareway.in", "r", stdin);
   freopen("fareway.std", "w", stdout);

   int ii; //样例个数
   scanf("%d", &ii); //读入样例个数
   while(ii--){ //处理每个样例
      scanf("%d %d %d", &n, &A, &B); //读入运输机数目和相应容量
      ans = 0; //初始化答案
      for(i = 1; i <= n; i++){
         ans += B * 1.0 / (n - i + 2); // ans = B/(n+1) + … + B/2
      }
      ans += A; //轰炸机本身的容量
      printf("%.2lf ",ans * 10); //输出答案

      ans = 0;//初始化答案
```

```
        for(i = 1; i <= n; i++){
            ans = (ans + B) / 2; // ans = B/2 + … + B/(2^n)
        }
        ans += A;//轰炸机本身的容量
        printf("%.2lf ", ans * 10);//输出答案

        ans = 0;//初始化答案
        for(i = 1; i <= n; i++){
            ans = (ans + B) / 3; // ans = B/3 + … + B/(3^n)
        }
        ans += A;//轰炸机本身的容量
        printf("%.2lf\n", ans * 10);//输出答案
    }
    return 0;
}
```

6.3.4 部分测试数据和输出结果

测试数据：

```
20
1 468 42
65725 725 170
56726 465 963
6452 828 282
73773 943 996
6807 605 392
78737 383 293
41623 896 719
22429 539 772
1291 300 668
33627 812 704
66552 665 674
24069 869 254
82184 758 663
47263 742 724
31981 36 317
79681 107 289
37231 649 265
18501 730 891
70865 102 7
```

输出结果：

```
4890.00 4890.00 4820.00
25389.80 8950.00 8100.00
105988.71 14280.00 9465.00
31825.85 11100.00 9690.00
116858.40 19390.00 14410.00
38990.32 9970.00 8010.00
35623.73 6760.00 5295.00
82396.21 16150.00 12555.00
79466.43 13110.00 9250.00
48033.55 9680.00 6340.00
78522.43 15160.00 11640.00
78653.27 13390.00 10020.00
33241.53 11230.00 9960.00
79806.89 14210.00 10895.00
82286.89 14660.00 11040.00
31902.01 3530.00 1945.00
32464.13 3960.00 2515.00
33260.71 9140.00 7815.00
91079.63 16210.00 11755.00
1772.20 1090.00 1055.00
```

6.4 贫穷的 Z（难度：★★★★★）

6.4.1 试题

Problem D

Poor Z

(Input File: poorz.txt / Output File: poorz.txt)

Description:

Z finally saved enough money to buy a piece of chocolate. He is so happy that he even wants to share the privilege of eating that chocolate with A. A has no interest in chocolate. She thinks there will be more fun to challenge Z by the following deadly game.

① The game starts with the $N \times M$ matrix chocolate bar Z bought. The top-left corner chocolate block has coordinates (1,1) and the bottom-right one has (N, M). Two players A and Z chomp the chocolate in turn.

② In each turn one must choose an arbitrary chocolate block (A, B) then chomp it and all chocolate blocks whose coordinates (*X*, *Y*) has $X \geqslant A$ and $Y \geqslant B$.

③ Two players A and Z have their lives *LA* and *LZ*, respectively, which are non-negative integers.

④ Exactly *P* blocks of the original chocolate are poisonous. Chomping one poisonous block causes losing one life. One loses as many lives as the poisonous blocks he chomp.

⑤ The player whose number of lives becomes negative first loses the game. To make sure there's no draw, we have $LA+LZ<P$.

Z is afraid that he may never win, because he knows that A is super clever. A knows that Z is afraid so she asks Z to decide who is to make the first move, to make him feel more comfortable and confident. Now Z wonders if there's a strategy which guarantees his win if he chooses himself to play first. Can you help him?

Input:

First line of the input contains a positive integer, indicating the number of test cases.

Each test case starts with a line containing 4 integers *N*, *M*, *LA*, *LZ* ($1 \leqslant N, M \leqslant 8; 0 \leqslant LA, LZ$). The next *N* lines each contain *M* integers of 0 or 1, indicating whether the corresponding block is poisonous. 1 means poisonous and 0 means not.

Output:

First line of the input contains a positive integer, indicating the number of test cases.

Each test case starts with a line containing 4 integers *N*, *M*, *LA*, *LZ* ($1 \leqslant N, M \leqslant 8; 0 \leqslant LA, LZ$). The next *N* lines each contain *M* integers of 0 or 1, indicating whether the corresponding block is poisonous. 1 means poisonous and 0 means not.

Sample Input:

```
2
2 2 0 0
1 1
0 0
2 2 1 0
1 1
0 0
```

Sample Output:

```
yes
no
```

6.4.2 题目分析和算法实现

本题主要考查的是组合博弈的相关知识。

本题题意是，给出一个矩形，上面有 0-1 值。有两个玩家 A 和 B，他们要进行一轮游戏博弈，两个人轮流走，A 和 B 分别有初始的生命值 *LA* 和 *LB*。游戏规则是每个人选矩阵上的一个点，然后以这个点为左上角，把其右下部分切掉，这个人的损失值为切掉部分中 1 的个数。谁的生命值先被减为负数，谁就输了这场游戏。题目保证 *LA*+*LB* 小于矩阵中 1 的个数，于是不会有平局的情况出现。

观察题目的数据范围，我们发现 N 和 M 都是不超过 8 的，而且容易发现，矩阵游戏的中间过程中必然是阶梯形的，粗略地估计，其状态数最大约为 C(16, 8)。采用适当的剪枝（如 alpha-beta 剪枝），在测试数据不多的情况下直接使用记忆化搜索应该是可以解决这个问题的。但是在实际的比赛中，并没有人能够解决这个问题，可见这个方法的实现复杂度还是比较大的。

那么，除了搜索之外有没有其他的方法可以解决这个博弈问题呢？答案是有的，但需要较好的直觉和严密分析的能力。

首先，我们发现，每个人在选取每一步的时候，最多只会让自己损失一个生命值，即他选取的区域里面最多只有一个 1。这里略去严格的证明，因为在下面的证明中，可以知道这个结论是显然的。

其次，我们证明，每个人都不会在对方没有任何损失的情况下，自己被迫连续损失两个生命值，而且最后输掉游戏。对这个命题我们分情况讨论，每个玩家在轮到自己的回合的时候，面对的局势是一个阶梯状的图形。假设该阶梯状图形每个顶点都是 1，那么这时该玩家 A 可以选择任一个顶点，单独取掉该点。如果跟该点相邻的两个点都是 1，那么对方肯定会拿到一个 1，损失一个点，得证。如果该点相邻的点有其中一个是 0，而且双方接下来走的都是最优策略，如果最后是 A 赢，那么得证。如果最后是 B 赢，那么说明 B 走完一步后，该局势对 A 是必败态，当然对 B 也是必败态。这个一个重要的发现是，在一开始，A 除了选择拿掉顶点，也可以选择合并顶点和 B 走的第一步，直接转换到使得 B 必败的自己的必胜态，这说明了 A 不会最后输掉游戏，得证。第二种情况，假如该阶梯状图形有一个顶点不是 1，那么此时玩家 A 明显可以取走一个非 1 的顶点，同样满足该命题。

最后，既然证明了两个玩家必然是依次减少自己生命值的，那么我们只需要进行一下分类讨论，便可以得出最后的胜负结果：

① $LA>LB$，那么是 A 胜。

② $LA<LB$，那么是 B 胜。

③ $LA=LB$，如果右下格是 1，那么先手输，否则是先手胜。

经过以上的论证，我们发现该问题已转化为一个可以 $O(1)$解决的问题。

6.4.3　参考程序及程序分析

```
#include<stdio.h>
int const maxn = 100 //矩阵最大大小
int p[maxn][maxn]; //0-1 矩阵

int la, lz; //a 和 z 的生命值
int n, m; //矩阵大小
int i, j; //临时变量

int main()
{ //主程序
```

```
    freopen("poorz.in", "r", stdin);
    freopen("poorz.std", "w", stdout);
    int ii; //样例个数
    scanf("%d",&ii); //读入样例个数
    while(ii--){ //处理每个样例
        scanf("%d %d %d %d",&n,&m,&la,&lz); //读入题目参数
        for(i = 1; i <= n; i++)for(j = 1; j <= m; j++){
            scanf("%d", &p[i][j]); //读入 0-1 矩阵
        }
        if(lz > la){
            printf("yes\n"); //情况 1，lz > la
            continue;
        }
        if(lz == la && p[n][m] == 0){ //情况三，la = lz
            printf("yes\n");
            continue;
        }
        printf("no\n"); //情况 2
    }
    return 0;
}
```

6.4.4　部分测试数据和输出结果

测试数据：

```
13
1 1 0 0
1
1 2 0 0
1 0
1 3 0 0
0 1 0
1 4 2 1
1 1 1 1
1 5 1 1
1 1 0 1 0
1 6 1 0
1 0 0 1 0 0
1 7 1 1
0 0 1 1 0 1 0
1 8 2 3
1 0 1 1 1 0 1 1
```

```
2 1 0 1
1
1
2 2 1 1
1 1
1 0
2 3 2 1
1 0 0
1 1 1
2 4 1 1
1 1 0 0
1 0 0 0
2 5 0 1
0 0 0 0 0
0 1 0 1 0
```

输出结果：

```
no
yes
yes
no
yes
no
yes
yes
yes
yes
no
yes
yes
```

6.5　笨蛋 Z（难度：★★★★☆）

6.5.1　试题

Problem E

Stupid Z

(Input File: stupidz.in / Output File: stupidz.std)

Description:

Again, Z is trapped in a game against A. The game is a modified, imaginary version of the famous game Plants Vs Zombies.

The game starts with N plants laid in a line. A and Z are both zombies with non-negative number of HP LA and LZ. The two zombies stand at the same end of the line and try to move to the other end of the line by destroying plants on their way. They cannot pass a plant unless the plant has been destroyed by one of them. Plants are aggressive and will attack the zombie who's destroying them to make the zombie lose some HP. All plants are sleeping at the beginning of the game. Only the plant being attacked by zombie will wake up and fight back until it's completely destroyed. Each plant i has a value P_i. The zombie who destroys plant-i will lose P_i points of HP.

A and Z take turns to move. The one whose HP becomes negative becomes the loser and terminates the game at once. Each turn the player moves on and destroys at least one undestroyed plant. Each turn the player is allowed to continue moving and destroying any number of plants if during the destroying process his lives never become negative.

To avoid a draw, it is guaranteed that $LA+LZ-\sum P_i<0$.

Z always makes the first move, and always loses. Now he wonders if the first player is doomed to fail or he's just too stupid to find the winning strategy. Can you tell him?

Input:

First line of the input contains a positive integer, indicating the number of test cases.

Each test case starts with a line containing 3 integers N, LA, LZ ($1\leqslant N\leqslant 1000;0\leqslant LA;LZ$). The next N lines each contains an integer. The i-th line of the N lines contains P_i of plant-i. Plants are numbered along the line and the two zombies start at plant 1 and move towards plant N.

And it's guaranteed that $0<P_i<10000$ for any i.

Output:

For each case, output a line containing "stupid zzzzzzyyy" if Z has a winning strategy if he makes the first move, or "poor zzzzzzyyy" if there's no such strategy.

Sample Input:

```
3
3 2 2
1
1
3
3 1 0
1
2
3
4 2 3
1
1
1
1000
```

Sample Output:

```
stupid zzzzzzyyy
poor zzzzzzyyy
stupid zzzzzzyyy
```

6.5.2 题目分析和算法实现

本题主要考查组合博弈的相关知识。

本题中的组合游戏的背景来自于游戏“植物大战僵尸”，其大致的意思是：两个玩家在一个数组上轮流走步，他们都位于数组的一端。数组中的元素是植物，玩家经过植物会损失相应的生命值。在每个回合，玩家可以选择向对面走若干步，将自己经过的数字相加得到一个值，那么该玩家就会损失这么多数值的生命值，并且这些数值变为零。谁的生命值变为负数，谁就输了此场游戏。

我们首先分析题目的数据范围，植物数目 N 最大为 1000，每个数组的元素最大为 10000。第一个想法是，采用动态规划的方法解决这个问题。但是动态规划需要记录若干值，包括玩家的生命值，走到的位置。结合以上数据范围，显然这是不可行的。

我们尝试分析这个组合游戏的某些性质，来寻找解题的突破口。从植物数目为 1 开始，显然先手输。如果植物数目为 2，而且先手的生命值大于第一棵植物，那么就是先手赢，否则是先手输。如果植物数目为 3，那么先手可以选择吃 1 到 3 棵植物，我们发现，可以根据之前算出的值来推算出先手生命值至少为多少才能赢得游戏。

这时，我们已经找到了一个可以在 $O(N^2)$内解决这个问题的算法。具体来说，我们需要计算一个值，就是玩家到达第 i 棵植物前，如果他是先手，那么他的生命值至少是多少才能保证赢游戏。从后往前计算这个值，玩家在第 i 棵植物前有 $N-i$ 种选择，由于>i 的这个值皆已算出，我们可以根据这些值算出在第 i 棵植物前最少应有多少生命值。最终将第一棵植物面前的值和先手的生命值进行比较，我们就可以得出先手是否能胜利这个答案。所以其空间复杂度仅为 $O(N)$,时间复杂度为 $O(N^2)$。

6.5.3 参考程序及程序分析

```
#include <cassert>
using namespace std;
#include <iostream>
#include <algorithm>
#include <cstdio>
#include <cmath>
#include <vector>

#define ALL(a) (a).begin(),(a).end() //简化代码的宏
```

```
//取最小值
template<class T>
void inline checkMin(T& a, T b)
{
    if(a > b){
        a = b;
    }
};

#define Rep(i,n) for(int n_ = (n), i = 0; i< n_; ++i)
int main()
{
    freopen("stupidz.in", "r", stdin);
    freopen("stupidz.std", "w", stdout);
    int ca;
    cin >> ca; //读入样例数
    Rep(ica, ca){ //枚举每个样例
        int n, la, lb; //植物数目，生命值
        cin >> n >> la >> lb;
        vector<int> arr(n), dp(n); //植物数组，动态规划数组
        Rep(i, n){
            cin >> arr[i];
        }
        dp[n - 1] = arr[n - 1]; //只有一棵植物的情况
        for(int i = n - 2; i >= 0; --i){
            int sumhp = la + lb; //到达第 i 棵植物时的生命值之和
            Rep(j, i){
                sumhp -= arr[j];
            }
            int cost = arr[i]; //该步花费的生命值
            dp[i] = max(cost, sumhp - dp[i + 1] + 1); //走一步
            for(int j = i + 1; j < n - 1; ++j){ //枚举走多少步
                cost += arr[j];
                checkMin(dp[i], max(cost, sumhp - dp[j + 1] + 1));
            }
        }
        //和生命值进行比较
        puts(lb < dp[0]? "poor zzzzzzyyy": "stupid zzzzzzyyy");
    }
    return 0;
}
```

6.5.4 部分测试数据和输出结果

测试数据：

```
10
1 21 20
42
2 6418 6417
6335
6501
3 8281 8281
5725
1479
9359
4 12640 12639
6963
4465
5706
8146
5 11110 11110
6828
9962
492
2996
1943
6 10659 10659
4828
5437
2392
4605
3903
154
7 21938 21939
293
2383
7422
8717
9719
9896
5448
8 23496 23496
```

```
4772
1539
1870
9913
5668
6300
7036
9895
9 23809 23810
8704
3812
1323
334
7674
4665
5142
7712
8254
10 24143 24143
5548
7645
2663
2758
38
2860
8724
9742
7530
779
```

输出结果:

```
poor zzzzzzyyy
stupid zzzzzzyyy
stupid zzzzzzyyy
poor zzzzzzyyy
stupid zzzzzzyyy
poor zzzzzzyyy
stupid zzzzzzyyy
poor zzzzzzyyy
poor zzzzzzyyy
poor zzzzzzyyy
```

第 7 章 2010 年中山大学内部选拔赛第一试试题分析

7.1 小乔（难度：★★★☆☆）

7.1.1 题目描述

A. Xiao Qiao

(Input File:xiaoqiao.in / Output File:xiaoqiao.std)

Description:

It's unfair to play card games with *Xiao Qiao*, because she's got the so called Black-Red Color Blindness, that is, black cards are always treated as red ones to her. So, for fairness, black cards are removed.

Here is the information of the card game:

① There are three colors of cards, that is, red, yellow and blue. Black is removed as explained above.

② Cards are ranked from 1 to 13.

③ There are exactly two copies of any color-rank pair.

④ So, there are totally 13 * 3 * 2 = 78 cards in the considered game.

The problem is, given a portion of the available cards stated above, could you partition them into several groups, such that in each group, either of the following conditions will be satisfied:

① There are no less than 3 cards in the group, and all cards have the same rank, but no two cards share a same color.

② There are no less than 3 cards in the group, and all cards have the same color, and their ranks are in a consecutive sequence. For example, "1, 2, 3", "2, 3, 4, 5, 6, 7" are both accepted sequences, while "1, 2, 4", "1, 2, 2, 3", and "13, 1, 2" are not.

Input:

First comes a positive integer T ($T < 60$), indicating the number of test cases.

For each test case, first comes a positive integer N ($N \leqslant 78$), indicating the number of cards given to you. Then N lines follow, with each line containing two positive integers C ($C \in \{1, 2, 3\}$) and $R \leqslant 13$, indicating the color and rank of each given card.

Output:

For each test case, print one line containing "Yes" if it is possible to partition the given cards validly, "No" otherwise.

Sample Input:

```
4
4
1 1
1 2
1 3
1 4
6
1 1
2 1
3 1
3 2
3 3
3 4
3
1 10
2 10
3 10
5
1 1
1 2
1 3
2 3
3 3
```

Sample Output:

```
Yes
Yes
Yes
No
```

7.1.2　算法分析

本题主要考查思维能力和动态规划知识的运用。

本题题意：给定 *n* 张卡，每张卡有 2 种属性，分别是颜色和数字，颜色有 3 种，数字有 13 种，颜色和数字都相同的牌最多有两张，所以 *n* 最大为 13×3×2=78。3 张或以上数字相同但是颜色不同的卡可以分为一组，3 张或以上数字连续并且颜色相同的卡也可以分为一组，问给出的 *n* 张卡可不可以在以上条件限制下分成多组。

首先很容易可以想出一个最暴力的方法，可以直接暴力把所有的卡分组，然后判断每个分解的方案是否满足题目要求，但是很显然这样是不可能在规定的时间内解出答案的。

我们继续分析题目。题目对分组的要求有两种，满足其中任意一种即可分成一组。首先分析第一种条件，由于颜色数最多只有 3 种，要满足这个条件要求颜色各不相同，所以只能取 3 张卡片为一组，组里面 3 张卡片分别就是 3 种颜色。又由于这个条件要求取的卡片数字要一样，而且相同卡片最多只有两张，所以只有 13 种取法，每种取法只能出现最多两次。

我们考虑枚举哪些卡片分成满足第一种情况的组，剩下的分成第二种卡片的组。根据上一段的分析，枚举哪些卡片分成满足第一种情况的组，复杂度为 $O(3^{13})$。如果找到一个方法可以很快判断剩下的卡片是否能分成满足第二种条件的组，那么问题就解决了。

现在我们得到一个子问题，只考虑第二种条件，能否把卡片分成不同的组。由于第二个条件要求的是卡片的颜色相同，所以可以每一种颜色的卡片分别判断是否可以成功分组，最后判断是否每种颜色都能分成功就行。由于相同的卡片最多只有 2 张，所以对于同种颜色同种数字的卡片，只有剩下 0 张，或者 1 张，或者 2 张这 3 种情况，于是我们就可以用一个三进制数记录状态，状态数最多为 3^{13}。而题目中的分组操作就此变成状态的转移操作了。于是子问题得到解决，进而本题的主要问题得到解决。

虽然我们现在得到了一个复杂度比较满意的算法，但是本题是有多组数据的。如果对每个数据都这样做一次效率还是比较低的。对于上面提到的用 DP 解决的子问题，可以通过一个预处理的程序预先算出来，然后每个数据只需要做枚举的那一步，对于子问题直接可以从预先算好的答案中取出来。

预处理的和枚举的复杂度都是 $O(3^{13})$，所以本题总的复杂度就是 $O(3^{13})$。

7.1.3 参考程序

```
#include<algorithm>
#include<iostream>

using namespace std;

const int COLOR = 3; // 不同颜色个数
const int RANK = 13; // 不同数字个数

int cnt[COLOR][RANK]; // 记录不同卡片个数
int max_group[RANK]; //某种数字的卡片可以最多可以分成多少第一种情况的组
char answer[1594324]; // 记录某状态下能否分成第二种情况的组，
                      //3 ^ 13 == 1594324
// a 数组存储三进制数的每一位，get_slot 把数组转化成数字
inline int get_slot(int a[]) {
   int slot = 0; // 用于计算三进制数
   for (int i = 0; i < RANK; ++i) {
```

```
        slot = slot * 3 + a[i];
    }
    return slot;
}

// 通过记忆化搜索判断每个状态是否可以分成满足第二个条件的组
bool presolve(int a[]) {
    int slot = get_slot(a); // 获得当前状态的三进制数
    if (answer[slot] != -1) {
        return answer[slot];
    }

    answer[slot] = false;
    int x = 0; // 找到当前第一个可以用于第二种情况的卡片
    while (x < RANK && a[x] == 0) {
        ++x;
    }

    if (x + 1 >= RANK || a[x + 1] == 0) { // 已经不可能的情况
        return false;
    }

    int b[RANK]; // 新状态
    memcpy(b, a, sizeof(b));
    --b[x];
    --b[x + 1];
    for (int i = 2; x + i < RANK; ++i) { // 枚举连续取多少张
        if (b[x + i] > 0) {
            --b[x + i];
            if (presolve(b)) {
                answer[slot] = true;
                break;
            }
        }
    }

    return answer[slot];
}

// 枚举所有情况
void preprocess_dfs(int a[], int p) {
    if (p == RANK) {
```

```
        presolve(a); // 对于每种枚举出来的情况记忆化搜索
        return;
    }
    for (int i = 0; i < 3; ++i) { // 枚举每种颜色的卡片的个数
        a[p] = i;
        preprocess_dfs(a, p + 1);
    }
}

// 预处理所有可行解
void preprocess() {
    memset(answer, -1, sizeof(answer));
    int a[RANK];
    memset(a, 0, sizeof(a));
    answer[get_slot(a)] = true;
    preprocess_dfs(a, 0);
}

void input() { // 输入数据
    memset(cnt, 0, sizeof(cnt));

    int n;
    scanf("%d", &n);
    while (n--) {
        int color, rank;
        scanf("%d%d", &color, &rank);
        ++cnt[color - 1][rank - 1];
    }
}

// 预处理对于每种 rank，可以最多取多少对第一种情况的 group
void pre_dfs() {
    for (int i = 0; i < RANK; ++i) {
        int min_value = cnt[0][i];
        for (int j = 1; j < COLOR; ++j) { // 对相同的 rank 找不同颜色的最小值
            min_value = min(min_value, cnt[j][i]);
        }
        max_group[i] = min_value;
    }
}

// 对于每种颜色，根据预处理出来的 answer 数组 O(1) 判断剩下的卡能否被分成第二种 group
```

```
inline bool check() {
    for (int i = 0; i < COLOR; ++i) {
        if (!answer[get_slot(cnt[i])]) {
            return false;
        }
    }
    return true;
}

// 枚举满足第一种条件的组怎么取
bool dfs(int r) {
    if (r == RANK) {
        return check();
    }

    for (int i = 0; i <= max_group[r]; ++i) {
    // 枚举对某种 rank 取多少种第一种情况的组
        for (int j = 0; j < COLOR; ++j) {
            cnt[j][r] -= i;
        }
        if (dfs(r + 1)) {
            return true;
        }
        for (int j = 0; j < COLOR; ++j) { // 还原状态
            cnt[j][r] += i;
        }
    }

    return false;
}

void solve() { // 主过程

    pre_dfs();
    // 根据 dfs 函数输出结果
    if (dfs(0)) puts("Yes");
    else puts("No");
}

int main() {
   freopen("xiaoqiao.in", "r", stdin); // 输入文件
   freopen("xiaoqiao.std", "r", stdout); // 输出文件
```

```
    preprocess(); // 预处理

    int T;
    scanf("%d", &T);
    while (T--) {
        input();
        solve();
    }

    return 0;
}
```

7.1.4 部分测试数据和输出结果

测试数据：

```
6

3
1 1
2 1
3 1

10
1 1
1 2
1 3
2 1
2 2
2 3
2 4
3 1
3 2
3 3

6
1 1
2 1
3 1
3 2
3 3
```

```
3 4

5
1 1
1 2
2 1
2 2
3 1
```

输出结果：

```
Yes
Yes
Yes
No
```

7.2　诸葛亮（难度：★★★★★）

7.2.1　题目描述

B. Zhuge Liang

(Input File:zhugeliang.in / Output File:zhugeliang.std)

Description:

As you know, Mr. Zhuge likes watching stars. One of his hobby is spending all night long around the stars. One day, he got a collection of data about the stars' positions from google sky map. As a star fan, he decides to do some research on the data, and now he needs your help with a minor problem:

Assuming that stars on the sky are points in 3-dimensional space, given the positions of these points ***S***, you're to find two cubes of equal size that cover all the points of ***S.*** Moreover the cubes should be centered at points of *S*. And from all feasible solutions, you're to find one with minimum volume. The center of a cube is where four diagonals intersect. The placement of cubes should be axis-parallel.

If you succeed in solving this problem, Mr. Zhuge would be very happy and might invite you to watch star together tonight.

Input:

On the first line of input, there is a single positive integer $T \leqslant 10$ specifying the number of test cases followed.

For each test case, the first line contains a positive integer $N \leqslant 10{,}000$, the number of points in the space. Next follow N lines, each with 3 integers X_i, Y_i and Z_i($-10^5 \leqslant X_i$, Y_i, $Z_i \leqslant 10^5$), describing the position of i-th point. Given points may overlap each other, but it's guaranteed that the volume of the answer is a positive integer.

Output:

For each test case, you should output the volume of one cube in one line.

Sample Input:

```
1
4
0 0 0
4 4 4
8 8 8
10 11 12
```

Sample Output:

```
512
```

7.2.2　算法分析

本题主要考查了对线段树知识的运用，同时对思维能力和编程能力都有一定程度的要求。

本题题意是：在三维空间中有 *n* 个点，要求放置两个相同大小的立方体，每个点都在两个立方体的其中之一，而且两个立方体的中心点必须在某个点上，并且立方体的边平行于坐标轴，问立方体的体积最少是多少。

注意到我们要求的是一个最小值，而答案又具有单调性，于是可以通过二分答案（记为 *len*），简化成另一个问题：在三维空间中有 *n* 个点，要求放置两个同样边长为 *len* 的立方体，每个点都在两个立方体的其中之一，而且两个立方体的中心点必须在某个点上，并且立方体的边平行于坐标轴，问是否存在可行解。

对于三维空间的情况可能并不容易想到方法，于是我们先考虑一维空间的情况，于是问题再次简化：*x* 轴上有 *n* 个点，要求在 *x* 轴上放置两条同样长度为 *len* 的线段，每个点都至少被其中一条线段覆盖，而且线段的中点在某个点上，问是否存在可行解。

对于这个简化后的问题，很容易可以想到很多方法解决，考虑其中一种比较简单的方法：首先对 *n* 个点进行排序，然后枚举其中一条线段的中点，通过二分或者其他方法可以很容易找到线段覆盖了哪些点，因此也很容易得知没有被覆盖的点的左边界和右边界，记为 *l* 和 $r(l \leq r)$，如果存在以某个点为中点的长度为 *len* 的线段，可以同时覆盖 *l* 和 *r*，则说明问题有解。

于是我们还需要解决一个子问题：*x* 轴上有 *n* 个点，问是否存在以某个点为中点、长度为 *len* 并且可以同时覆盖 *l* 和 *r* 的线段，显然这样一个点存在的充要条件是存在点在区间 $[l+len/2, r-len/2]$内。于是子问题得到解决，进而一维情况下的问题也得到解决了。

下面需要做的事情是把一维情况的解法推广到多维。对于三维的情况，对 *n* 个点分别按照三个不同的方向排序，枚举其中一个立方体的中心，分别对每一维处理出未覆盖的点的边界，记为 $l_x, r_x, l_y, r_y, l_z, r_z$,，需要知道是否存在以某个点为中心、边长为 *len* 的立方体可以覆盖点(l_x,l_y, l_z)和(r_x,r_y, r_z)，跟一维的情况相类似，只需要知道是否存在一个点，在以$(l_x+len/2,l_y+len/2,l_z+len/2)$为左下角，以$(r_x+len/2, r_y+len/2, r_z+len/2)$为右上角的立方体里面。这个问题在三维的情况下就变成了二维线段树问题了。

推广到三维的情况后，二分答案后的子问题也得以解决，原问题也随之解决。二分复杂度为 $O(\log_2 10^5)$，枚举复杂度为 $O(n)$，线段树复杂度为 $O((\log_2 n)^3)$，所以总复杂度为 $O(n\log_2 10^5(\log_2 n)^3)$。

7.2.3　参考程序

```
#include <cstdio>
#include <cstring>
#include <algorithm>
#include <vector>
using namespace std;

#define maxn 10000                  // 最大点数
#define INF 0x7FFFFFFF              // 定义一个无穷大的边界
#define MAX_YNODE maxn * 50         // Y 节点上界
#define MAX_XNODE maxn * 4          // X 节点上界

// 分别按照三个方向排序后的三维点数组
struct Point {
    int x, y, z;
    Point(int xx = 0, int yy = 0, int zz = 0) :
        x(xx), y(yy), z(zz) {}
}px[maxn], py[maxn], pz[maxn];

int n;                              // 三维空间中点的个数

// 按照 x 方向排序
bool cmp_x(const Point &a, const Point &b) {
    if (a.x != b.x) return a.x < b.x;
    if (a.y != b.y) return a.y < b.y;
    return a.z < b.z;
}
// 按照 y 方向排序
bool cmp_y(const Point &a, const Point &b) {
    if (a.y != b.y) return a.y < b.y;
    if (a.z != b.z) return a.z < b.z;
    return a.x < b.x;
}
// 按照 z 方向排序
bool cmp_z(const Point &a, const Point &b) {
    if (a.z != b.z) return a.z < b.z;
    if (a.x != b.x) return a.x < b.x;
```

```
    return a.y < b.y;
}

// 线段树的 Y 节点
struct YNode {
    int left, right; // 左右边界
    YNode *left_child, *right_child; // 左右儿子
    vector<int>points; // 包含的点

    void build(const vector<Point*>&p, int l, int r); // 建树
    bool query(int y1, int z1, int y2, int z2); // 询问

} ynodes[MAX_YNODE];
int ynode_count;                // Y 节点个数

// 线段树的 X 节点
struct XNode {
    int left, right; // 左右边界
    XNode *left_child, *right_child; // 左右儿子
    vector<Point*>points; // 包含的点
    YNode *brother; // 兄弟节点

    void build(Point p[], int l, int r); // 建树
    bool query(int x1, int y1, int z1, int x2, int y2, int z2);
    // 询问

}*root, xnodes[MAX_XNODE];
int xnode_count;                // X 节点个数

struct Determinator {           // 一个可以加点扩大的长方体
    int x1, x2;
    int y1, y2;
    int z1, z2;

    Determinator(int xx1 = 0, int xx2 = 0, int yy1 = 0, int yy2 = 0, int zz1 = 0, int zz2 = 0) :
        x1(xx1), x2(xx2), y1(yy1), y2(yy2), z1(zz1), z2(zz2) {}

void update(const Determinator &rhs) { // 合并另一个矩形的更新操作
  // 以下为每一维的扩展
        x1 = min(x1, rhs.x1);
        x2 = max(x2, rhs.x2);
        y1 = min(y1, rhs.y1);
```

```
        y2 = max(y2, rhs.y2);
        z1 = min(z1, rhs.z1);
        z2 = max(z2, rhs.z2);
    }
void update(const Point &p) { // 加进另一个点的更新操作
    // 以下为每一维的扩展
        x1 = min(x1, p.x);
        x2 = max(x2, p.x);
        y1 = min(y1, p.y);
        y2 = max(y2, p.y);
        z1 = min(z1, p.z);
        z2 = max(z2, p.z);
    }
};
// 三个不同方向上，包含点的最小长方体
Determinator smaller_x[maxn], larger_x[maxn];
Determinator smaller_y[maxn], larger_y[maxn];
Determinator smaller_z[maxn], larger_z[maxn];

// 初始化上述三个数组
void initialize(Point p[], Determinator smaller[], Determinator larger[]) {
    smaller[0] = Determinator(p[0].x, p[0].x, p[0].y, p[0].y, p[0].z, p[0].z);
    // 通过从小到大不断加点扩充矩形
    for (int i = 1; i < n; ++i) {
        smaller[i] = smaller[i - 1];
        smaller[i].update(p[i]);
    }

    larger[n - 1] = Determinator(p[n - 1].x, p[n - 1].x, p[n - 1].y,
            p[n - 1].y, p[n - 1].z, p[n - 1].z);
    // 通过从大到小不断加点扩充矩形
    for (int i = n - 2; i >= 0; --i) {
        larger[i] = larger[i + 1];
        larger[i].update(p[i]);
    }
}

// 计算包含 candidates 的最小长方体
Determinator get_determinator(const vector<Determinator> &candidates) {
    Determinator ret = candidates[0]; // 返回值
    for (int i = 1; i < candidates.size(); ++i) {
        ret.update(candidates[i]);
    }
```

```
    return ret;
}

// 判断某个边长是否可行，length 是边长的一半
bool is_valid(int length) {
    for (int i = 0; i < n; ++i) {
        // x1,x2,y1,y2,z1,z2 用于保存三个方向上的边界
        Point x1(px[i].x - length, -INF, -INF);
        Point x2(px[i].x + length, INF, INF);
        Point y1(-INF, px[i].y - length, -INF);
        Point y2(INF, px[i].y + length, INF);
        Point z1(-INF, -INF, px[i].z - length);
        Point z2(INF, INF, px[i].z + length);

        vector<Determinator>candidates; // 可能的解
        // 计算 x1,x2
        int ix1 = lower_bound(px, px + n, x1, cmp_x) - px - 1;
        if (ix1 >= 0) candidates.push_back(smaller_x[ix1]);
        int ix2 = upper_bound(px, px + n, x2, cmp_x) - px;
        if (ix2 < n) candidates.push_back(larger_x[ix2]);
        // 计算 y1,y2
        int iy1 = lower_bound(py, py + n, y1, cmp_y) - py - 1;
        if (iy1 >= 0) candidates.push_back(smaller_y[iy1]);
        int iy2 = upper_bound(py, py + n, y2, cmp_y) - py;
        if (iy2 < n) candidates.push_back(larger_y[iy2]);
        // 计算 z1,z2
        int iz1 = lower_bound(pz, pz + n, z1, cmp_z) - pz - 1;
        if (iz1 >= 0) candidates.push_back(smaller_z[iz1]);
        int iz2 = upper_bound(pz, pz + n, z2, cmp_z) - pz;
        if (iz2 < n) candidates.push_back(larger_z[iz2]);

        if (candidates.empty()) { // 没有任何可行解
            return true;
        }

        // 通过 x1,x2,y1,y2,z1,z2 得到边界长方体
        Determinator determinator = get_determinator(candidates);

        // 通过边界长方体计算可行区域
        int qx1 = determinator.x2 - length;
        int qx2 = determinator.x1 + length;
        int qy1 = determinator.y2 - length;
        int qy2 = determinator.y1 + length;
```

```
        int qz1 = determinator.z2 - length;
        int qz2 = determinator.z1 + length;
        // 用线段树判断可行区域中是否有点
        if (qx1 <= qx2 && qy1 <= qy2 && qz1 <= qz2 &&
                root->query(qx1, qy1, qz1, qx2, qy2, qz2)) {
            return true;
        }
    }
    return false;
}

int main() {//主程序
   freopen("zhugeliang.in", "r", stdin); // 输入文件
   freopen("zhugeliang.std", "r", stdout); // 输出文件

    int start_time = clock();
    int t;
    scanf("%d", &t);
    assert(0 < t && t <= 15);
    while (t--) {
        scanf("%d", &n);
        assert(0 < n && n <= 10000);
        // 三个方向上的二分边界
        int leftmost = INF, rightmost = -INF;
        int bottom = INF, top = -INF;
        int back = INF, front = -INF;
        for (int i = 0; i < n; ++i) { // 读入数据
            scanf("%d%d%d", &px[i].x, &px[i].y, &px[i].z);
            assert(abs(px[i].x) <= 100000);
            assert(abs(px[i].y) <= 100000);
            assert(abs(px[i].z) <= 100000);
            pz[i] = py[i] = px[i];
           // 更新不同方向的边界
            leftmost = min(leftmost, px[i].x);
            rightmost = max(rightmost, px[i].x);
            bottom = min(bottom, px[i].y);
            top = max(top, px[i].y);
            back = min(back, px[i].z);
            front = max(front, px[i].z);
        }
        // 按照三个方向排序
        sort(px, px + n, cmp_x);
```

```
        sort(py, py + n, cmp_y);
        sort(pz, pz + n, cmp_z);
        // 不同方向的初始化
        initialize(px, smaller_x, larger_x);
        initialize(py, smaller_y, larger_y);
        initialize(pz, smaller_z, larger_z);
        // 线段树全局变量的初始化
        xnode_count = 0;
        ynode_count = 0;
        root = &xnodes[xnode_count++];
        root->build(px, 0, n - 1);

        int low = 0, high = max(top - bottom, max(rightmost - leftmost,
                front - back)), ans; // 二分的边界
        while (low <= high) { // 二分过程
            int mid = (low + high) >> 1;
            if (is_valid(mid)) { // 二分条件
                high = mid - 1;
                ans = mid;
            } else {
                low = mid + 1;
            }
        }
        printf("%lld\n", (long long)ans * ans * ans * 8);
    }
    fprintf(stderr, "time: %d\n", clock() - start_time);
}
void YNode::build(const vector<Point*>&p, int l, int r) {
// 构造 Y 方向的线段树
    points.clear(); // 初始化节点
    left = p[l]->y, right = p[r]->y; // 左右边界初始化
    if (left == right) { // 线段树叶子节点的初始化
        left_child = right_child = NULL;
        for (int i = l; i <= r; ++i) {
            points.push_back(p[i]->z);
        }
        return;
    }
    int m = (l + r) >> 1;        // 中点
    // 返回左右儿子指针
    left_child = &ynodes[ynode_count++];
    right_child = &ynodes[ynode_count++];
```

```
    // 左右儿子建树
    left_child->build(p, l, m);
    right_child->build(p, m + 1, r);

    // 建立节点上的点集
    for (int i = 0, j = 0; i < left_child->points.size() ||
            j < right_child->points.size();) {
        if (i < left_child->points.size() && (j >= right_child->points.size() ||
                left_child->points[i] < right_child->points[j])) {
            points.push_back(left_child->points[i++]);
        } else {
            points.push_back(right_child->points[j++]);
        }
    }
}
bool YNode::query(int y1, int z1, int y2, int z2) { // Y 方向的询问
    if (y2 < left || y1 > right) { // 不合法情况
        return false;
    }
    if (y1 <= left && right <= y2) { // 整段结果的获取
        // 通过二分求解
        int a = lower_bound(points.begin(), points.end(), z1) - points.begin();
        int b = upper_bound(points.begin(), points.end(), z2) - points.begin();
        return b != a;
    }
    // 递归求解
    if (left_child->query(y1, z1, y2, z2)) return true;
    else return right_child->query(y1, z1, y2, z2);
}
void XNode::build(Point p[], int l, int r) { // 构造 X 方向的线段树
   points.clear();// 初始化节点
    left = p[l].x, right = p[r].x; // 左右边界初始化
    if (left == right) { // 线段树叶子节点的初始化
        left_child = right_child = NULL;
        for (int i = l; i <= r; ++i) {
            points.push_back(&p[i]);
        }
        brother = &ynodes[ynode_count++];
        brother->build(points, 0, points.size() - 1);
        return;
    }
    int m = (l + r) >> 1;       // 中点
```

```
    // 返回左右儿子指针
    left_child = &xnodes[xnode_count++];
    right_child = &xnodes[xnode_count++];
    // 左右儿子建树
    left_child->build(p, l, m);
    right_child->build(p, m + 1, r);

    for (int i = 0, j = 0; i < left_child->points.size() ||
         j < right_child->points.size();) { // 当前节点的建树
        if (i < left_child->points.size() && (j >= right_child->points.size() ||
                cmp_y(*(left_child->points[i]), *(right_child->points[j])))) {
            points.push_back(left_child->points[i++]);
        } else {
            points.push_back(right_child->points[j++]);
        }
    }
    // Y节点建树
    brother = &ynodes[ynode_count++];
    brother->build(points, 0, points.size() - 1);
}
bool XNode::query(int x1, int y1, int z1, int x2, int y2, int z2) {
// X方向的询问
    if (x2 < left || x1 > right) { // 不合法情况
        return false;
    }
    if (x1 <= left && right <= x2) { // 返回Y方向线段树的结果
        return brother->query(y1, z1, y2, z2);
    }
    // 分别询问左右儿子
    if (left_child->query(x1, y1, z1, x2, y2, z2)) return true;
    else return right_child->query(x1, y1, z1, x2, y2, z2);
}
```

7.2.4 部分测试数据和输出结果

测试数据：

```
3
3
4 7 1
4 9 0
2 8 8
5
```

```
5 5 4
1 7 1
2 15 11
11 16 7
13 2 4
20
21 82 92
95 18 16
71 26 47
12 69 38
35 99 67
11 3 94
73 33 22
11 41 64
47 68 53
57 62 44
23 59 37
78 29 41
90 35 16
6 88 42
64 42 40
5 46 48
70 29 90
1 6 50
29 48 93
54 84 23
```

输出结果：

```
64
5832
27640
```

7.3　陆逊（难度：★★★☆☆）

7.3.1　题目描述

C. Lu Xun

(Input File:luxun.in / Output File:luxun.std)

Description:

In *Three Kingdoms Kill*, *Lu Xun* has an ability called *Lian Ying*, which allows him to draw a card once he loses his last card in hand. In other words, if *Lu Xun* can play his last card, he can draw a new card. He can continue playing and drawing cards in the same round until he draw a card which he can't play. So, *Lu Xun* can play a great number of cards in a round when his RP is high enough.

Then how many cards can he play on average? It's very interesting. But let's talk about this later, for I want to introduce the different kinds of cards in *Three Kingdoms Kill* to you first. For the sake of simplicity, it's a little different to the real board game. (p.s.: If you want to know the exact rules of the real board game, you can turn to your friends who are familiar with it, or search it on the search engines like *Bing* :))

① ***Sha***: You can play *Sha* if you haven't played it before in the round. Hence, you can play *Sha* only once. However, you can break this rule when you are equipped with *Zhuge Lian Nu*, one of the *Wu Qi* cards, which will be discussed later.

② ***Shan***: Oops! You are not allowed to play *Shan* in your round. As a result, if *Lu Xun* draws a Shan, his round comes to the end.

③ ***Tao***: *Tao* is so yummy! You can recover your HP by one point after playing a *Tao*. However, you are not allowed to play it if you are not injured, i.e., your HP has reached the maximum HP. The initial HP and maximum HP of *Lu Xun* will be given.

④ ***Jin Nang***: Congratulations! You can play *Jin Nang* cards anytime, anywhere.

⑤ ***Zhuge Lian Nu***: You will be equipped with *Zhuge Lian Nu a*fter playing this card. Then you can play *Sha* no matter if you have ever played it before. In other words, you can always play *Sha* when equipped with *Zhuge Lian Nu*.

⑥ ***Wu Qi Except Zhuge Lian Nu***: You are allowed to be equipped with at most one *Wu Qi* card. So, if you play any one of this kind of cards, your previous *Wu Qi*(if exists) will be replaced by the new one. If you replace *Zhuge Lian Nu* by another *Wu Qi*, you have to obey the rule of *Sha* card again.

⑦ ***Zhuang Bei Except Wu Qi***: Congratulations again! You can play this kind of cards anytime, anywhere, too.

The probabilities of drawing each kind of cards will be given. To make the problem easier again, the probability of drawing a specific kind of card will not change. For example, you will always draw a *Sha* card with a probability p(*Sha*).

Now, suppose *Lu Xun* has just played his last card and begins to draw a new card, I want you to calculate the expected number of cards he can play later in this round.

Input:

On the first line of input, there is a single positive integer $T(T\leqslant 50)$ specifying the number of test cases followed.

For each test case, there are two positive integers *Init_HP*, *Max_HP*($1\leqslant Init\_HP\leqslant Max\_HP\leqslant 50$) in the first line, indicating the initial HP and maximum HP of *Lu Xun* separately. In the second line of each test case, there are seven non-negative real numbers p(*Sha*), p(*Shan*), p(*Tao*), p(*Zhuge*

Lian Nu), p(*Wu Qi Except Zhuge Lian Nu*) and p(*Zhuang Bei Except Wu Qi*), indicating the probabilities of drawing each kind of cards. The sum of these real numbers always equals 1.

Output:

For each test case, you should output the expected number of cards *Lu Xun* can play in a line, rounded to the 4th digit after decimal point. If *Lu Xun* will never stop, just output "Lian Mian Bu Jue" (quotes for clarity only) in a line instead of the expected number.

Sample Input:

```
4
1 1
0.4 0.1 0.1 0.1 0.1 0.1 0.1
1 10
0 0.1 0.9 0 0 0 0
1 50
0 0 1 0 0 0 0
1 10
0 0 0 1 0 0 0
```

Sample Output:

```
2.1667
5.5132
49.0000
Lian Mian Bu Jue
```

Hint:

Here are some possible examples of the sequence of drawing cards from start to end:

① *Sha* -> *Sha*

② *Tao* -> *Tao* -> *Tao* (Suppose the initial HP is 1 and maximum HP is 3)

③ *Shan*

④ *Sha* -> *Zhuge Lian Nu* -> *Sha* -> *Sha* -> *Shan*

⑤ *Sha* -> *Zhuge Lian Nu* -> *Sha* -> *Sha* -> *Wu Qi Except Zhuge Lian Nu* -> *Sha*

7.3.2　算法分析

本题主要考查了对基本数学方法的运用，同时由于题目描述有点烦琐，对读题能力有一定要求。

本题介绍了一个卡牌游戏，游戏中有“杀”、“闪”、“桃”、“锦囊”、“诸葛连弩”、“武器”、“装备”7 种牌，有 *HP* 和 *MAX_HP* 两个属性：下面分别解释每种牌的作用。

“杀”：如果之前没有出现过“杀”，或者放置在“武器区”（后面会解释“武器区”放置的牌如何改变）上的是诸葛连弩，那么继续取下一张牌，否则游戏结束。

“闪”：游戏结束。

“桃”：如果当前 *HP* 比 *MAX_HP* 小，那么 *HP* 加 1，然后继续取下一张牌，否则游戏结束。

“锦囊”：继续取下一张牌。

“诸葛连弩”：使放置在“武器区”上的牌变成“诸葛连弩”，然后继续取下一张牌。

“武器”：使放置在“武器区”上的牌变成不是“诸葛连弩”，然后继续取下一张牌。

“装备”：跟“锦囊效果一样”。

题目询问的是，给出每种牌出现的概率，求游戏结束的时候取出的牌的数量的期望。

本题难度主要在于分析题意，题意分析清楚后，很容易发现关键信息只有以下几项：“杀”的使用情况；“武器区” 放置的是否是“诸葛连弩”；当前还可以增加的 *HP* 是多少（当前可以增加的 *HP* 即 *MAX_HP-HP*）。于是定义状态$(h,s,z), h\in[0, MAX_HP-HP], s\in\{0,1\}, z\in\{0,1\}$，$h$ 表示当前可以增加的 *HP*，s 表示之前是否有出现过“杀”，z 表示“武器区”上放置的是否是“诸葛连弩”。定义 $E(h,s,z)$表示在状态(h,s,z)下还能取的牌的数量的期望。设出现“杀”、“闪”、“桃”、“锦囊”、“诸葛连弩”、“武器”、“装备”的概率分别为 p_{sha}，p_{shan}，p_{tao}，$p_{jinnang}$，p_{liannu}，p_{wuqi}，$p_{zhuangbei}$。于是列出以下公式：

$$
\begin{aligned}
E(h,s,z)=1&+[(s=0)or(z=1)]\times p_{sha}E(h,1,z)\\
&+[h>0]\times p_{tao}E(h-1,s,z)\\
&+(p_{jinnang}+p_{zhuangbei})E(h,s,z)\\
&+p_{pliannu}E(h,s,1)\\
&+p_{wuqi}E(h,s,0)
\end{aligned}
$$

[…]内是布尔表达式，当表达式为真时是 1，否则为 0。

根据以上公式很容易可以列出方程组用高斯消元法解出答案，不过编码时要注意边界问题和判断期望无穷的问题，具体请仔细看参考程序的实现。

列出的方程组有$(MAX_HP-HP)\times2\times2$ 条方程，$(MAX\_HP-HP)\times2\times2$ 个变量，所以解方程组的时间复杂度为 $O((MAX\_HP-HP)\times4)^3)$，这也是整个算法的时间复杂度。

7.3.3 参考程序

```
#include <stdio.h>
#include <math.h>
#include <string.h>
#include <assert.h>
const int MAXN = 501; // 方程组个数最大值
const double INF = 1e-8; // 用于控制精度
double a[MAXN][MAXN], b[MAXN], x[MAXN]; // a、b、x 计算高斯消元方程

// 高斯消元
bool gauss_eimination(int n) {
  int i, j, k, p, q[MAXN];
```

```
  double max, l;
  memset (q, 0, sizeof(q));
  // 高斯消元主过程
  for (k = 1; k <= n; k++) { // 枚举行
    p = 0; max = 0;
    for (i = 1; i <= n; i ++) { // 找可以消元的行
      if (!q[i] && max + INF < fabs(a[i][k])) {
        max = fabs(a[i][k]);
        p = i;
      }
    }
    if (!p) { // 多解情况
      return false;
    } else {
      q[p] = 1;
    }
    for (i = 1; i <= n; i++) { // 需要消元的行
      if (i != p) {
        l = a[i][k] / a[p][k];
        for (j = 1; j <= n; j++) { // 消元
          a[i][j] = a[i][j] - l * a[p][j];
        }
        b[i] = b[i] - l * b[p];
      }
    }
  }
  // 高斯消元回代
  for (i = 1; i <= n; i++) { // 枚举每行
    for (j = 1; j <= n; j++) { // 枚举每列
      if (fabs(a[i][j]) > INF) {
        x[j] = b[i] / a[i][j]; // 回代
      }
    }
  }
  return true;
}

int main() {//主程序
   freopen("luxun.in", "r", stdin); // 输入文件
   freopen("luxun.std", "r", stdout); // 输出文件

  int tn, hp; // 题目输入
```

```
int i, j; // 临时变量
double psha, pshan, ptao, pjinnang, pwuqi, pzhuangbei, pliannu; // 各种牌出现的概率
for (assert(scanf("%d", &tn) == 1 && 1 <= tn && tn <= 50); tn--; )
{
  int max_hp;                // hp 最大值
  assert(scanf("%d%d", &hp, &max_hp) == 2 &&
       1 <= hp && hp <= max_hp && max_hp <= 50);
  hp = max_hp - hp + 1;        // 还剩下的可以使用桃的机会
  // 以下为题目输入的不同类型的牌的概率，变量名与题解一致
  assert(scanf("%lf%lf%lf", &psha, &pshan, &ptao) == 3);
  assert(scanf("%lf%lf%lf%lf", &pjinnang, &pliannu, &pwuqi, &pzhuangbei)
      == 4);
  assert(fabs(psha + pshan + ptao + pjinnang + pliannu + pwuqi +
          pzhuangbei - 1.0) < INF);

  memset(a, 0, sizeof(a));
  memset(b, 0, sizeof(b)); // 初始化矩阵
  a[4 * hp + 1][4 * hp + 1] = 1.0;
  for (i = 0; i < hp; i++) {
    // 4 * i + 1: 没有连弩，没杀过
    // 4 * i + 2: 没有连弩，杀过
    // 4 * i + 3: 有连弩，没杀过
    // 4 * i + 4: 有连弩，杀过
    for (j = 1; j <= 4; j++) {
      a[4 * i + j][4 * i + j] -= 1.0;
      b[4 * i + j] -= 1.0;
    }

    // 锦囊和装备
    for (j = 1; j <= 4; j++) {
      a[4 * i + j][4 * i + j] += pjinnang + pzhuangbei;
    }

    // 逃
    if (i < hp - 1) {
      for (j = 1; j <= 4; j++) { // 构造桃的消元矩阵
        a[4 * i + j][4 * (i + 1) + j] += ptao;
      }
    } else {
      for (j = 1; j <= 4; j++) { // 构造桃的消元矩阵
        a[4 * i + j][4 * hp + 1] += ptao;
      }
```

```
    }

    // 闪
    for (j = 1; j <= 4; j++) { // 构造闪的消元矩阵
      a[4 * i + j][4 * hp + 1] += pshan;
    }

    // 杀
    a[4 * i + 1][4 * i + 2] += psha;   // 构造杀的消元矩阵
    a[4 * i + 2][4 * hp + 1] += psha;
    a[4 * i + 3][4 * i + 4] += psha;
    a[4 * i + 4][4 * i + 4] += psha;

    // 连弩
    a[4 * i + 1][4 * i + 3] += pliannu; // 构造连弩的消元矩阵
    a[4 * i + 2][4 * i + 4] += pliannu;
    a[4 * i + 3][4 * i + 3] += pliannu;
    a[4 * i + 4][4 * i + 4] += pliannu;

    // 武器
    a[4 * i + 1][4 * i + 1] += pwuqi; // 构造武器的消元矩阵
    a[4 * i + 2][4 * i + 2] += pwuqi;
    a[4 * i + 3][4 * i + 1] += pwuqi;
    a[4 * i + 4][4 * i + 2] += pwuqi;
  }

  if (fabs(pliannu) < INF) {  // 避免在连弩概率为 0 的情况下误判是否无穷
    for (i = 0; i < hp; i++) {
      // 初始化数组
      memset(a[4 * i + 3], 0, sizeof(a[4 * i + 3]));
      memset(a[4 * i + 4], 0, sizeof(a[4 * i + 4]));
      // 初始化矩阵
      b[4 * i + 3] = 0;
      a[4 * i + 3][4 * i + 3] = a[4 * i + 4][4 * i + 4] = 1.0;
    }
  }

  if (gauss_eimination(4 * hp + 1)) { // 输出高斯消元得到的结果
    printf("%.4lf\n", x[1] - 1);
  } else { // 无限的情况
    printf("Lian Mian Bu Jue\n");
  }
}
```

```
    return 0;
}
```

7.3.4 部分测试数据和输出结果

测试数据：

```
5
1 1
0.2 0.1 0.1 0 0.2 0.2 0.2
1 10
0 0.1 0.9 0 0 0 0
1 10
0 0 0 0.2 0.3 0.4 0.1
1 50
0.1 0 0.9 0 0 0 0
1 50
0.1 0 0.8 0.1 0 0 0
```

输出结果：

```
3.1250
5.5132
Lian Mian Bu Jue
18.6392
18.7908
```

7.4 吕布（难度：★★★★☆）

7.4.1 题目描述

D. Lv Bu

(Input File:lvbu.in / Output File:lvbu.std)

Description:

Yes, no one could stop *Lv Bu*, because there was no traffic jam at that time. However, today, *Lv Bu*'s car, or cart, is blocked by other cars.

The story takes place in a 6×6 grid. Cars are rectangles in the grid of size $1\times N$, where N equals 2 or 3. Cars are laid in the grid horizontally or vertically, while horizontally laid cars could only move horizontally, and vertically laid cars could only move vertically. *Lv Bu*'s car lengths 2, and will always be laid horizontally on the third row of the grid initially, and he wants to reach the right most position of that row, as soon as possible.

As the administrator, you've got to schedule the cars to let *Lv Bu* reach the right most position of the third row, before he loses his patience. More precisely, at each step, you could move a car in its own row or column arbitrarily, only if the movement will not be blocked, physically, by other cars. For example, cars could not cross each other or overlap during and after any moving. Note that, all cars, including *Lv Bu*'s, could and could only be moved by you.

Input:

First comes a positive integer T ($T \leqslant 10$), indicating the number of test cases.

For each test case, there are six lines indicating the scenario. Each line contains a string of six characters. The meanings of characters are as following:

"." represents an empty position;

" []" represent *Lv Bu*'s car.

"<>" represent a horizontally laid car of length 2;

"<->" represent a horizontally laid car of length 3;

"^" and "v" together represent a vertically laid car of length 2.

"^", "|" and "v" together represent a vertically laid car of length 3.

Output:

For each test case, print one line containing the minimum number of steps to take, in the case that no solution exists, just print one line containing the string "Bu ke leng!" instead, quotes for clarity only.

Sample Input:

```
2
^.^..^
v.v<>v
^^^[]^
v|v<>v
.v<><>
<->...

<>....
^^<><>
vv[]^^
<>^.||
<>|^vv
..vv<>
```

Sample Output:

```
5
11
```

7.4.2 算法分析

本题主要考查了基本的最短路算法和哈希算法，但是由于输入输出和最短路操作的处理都比较麻烦，所以主要难度在于编码。

本题题意是：给定一个 6×6 的矩阵，在矩阵上放置平行或者竖直地放置 1×2 或者 1×3 的块，块之间不可以重叠，平行的块只可以平行移动，竖直的块只可以竖直移动，移动的时候不能越过移动方向的的块，问给定的某个平行的块移动到目的地的最少步数。

这是一个很裸的最短路问题。分析最短路的状态数，最坏情况下放置的都是 1×2 的块，这样可以放 6×6÷2=18 个块，每个块最多可以移动到 4 个不同的地方，这样理论上最多可能有 18^4= 68719476736 个状态，显然遍历这些状态是不可能的。但是实际的状态数远远比这个理论的上界少，因为块不能重叠，移动的时候不能越过移动方向的块，实践中状态数基本不超过 100000，所以可以直接用哈希算法记录最短路的状态，然后直接求出答案。

本题复杂度没有一个确定的界，但是因为最短路状态数很少，所以可以认为直接使用最短路算法即可很快算出答案。要注意的是代码实现有一定难度，程序常数不能太大，具体可参考下面给出的参考程序来实现。

7.4.3 参考程序

```
#include<cstdio>
#include<cassert>
#include<algorithm>

using namespace std;

const int ROW = 6;                  // 行数最大值
const int COL = 6;                  // 列数最大值
const int MAX_STATE = 100000;  // 最大状态数
const int HASH_SIZE = 211117;  // 哈希表的大小

void input(char g[][COL]) { // 输入
  for (int r = 0; r < ROW; ++r) {
    char str[COL + 5]; // 题目输入的字符串
    scanf("%s", str);
    for (int c = 0; c < COL; ++c) { //字符串转化
      g[r][c] = str[c];
    }
  }
}
```

```
struct State {                      // 记录状态的结构体
  char g[ROW][COL];                 // 记录矩阵中块如何放置
  int cost;                         // 记录当前已用步数

  State() {} // 构造函数
  State(char g_[ROW][COL], int cost_) : cost(cost_) { // 重载构造函数
    memcpy(g, g_, sizeof(g));
  }
  State& operator =(const State& other) { // 重载等于号
    memcpy(g, other.g, sizeof(g));
    cost = other.cost;
    return *this;
  }
};

struct HashNode {                   // 哈希节点
  char g[ROW][COL];                 // 存状态的矩阵
  HashNode *next;
};

State open[MAX_STATE];             // 宽度优先搜索的 open 表
HashNode hash_node[MAX_STATE]; // 哈希节点
HashNode* hash[HASH_SIZE];          // 哈希表
int hash_node_num;                  // 哈希节点数
int head;                           // 队头
int tail;                           // 队尾

inline void init() { // 最短路 open 表初始化
  head = tail = 0; // 队头队尾初始化为 0
  memset(hash, 0, sizeof(hash)); // 哈希表清零
  hash_node_num = 0; // 哈希节点初始化为 0
}

inline void push(const State& state) { // 插入状态到 open 表
  open[tail++] = state;
  //assert (tail <= MAX_STATE);
}

inline void pop(State& state) { // 从 open 表弹出状态
  state = open[head++];
}
```

```
inline bool equal(char g1[ROW][COL], char g2[ROW][COL]) {
// 判断两个状态是否一样
// 枚举行列
 for (int i = 0; i < ROW; ++i) {
    for (int j = 0; j < COL; ++j) {
      if (g1[i][j] != g2[i][j]) { // 只要有一个位置不一样说明状态不一样
        return false;
      }
    }
  }
  return true; // 没有不一样的位置说明一样
}

inline void copy(char g1[ROW][COL], char g2[ROW][COL]) { // 拷贝状态
  for (int i = 0; i < ROW; ++i) {
    for (int j = 0; j < COL; ++j) {
      g1[i][j] = g2[i][j];
    }
  }
}

inline int hash_code(char g[ROW][COL]) { // 获取哈希值
  int ret = 0;
  for (int i = 0; i < ROW; ++i) {
    for (int j = 0; j < COL; ++j) {
      ret = (ret * 127 + g[i][j]) % HASH_SIZE;
    }
  }
  return ret;
}

bool hash_it(char g[ROW][COL]) { // 处理状态的哈希值

  int slot = hash_code(g); // 用哈希函数获取一个哈希值
  HashNode* ptr = hash[slot]; // 获取哈希节点
  while (ptr != NULL) {
    if (equal(ptr->g, g)) { // 用比较函数判断是否一样
      return false;
    }
    ptr = ptr->next;
  }
```

```
  // 以下为建立新的哈希节点
  copy(hash_node[hash_node_num].g, g);
  hash_node[hash_node_num].next = hash[slot];
  hash[slot] = &hash_node[hash_node_num];
  ++hash_node_num; // 更新哈希节点个数

  //assert (hash_node_num <= MAX_STATE);

  return true;
}

inline bool empty() { // 判断队列是否为空
  return head == tail;
}

inline bool is_target(const State& state) { // 判断是否到达终结状态
  return state.g[2][5] == ']';
}

inline int get_cost(const State& state) { // 获取状态的代价
  return state.cost;
}

void move(char g[ROW][COL], int i, int j, int k) { // 移动一辆车
  // i、j 为车的位置，k 为移动距离
  switch (g[i][j]) {
  // 处理横向向左的车
  case '<':
  case '[':
    g[i][j - k] = g[i][j];
    do {
      ++j;
      g[i][j - k] = g[i][j];
    } while (g[i][j] == '-'); // 判断是否可以移动
    for (int l = 0; l < k; ++l) { // 写入移动结果
      g[i][j - l] = '.';
    }
    break;

  // 处理横向向右的车
  case '>':
```

```
 case ']':
   g[i][j + k] = g[i][j];
   do {
     --j;
     g[i][j + k] = g[i][j];
   } while (g[i][j] == '-'); // 判断是否可以移动
   for (int l = 0; l < k; ++l) { // 写入移动结果
     g[i][j + l] = '.';
   }
   break;

// 处理纵向向上的车
 case '^':
   g[i - k][j] = g[i][j];
   do {
     ++i;
     g[i - k][j] = g[i][j];
   } while (g[i][j] == '|'); // 判断是否可以移动
   for (int l = 0; l < k; ++l) { // 写入移动结果
     g[i - l][j] = '.';
   }
   break;

 // 处理纵向向下的车
 case 'v':
   g[i + k][j] = g[i][j];
   do {
     --i;
     g[i + k][j] = g[i][j];
   } while (g[i][j] == '|'); // 判断是否可以移动
   for (int l = 0; l < k; ++l) { // 写入移动结果
     g[i + l][j] = '.';
   }
   break;
 }
}

void unmove(char g[ROW][COL], int i, int j, int k) {
// 取消移动一辆车， 可以看到结构与 move 几乎一样，只是用 move 函数减少了代码量
 switch (g[i][j]) {
 // 处理横向向左的情况
```

```
case '<':
case '[':
  ++j;
  while (g[i][j] == '-') {
    ++j;
  }
  move(g, i, j, k);
  break;
// 处理横向向右的情况
case '>':
case ']':
  --j;
  while (g[i][j] == '-') {
    --j;
  }
  move(g, i, j, k);
  break;
// 处理纵向向上的情况
case '^':
  ++i;
  while (g[i][j] == '|') {
    ++i;
  }
  move(g, i, j, k);
  break;
// 处理纵向向下的情况
case 'v':
  --i;
  while (g[i][j] == '|') {
    --i;
  }
  move(g, i, j, k);
  break;
 }
}

void expand(State& curr) {        // 扩展状态
 // 枚举行列
 for (int i = 0; i < ROW; ++i) {
  for (int j = 0; j < COL; ++j) {
    switch (curr.g[i][j]) {
```

```
// 可以看到以下四种情况原理完全一样，读者可以只看一种情况，其他情况请在理解的情况下自己尝试实现，当发现有问题的时候再回到这里比较对照

// 处理横向向左的情况
case '<':
case '[':
  for (int k = 1; j - k >= 0; ++k) {// 判断能否移到目标
    if (curr.g[i][j - k] == '.') {
      move(curr.g, i, j, k); // 移动
      if (hash_it(curr.g)) { // 记录状态
        push(State(curr.g, get_cost(curr) + 1));
      }
      unmove(curr.g, i, j - k, k); // 恢复原本状态
    } else {
      break;
    }
  }
  break;
// 处理横向向右的情况
case '>':
case ']':
  for (int k = 1; j + k < COL; ++k) { // 判断能否移到目标
    if (curr.g[i][j + k] == '.') {
      move(curr.g, i, j, k); // 移动
      if (hash_it(curr.g)) { // 记录状态
        push(State(curr.g, get_cost(curr) + 1));
      }
      unmove(curr.g, i, j + k, k); // 恢复原本状态
    } else {
      break;
    }
  }
  break;

// 处理纵向向上的情况
case '^':
  for (int k = 1; i - k >= 0; ++k) { // 判断能否移到目标
    if (curr.g[i - k][j] == '.') {
      move(curr.g, i, j, k); // 移动
      if (hash_it(curr.g)) { // 记录状态
```

```
          push(State(curr.g, get_cost(curr) + 1));
        }
        unmove(curr.g, i - k, j, k); // 恢复原本状态
      } else {
        break;
      }
    }
    break;
  // 处理纵向向下的情况
  case 'v':
    for (int k = 1; i + k < ROW; ++k) { // 判断能否移到目标
      if (curr.g[i + k][j] == '.') {
        move(curr.g, i, j, k); // 移动
        if (hash_it(curr.g)) { // 记录状态
          push(State(curr.g, get_cost(curr) + 1));
        }
        unmove(curr.g, i + k, j, k); // 恢复原本状态
      } else {
        break;
      }
    }
    break;
   }
  }
 }
}

void show(State& state) {       // 调试时用于输出中间结果
  printf("cost : %d\n", state.cost);
  for (int i = 0; i < ROW; ++i) {
    for (int j = 0; j < COL; ++j) {
      putchar(state.g[i][j]);
    }
    puts("");
  }
}

void solve(char g[][COL]) {     // 最短路主过程
  init();                     // 最短路预处理
  State start(g, 0);            // 起点状态
  push(start);
  hash_it(g);
```

```
  bool solved = false;          // 标记是否有解
  while (!empty()) {
    State curr; // 当前状态
    pop(curr); // 弹出队头
    if (is_target(curr)) { // 输出结果
      printf("%d\n", get_cost(curr));
      solved = true;
      break;
    }
    expand(curr);
  }
  if (!solved) { // 输出无解
    puts("NANI!");
  }
}

int main() { // 主程序
  freopen("lvbu.in", "r", stdin); // 输入文件
  freopen("lvbu.std", "r", stdout); // 输出文件

  int T; // 数据个数
  scanf("%d", &T); // 输入数据个数

  while (T--) {
    char g[ROW][COL]; // 记录输入
    input(g); // 输入数据
    solve(g); // 主过程
  }

  return 0;
}
```

7.4.4 部分测试数据和输出结果

测试数据：

```
3

^.^..^
v.v<>v
^^^[]^
v|v<>v
```

```
.v<><>
<->...

<>....
^^<><>
vv[]^^
<>^.||
<>|^vv
..vv<>

..^^<>
..vv<>
[]^..^
.^v..v
.v<->^
.....v
```

输出结果:

```
5
11
17
```

7.5　于吉（难度：★☆☆☆☆）

7.5.1　题目描述

E. Yu Ji

(Input File:yuji.in / Output File:yuji.std)

Description:

Yu Ji is very annoying because he always ask others to guess his boring riddles. He will find different guys to guess his riddle for everyday. Unfortunately, he finds you to take this boring job today. Here comes his riddle:

"Suppose there is a convex polygon with N vertexes, and K points inside the polygon, satisfying that no 3 points among these $N+K$ ones are collinear. Then I add some segments connecting these points, such that the segments intersect each other only at these points and the polygon is divided into triangles. Do you know how many triangles there are after doing that? Guess it! "

Is it very boring? Absolutely! However, you still have to figure it out. Why? Let me tell you a story. Long long ago, there was a kid. One day, he was asked to guess a riddle by Yu Ji. He was not able to guess the answer. The next day, he died. His name is: Sun Ce.

Input:

On the first line of input, there is a single positive integer $T(T \leqslant 100)$ specifying the number of test cases followed.

For each test case, there are two positive integer $N(3 \leqslant N \leqslant 10{,}000)$ and $K(1 \leqslant K \leqslant 10{,}000)$ in a line.

Output:

You should output an integer indicating the number of triangles in a line for each test case.

Sample Input:

```
1
4 1
```

Sample Output:

```
4
```

7.5.2 算法分析

本题是一个简单考查思维能力的题。

本题题意：给出一个有 N 个顶点的凸包，凸包里面有 K 个点，这 $N+K$ 个点不会有三点共线，可以选择两个点连一条线段，线段只能在点上相交，问最多能连出多少个三角形。

如果 K 只有 1，显然最多只能连出 N 个三角形，考虑每次往凸包里增加一个点，相当于把一个三角形变成三个，所以增加了两个三角形，所以答案就是 $N+2(K-1)$。

程序只是计算了一条简单公式，整个算法复杂度为 $O(1)$。

7.5.3 参考程序

```
#include <stdio.h>
#include <assert.h>

int main() {
  freopen("yuji.in", "r", stdin); // 输入文件
  freopen("yuji.std", "r", stdout); // 输出文件

   int tn; // 数据个数
   int n, k; // 题目条件
   for (assert(scanf("%d", &tn) == 1 && 1 <= tn && tn <= 100); tn--; )
   {
```

```
        printf("%d\n", n + 2 * (k - 1));
    }
    return 0;
}
```

7.5.4　部分测试数据和输出结果

测试数据：

```
3
3 1
3 42
3 10000
```

输出结果：

```
3
85
20001
```

第 8 章　2010 年中山大学内部选拔赛第二试试题分析

8.1　异或树（难度：★★☆☆☆）

8.1.1　题目描述

A. XOR Tree

(Input File:xortree.in / Output File:xortree.std)

Given a tree with $N(2\leqslant N\leqslant 500000)$ vertices and $N-1$ edges. Each edge has a length $L(1\leqslant L\leqslant 500000)$.

Now, define:

① path(u, v) = The shortest path between vertex u and v.

② xor-distance(u，v)=$\oplus e\in$ path(u,v)length(e) , $\oplus$is the xor operator .

Please write a program to calculate how many pairs of vertices whose xor-distances are equal to K $(0\leqslant K\leqslant 500000)$ in the tree. (v != u and pair(u,v)is the same as pair(v，u)).

Input:

The first line contains an integer T $(T\leqslant 50)$, indicating the number of test cases.

In every case, the first line contains two integers：N, K. The following $N-1$ lines each contains three integers：u, v, L $(0\leqslant u, v\leqslant N-1)$, which means there is an edge between vertex u and v with length L.

Output:

For every case, output the answer on a single line.

Sample Input:

```
2
4 1
0 1 1
1 2 3
2 3 2
3 0
0 1 7
0 2 7
```

Sample Output:

```
2
1
```

8.1.2　算法分析

本题主要考查了基本的图论知识，编程难度也不是很大。

本题题意：给定一颗有 N 个节点的树，定义两点之间的异或距离为这两点之间的路径上的边的异或和，问有多少点对的异或距离等于 K。

本题乍看可以用树的划分等比较麻烦的方法去做，但实际上考虑到异或的特殊性质，不需要用到这些方法的方法。

首先回想我们是如何计算树上两点之间的距离的，先分别求出根到这两点的距离，记为 l_1，l_2，根到这两点最近公共祖先的距离l_c，那么这两点的距离就是 $(l_1+l_2)-(l_c+l_c)$。

然后回到原问题，我们要求的是两点之间的异或距离。同样先求出根到这两点的异或距离，记为 x_1，x_2，根到这两点最近公共祖先的距离 x_c，那么这两点的异或距离就是 $x_1 \oplus x_2 \oplus x_c \oplus x_c$，因为相同的数字异或之后变成0，任何数字与0异或不变，所以异或距离变成 $x_1 \oplus x_2$，那么我们只需要知道有多少点对，满足根分别到它们的异或距离异或后等于 K。其中 $\oplus$ 为异或运算符。

于是我们把问题转化成一个很简单的问题，给出 N 个数字，问有多少对数字异或后等于 K。枚举这些数字，统计枚举到的数字和 K 的异或值出现的次数，加到答案里，问题就解决了。

本题无论是遍历还是最后的统计过程复杂度都是 $O(N)$，所以最终整个算法复杂度也是 $O(N)$。

8.1.3　参考程序

```
#include <stdio.h>
#include <string.h>
#include <stdlib.h>
#include <assert.h>
typedef __int64 LL;
const int MAXN = 500007;                // 最大点数

struct Edge {                           // 邻接表
    int to, w; // 邻接表下一个节点和边权
    Edge* next;
};

Edge edges[MAXN * 2], * g[MAXN];        // 用于保存边
int nEdge;                              // 边数
int open[MAXN];                         // bfs 的 open 表
int a[MAXN];                            // 从根节点到当前点的异或距离
bool vst[MAXN];                         // bfs 的标记
int hash[MAXN * 2];                     // 记录某个异或距离出现的次数
int N, K;                               // 树节点和异或和要求
```

```
inline void addEdge(int x, int y, int w) { // 把一条边加进邻接表
    // 对邻接表的每个元素赋值
    Edge* p = &edges[nEdge++];
    p->to = y;
    p->w = w;
    p->next = g[x];
    g[x] = p;
}

void bfs() {
    int i, j, x, m = 0;          // m是open表的大小
    Edge* p; // 邻接表指针

    memset(vst, false, N);       // 初始化宽度优先搜索
    open[m++] = 0;
    vst[0] = true;
    for (i = 0; i < m; ++i) {   // 宽度优先搜索的主过程
        x = open[i]; // 当前节点
        for (p = g[x]; p; p = p->next) { // 枚举每条边
            if (!vst[p->to]) { // 判断是否访问过
                a[p->to] = (a[x] ^ p->w);
                vst[p->to] = true;
                open[m++] = p->to;
            }
        }
    }
    for (i = 0; i < N; ++i) {   // 统计异或距离的个数
        ++hash[a[i]];
        assert(vst[i] == true);
    }
}

void input() {
    int i, x, y, w; // 临时变量
    scanf("%d%d", &N, &K);
    assert(2 <= N && N <= 500000);
    assert(0 <= K && K <= 500000);
    for (i = 0; i < N; ++i) {          // 初始化邻接表
        g[i] = NULL;
    }
    nEdge = 0;
    for (i = 0; i < N - 1; ++i) {   // 读入数据
        scanf("%d%d%d", &x, &y, &w);
```

```
        assert(0 <= x && x < N);
        assert(0 <= y && y < N);
        assert(1 <= w && w <= 500000);
        // 加边
        addEdge(x, y, w);
        addEdge(y, x, w);
    }
}

void solve() {
    int i, j;
    LL ans = 0;

    bfs();
    for (i = 0; i < N; ++i) {   // 统计答案
        ans += hash[a[i] ^ K];
    }
    if (K == 0) ans -= N;        // 去掉自环
    ans /= 2;                    // 去掉对称点对
    printf("%I64d\n", ans);
    // 初始化哈希表
    for (i = 0; i < N; ++i) {
        hash[a[i]] = 0;
    }
}

int main() {//主程序
   freopen("xortree.in", "r", stdin); // 输入文件
   freopen("xortree.std", "r", stdout); // 输出文件
    int T;
    scanf("%d", &T);
    assert(T <= 50);
    while (T--) {
        input();
        solve();
    }
    return 0;
}
```

8.1.4　部分测试数据和输出结果

测试数据：

```
2
7 3
1 2 2
```

```
2 3 1
3 4 2
4 5 1
4 6 2
6 0 1
7 2
1 2 2
2 3 1
3 4 2
4 5 1
4 6 1
6 0 1
```

输出结果：

```
6
5
```

8.2　异或树 II（难度：★★★☆☆）

8.2.1　题目描述

B. XOR Tree Ⅱ

(Input File:xortree2.in / Output File:xortree2.std)

Given a tree with N ($2 \leqslant N \leqslant 150000$) vertices and$N-1$edges.Each edge has a lengt L($1 \leqslant L \leqslant 2^{31}-1$).

Now, define:

① path(u,v)=Theshortest path between vertex u and v.

② xor-distance(u, v) = $\oplus e \in$ path(u,v)length(e) , $\oplus$is the xor operator .

Please write a program to calculate how many pairs of vertices whose xor-distances are less than K($0 \leqslant K \leqslant 2^{31}-1$) in the tree. ($v$!= u and pair(u, v) is the same as pair(v, u)).

Input:

The first line contains an integer T ($T \leqslant 50$), indicating the number of test cases.

In every case, the first line contains two integers：N, K. The following $N-1$ lines each contains three integers：u,v,L($0 \leqslant u,v \leqslant N-1$),which means there is an edge between vertex u and v with length L.

Output:

For every case, output the answer on a single line.

Sample Input:

```
2
4 1
```

```
0 1 1
1 2 3
2 3 2
3 7
0 1 3
0 2 4
```

Sample Output:

```
1
2
```

8.2.2　算法分析

本题是上一题的升级版本，考查范围也一样，思维难度比上一题要高。

本题题意：给定一颗有 N 个节点的树，定义两点之间的异或距离为这两点之间的路径上的边的异或和，问有多少点对的异或距离小于 K。

本题可以通过跟上一题一样的方法把问题转化为，给出 N 个数字，问有多少对数字异或后小于 K。

与上一题唯一的不同是，这次我们要求的是异或后小于 K 的点对数，这个问题并不像上一题一样简单，但是仔细分析之后，也是不难想到解法的。

首先如果 K 等于 0，那么答案显然为 0，所以下面的讨论默认 K 大于 0。

我们把每个数字当成二进制数，由于题目限制每个数字变成二进制数后最高只有 31 位，所以对于长度不满 31 位的数字，往前面补足够的 0 令其变成 31 位数字，这样我们得到 N 个 31 位数字。

定义符号 $(x)_2$ 表示 x 按照上述方法转变的二进制表示，$lcp(x_1,x_2)$ 为 $(x_1)_2$ 和 $(x_2)_2$ 的最长公共前缀，$b(r,x)$ 为 $(x)_2$ 从高位数起（包括前导 0）的第 r 位的值（0 或 1），。

对于两个数字 x_1、x_2，$x_1 \oplus x_2$ 比 K 小的充分必要条件是：设 $l = lcp(x_1 \oplus x_2, K)$，有 $b(l+1, x_1 \oplus x_2) = 0$，$b(l+1, K) = 1$。那么我们可以枚举 x_1 和 l,寻找有多少个 x_2 满足以上条件。

于是问题转化为，已知 x_1 和 l，寻找有多少个满足以上条件的 x_2。根据条件 $l = lcp(x_1 \oplus x_2, K)$ 和 $b(l+1, x_1 \oplus x_2) = 0$，可以算出 $(x_2)_2$ 的前 l+1 位，然后我们剩下的问题是如何快速地算出在给定前缀约束下的数字有多少个，这就是典型的前缀树问题了。

本题预处理的复杂度跟上题一样，都是 $O(N)$，不过枚举的复杂度和前缀树建树的复杂度是 $O(31N)$，所以总体复杂度为 $O(31N)$。

8.2.3　参考程序

```
#include <stdio.h>
#include <string.h>
#include <assert.h>
typedef __int64 LL;
const int MAXN = 150007;                // 最大点数

structEdge {                            // 邻接表 0
```

```
    int to, w;
    Edge* next;
};

Edge edges[MAXN * 2], * g[MAXN];    // 用于保存边
int nEdge;                          // 边数

struct TrieNode {                   // Trie 节点的结构
    int next[2];                    // 分别记录 0 和 1 的儿子的位置
    int count;                      // 节点数
};

TrieNode tries[MAXN * 32];          // Trie 节点数
int nTrie;                          // Trie 树大小
int open[MAXN];                     // 保存 bfs
bool vst[MAXN];                     // bfs 的标记
int a[MAXN];                        // 从根节点到当前点的异或距离
int N, K;                           // 题目输入

void initNet() {                    // 初始化邻接表和 Trie 树
    memset(g, 0, sizeof(g));
    nEdge = 0;
    nTrie = 0;
    tries[0].next[0] = tries[0].next[1] = tries[0].count = 0;
}

inline void addEdge(int x, int y, int w) { // 把一条边加进邻接表
    // 对邻接表的每个元素赋值
    Edge* p = &edges[nEdge++];
    p->to = y;
    p->w = w;
    p->next = g[x];
    g[x] = p;
}

// 询问当前节点 0 子树的节点个数
#define l_rank(x) (tries[(x)].next[0] ?
 tries[tries[(x)].next[0]].count : 0)
// 询问当前节点 1 子树的节点个数
#define r_rank(x) (tries[(x)].next[1] ?
tries[tries[(x)].next[1]].count : 0)

void insert(int x, int c, int depth) { // trie 的插入
```

```
    if (depth >= 31) { // 到达最大深度
        ++tries[x].count;
        return;
    }
    int v = ((c >> (30 - depth)) & 1);
    if (tries[x].next[v]) { // 如节点已经存在
        insert(tries[x].next[v], c, depth + 1);   // 插入节点
    }else { // 否则，增加新的节点
        tries[x].next[v] = ++nTrie; // 下一个节点的位置
        tries[nTrie].next[0] = tries[nTrie].next[1] = 0; // 初始化 next
        tries[nTrie].count = 0; // 初始化 count
        insert(nTrie, c, depth + 1); // 插入节点
    }
    tries[x].count = l_rank(x) + r_rank(x); // 计算叶子和
}

void bfs() {
    int i, j, x, m = 0;      // m 是 open 表的大小
    Edge* p;

    // 宽度优先搜索初始化
    memset(vst, false, sizeof(vst));
    open[m++] = 0;
    vst[0] = true;
    for (i = 0; i < m; ++i) { // 宽度优先搜索主过程
        x = open[i];
        for (p = g[x]; p; p = p->next) {
            if (!vst[p->to]) { // 未被访问过
                a[p->to] = (a[x] ^ p->w);
                vst[p->to] = true;
                open[m++] = p->to;
            }
        }
    }
    for (i = 0; i < N; ++i) { // 统计异或距离的个数
        insert(0, a[i], 0);
        assert(vst[i] == true);
    }
}

void input() {
```

```
    int i, x, y, w; // 临时变量

    initNet(); // 初始化网络
    scanf("%d%d", &N, &K);
    assert(2 <= N && N <= 150000);
    assert(0 <= K);
    for (i = 0; i < N - 1; ++i) {
        scanf("%d%d%d", &x, &y, &w);
        assert(0 <= x && x <= N - 1);
        assert(0 <= y && y <= N - 1);
        assert(0 < w);
        addEdge(x, y, w);
        addEdge(y, x, w);
    }
}

void solve() {
    int i, j, c, v, x, t, bit; // v为当前前缀，x为节点位置
    LL ans = 0;

    if (K == 0) {              // K等于0时答案肯定为0
        printf("0\n");
        return;
    }
    bfs();
    for (i = 0; i < N; ++i) {
        c = (a[i] ^ K); // 记录当前信息
        v = 0;
        x = 0;
        for (j = 30; j >= 0; --j) { // 枚举前缀长度
            bit = ((c >> j) & 1); // 记录该长度下的信息
            t = (v | ((!bit) << j));
            v |= (bit << j);
            if ((t ^ a[i]) < K) { // 更新答案
                if (bit == 0) {
                    ans += r_rank(x);
                } else {
                    ans += l_rank(x);
                }
            }
            if (tries[x].next[bit] == 0) break;
```

```
            x = tries[x].next[bit];
        }
    }
    ans = (ans - N) / 2;    // 去掉自环和对称点对
    printf("%I64d\n", ans);
}

int main() {//主程序
    freopen("xortree2.in", "r", stdin); // 输入文件
    freopen("xortree2.std", "r", stdout); // 输出文件
    int T;
    scanf("%d", &T);
    assert(T <= 50);
    while (T--) {
        input();
        solve();
    }
    return 0;
}
```

8.2.4 部分测试数据和输出结果

测试数据：

```
2
7 3
1 2 2
2 3 1
3 4 2
4 5 1
4 6 2
6 0 1
7 2
1 2 2
2 3 1
3 4 2
4 5 1
4 6 1
6 0 1
```

输出结果：

```
15
11
```

8.3　找出第 *K* 远节点（难度：★★★★☆）

8.3.1　题目描述

C. Kth

(Input File:kth.in / Output File:kth.std)

Given a tree with N ($2 \leqslant N \leqslant 150000$) vertices and $N-1$ edges. Each edge has a length L ($1 \leqslant L \leqslant 1000000$).

Now, define:

① path(u, v) = The shortest path between vertex u and v.

② k-distance(u) = The length of the kth longest path starting from vertex u.

Please write a program to calculate the kth-distance for each vertex in the tree.

Input:

The first line contains an integer$T$($T \leqslant 50$), indicating the number of test cases.

In every case, the first line contains two integers：N,K($1 \leqslant K \leqslant 20andK \leqslant N-1$).The following $N-1$ lines each contains three integers：u,v,L($0 \leqslant u,v \leqslant N-1$), which means there is an edge between vertex u and v with length L.

Output:

For every case, output N integers on a single line, separated by a space.The i(i=0,1,2,…, N–1)integer indicates the answer for vertex i.

Sample Input:

```
2
4 1
0 1 4
1 2 5
2 3 9
3 2
0 1 12
0 2 19
```

Sample Output:

```
18 14 9 18
12 12 19
```

8.3.2　算法分析

本题主要考察了对树形 DP 的运用。

本题题意是：给定一颗有 *N* 个节点的树，对于每个节点 *u*，找出与 *u* 距离为第 *K* 远的节点，输出这个距离。

设 $d(x,k)$ 为起点为 x，终点在 x 的子树中的路径中第 k 长的路径。设 $u(k,s)$ 为起点为 x，终点不在 x 的子树中的路径中第 k 长的路径。设 $f(x,k)$ 为起点为 x，终点任意的路径中第 k 长的路径（$f(x,k)$ 即题目要求的值）。设 $r(k,s)$ 为集合 S 中第 k 大元素，$p(x)$ 为 x 的父亲节点，$S(x)$ 为 x 的儿子节点集合，$c(u,u)$ 为 u，v 这条边的长度。列出以下 DP 方程：

$$d(x,k)=r(k,\{d(x_s,k_s)+\mathrm{c}(x,x_s)\mid x_s\in S(x),k_s\in[1,K]\})$$

$$\begin{aligned}u(x,k)=r(k,\{&u(p(x),kp)+c(x,p(x)\mid k_p\in[1,K]\}\\ &\cup\{d(x_s,k_s)+c(x,p(x))+c(p(x),x_s)\\ &\mid x_s\in S(p(x)),x_s\neq x,k_s\in[1,K]\})\end{aligned}$$

$$f(x,k)=r(k,\{u(x,k')\mid k'\in[1,K]\}\mathrm{U}\{d(x,k')\mid k'\in[1,K]\})$$

根据以上方程就可以很容易使用树形 DP 解决这道题了。

由于状态 d，u，f 都是只有 $N\times K$ 个状态，所以空间复杂度是 $O(N\times K)$，而转移的时候使用类似合并排序的方法合并 K 个数，均摊后转移复杂度是 $O(1)$，故时间复杂度是 $O(N\times K)$。

8.3.3 参考程序

```
#include <stdio.h>
#include <string.h>
#include <assert.h>
typedef __int64 LL;
const int MAXN = 150007;                // 最大点数
const int MAXK = 20;                    // K的最大值
const LL INF = (LL) 1 << 60;            // 定义一个无限大的值

struct Edge {                           // 边结构
    int to, w;
    Edge* next;
};

Edge edges[MAXN * 2], * g[MAXN]; // 用于保存邻接表
int nEdge;                       // 边数
LL up[MAXN][MAXK], down[MAXN][MAXK * 2], w[MAXK * 2];
// 分别保存向上和向下的dp值
int pos[MAXN][MAXK * 2], tPos[MAXK * 2]; // dp需要的临时变量
int open[MAXN], pn;              // open表和open表大小
int father[MAXN];                // 父亲节点
int pw[MAXN];                    // 连向父亲节点的边的权值
int N, K;                        // 题目输入

void initNet() {                 // 初始化邻接表
```

```
    memset(g, 0, sizeof(g));
    nEdge = 0;
}

inline void addEdge(int x, int y, int w) { // 把一条边加进邻接表
    // 对邻接表的每个元素赋值
    Edge* p = &edges[nEdge++];
    p->to = y;
    p->w = w;
    p->next = g[x];
    g[x] = p;
}

void bfs() {
    int i, j, x;              // bfs 用到的临时变量
    Edge* p;

    // 初始化 open 表
    pn = 0;
    open[pn++] = 0;
    father[0] = -1;
    for (i = 0; i < pn; ++i) { // bfs 主过程
        x = open[i];
        for (p = g[x]; p; p = p->next) {
            if (p->to != father[x]) { // 保证不会连到父亲节点
                father[p->to] = x;
                pw[p->to] = p->w;
                open[pn++] = p->to;
            }
        }
    }
}

void dpDown() {                       // dp 往下的最远的 K 条路径
    Edge* p;
    int c, i, j, k, x; // 临时变量
    for (c = pn - 1; c >= 0; --c) { // 自底向上枚举
        x = open[c];
        // 分别存值和位置
        down[x][0] = 0;
        pos[x][0] = -1;
        for (i = 1; i < K + K; ++i) { // 初始化值和位置
            down[x][i] = -INF;
```

```
        pos[x][i] = -1;
    }
    for (i = 0; i < K; ++i) { // 初始化值和位置
        up[x][i] = -INF;
    }
    for (p = g[x]; p; p = p->next) { // dp 主过程
        if (p->to != father[x]) {
            j = k = 0;
            for (i = 0; i < K + K; ++i) { // 合并两个儿子的解
                if(k < K && down[p->to][k] + p->w > down[x][j]) {
//以 k 为标号的儿子当前节点距离大于另一边的节点
                    w[i] = down[p->to][k] + p->w; // 记录合并后距离
                    tPos[i] = p->to; // 记录合并后路径
                    ++k; // 更新 k
                } else {
                    w[i] = down[x][j]; // 记录合并后距离
                    tPos[i] = pos[x][j]; // 记录合并后路径
                    ++j; // 更新 j
                }
            }
            for (i = 0; i < K + K; ++i) { // 把临时变量内容存入结果
                down[x][i] = w[i]; // 记录距离
                pos[x][i] = tPos[i]; // 记录路径
            }
        }
    }
  }
}
void dpUp() {                    // dp 往上的最远的 K 条路径
    int c, i, j, k, x, pre, w; // 临时变量
    for (c = 1; c < pn; ++c) { // 自顶向下 dp
        x = open[c];
        pre = father[x];
        w = pw[x];
        j = k = 0;
        for (i = 0; i < K; ++i) { // 找出向上的 K 条路径
            while (pos[pre][k] == x) ++k;
            if (down[pre][k] > up[pre][j]) { // 对之前的 dp 值进行比较
                up[x][i] = down[pre][k] + w;
                ++k;
            } else {
```

```
            up[x][i] = up[pre][j] + w;
            ++j;
        }
      }
    }
}

void input() {
    int i, j, x, y, w; // 临时变量
    initNet(); // 初始化邻接表
    scanf("%d%d", &N, &K); // 输入数据
    assert(2 <= N && N <= 150000);
    assert(1 <= K && K <= N - 1);
    for (i = 0; i < N - 1; ++i) {
        scanf("%d%d%d", &x, &y, &w);
        assert(0 <= x && x <= N - 1);
        assert(0 <= y && y <= N - 1);
        assert(1 <= w && w <= 1000000);
        // 加边
        addEdge(x, y, w);
        addEdge(y, x, w);
    }
}

void solve() {
    int i, j, k, c; // 临时变量
    LL value;

    bfs(); // 先进行宽度优先搜索确定节点按深度排序
    assert(pn == N);
    // 分别找出向下和向上的路径
    dpDown();
    dpUp();
    for (i = 0; i < N; ++i) { // 合并向上和向下的路径
        j = k = 0;
        for (c = 0; c < K; ++c) { // 类似合并排序的合并过程
            if (up[i][j] > down[i][k]) { // 向上的路径比较大
                if (c == K - 1) value = up[i][j];
                ++j;
            } else { // 向下的路径比较大
                if (c == K - 1) value = down[i][k];
                ++k;
```

```
            }
        }
        if (i > 0) printf(" ");
        printf("%I64d", value);
    }
    printf("\n");
}

int main() {//主程序
   freopen("kth.in", "r", stdin); // 输入文件
   freopen("kth.std", "r", stdout); // 输出文件
    int T;
    scanf("%d", &T);
    assert(T <= 50);
    while (T--) {
        input();
        solve();
    }
    return 0;
}
```

8.3.4 部分测试数据和输出结果

测试数据：

```
3
7 3
1 2 3
2 3 23
3 4 2
4 5 7
4 6 3
6 0 7
7 2
1 2 3
2 3 23
3 4 234
4 5 2
4 6 12
6 0 17
5 3
0 1 4
0 3 4
```

```
0 2 7
2 4 5
```

输出结果：

```
17 31 28 12 10 17 10
286 272 269 246 257 259 269
4 8 7 8 12
```

8.4 *K* 圆（难度：★★☆☆☆）

8.4.1 题目描述

D.*K*-Cycle

(Input File:circle.in / Output File:circle.std)

A simple cycle is a closed simple path, with no other repeated vertices or edges other than the starting and ending vertices. The length of a cycle is the number of vertices on it. Given an undirected graph ***G*(*V*,*E*)**, you're to detect whether it contains a simple cycle of length ***K***. To make the problem easier, we only consider cases with small ***K*** here.

Input:

On the first line of input, there is a single positive integer$T \leqslant 10$ specifying the number of test cases followed.

For each test case, the first line contains three positive integers *N*, *M* and *K* ($N \leqslant 50$, $M \leqslant 500$ and$3 \leqslant K \leqslant 7$). Here *N* is the number of vertices of the graph, *M* is the number of edges and *K* is the length of the cycle desired. *N*ext follow *M* lines, each with 2 integers *A* and *B*, describing an undirected edge *AB* of the graph. Vertices are numbered from 0 to *N*–1.

Output:

For each test case, you should output "YES" in one line if there's a cycle of length *K* in the given graph, otherwise output "NO".

Sample Input:

```
2
6 8 4
0 1
1 2
2 0
3 4
4 5
5 3
1 3
2 4
4 4 3
```

```
0 1
1 2
2 3
3 0
```

Sample Output:

```
YES
NO
```

8.4.2　算法分析

本题是一个简单搜索题。

本题题意：给定一个 N 个点、M 条边的无向图，问是否有一个长度为 K 的简单回路。

本题有很多搜索的方法，这里只介绍标程的做法。

首先对每个点随机染色成 0～K–1 其中一个数，然后判断是否有一个长度为 K 的简单回路，回路上每个点的颜色都不一样。

标程使用状态压缩 DP 的方法，枚举回路的起点，用状态 $f(x,s)$ 表示当前走过的点的状态，x 表示当前走到的位置，s 是一个长度为 K 的二进制数，第 i 位表示第 i 种颜色是否已经经过，那么很容易就可以判断是否有一个长度为 K 的简单回路，且回路上每个点的颜色都不一样。

这个方法保证不会返回错误的解，但是由于开始进行的是随机染色，不能保证对有解的图一定能找到解。为了解决这个问题，我们可以进行多次随机，重新对点进行染色，然后重复 DP 的过程。

状态压缩 DP 一共有2^K个状态，每个状态转移最多遍历所有的边，所以每做一次状态压缩 DP 的时间复杂度是 $O(2^K \times M)$，枚举起点要做 N 次状态压缩 DP，故每次染色后复杂度是 $O(2^K \times M \times N)$。那么设随机染色次数为 R，这个方法的总复杂度就是 $O(R \times 2^K \times M \times N)$。但是实际上这个上界是很难达到的，因为存在解的时候，DP 很可能不用遍历完所有状态就能找到解，随机次数也会很少，不存在解的时候，边数不会太多，所以程序实际运行速度是很快的。

8.4.3　参考程序

```
#include <cstdio>
#include <cstring>
#include <cstdlib>
#include <cassert>
#include <ctime>
using namespace std;

#define maxn 50                          // N的最大值
#define maxk 7                           // K的最大值
```

```
int g[maxn][maxn + 1];                    // 邻接表
bool gg[maxn][maxn];                      // 邻接矩阵
int n, k;                                 // 题目输入

//f[i][state]; x(颜色 k-1)到 i,路径颜色为 state 且没有重复颜色的路径是否存在
int f[maxn][1 << (maxk-1)];
int que[maxn * (1 << (maxk - 1))][2];    // find_circle 用到的队列
int color[maxn];                          // 随机的染色方案

//O(m*2^(k-1))
bool find_cycle(int start){
    f[start][0] = start;
    int head = 0, tail = 0;               // 队头和队尾
    int state, end;                       // 队头状态
    int next_state, to;                   // 扩展状态
    // 队列初始化
    que[tail][0] = start;
    que[tail++][1] = 0;
    while (head < tail) { // 用宽度优先搜索的方法找圆
        end = que[head][0];
        state = que[head++][1];
        for (int j = 1; j <= g[end][0]; ++j) { // 枚举边
            to = g[end][j];
            if (color[to] == k - 1) continue; // 已经访问过的点不再访问
            next_state = state | (1 << color[to]); // 计算新状态
            if (state != next_state && f[to][next_state] != start) {
                if (next_state == (1 << (k - 1)) - 1 && gg[to][start])
{ // 找到解
                    return true;
                }
                // 继续扩展
                f[to][next_state] = start;
                que[tail][0] = to; // 更新队尾第一个元素
                que[tail++][1] = next_state; //更新队尾第二个元素
            }
        }
    }
    return false;
}
//O(n*m*2^k)
bool check() {
    memset(f, -1, sizeof(f));
```

```
    for (int i = 0; i < n; ++i) {
        if (color[i] == k - 1 && find_cycle(i)) { // 找到解
            return true;
        }
    }
    return false;
}

int main() {//主程序
    freopen("circle.in", "r", stdin); // 输入文件
    freopen("circle.std", "r", stdout); // 输出文件

    int start_time = clock();
    int t;                          // 测试数据个数
    scanf("%d", &t); // 读入数据
    while (t--) {
        int m;
        scanf("%d%d%d", &n, &m, &k); // 读入数据
        assert(0 < n && n <= 50 && 0 <= m && m <= 500 && 3 <= k && k <= 7);
        memset(gg, 0, sizeof(gg)); // 初始化邻接表
        for (int i = 0; i < n; ++i) { // 构造邻接表
            g[i][0] = 0;
        }
        while (m--) { // 输入每条边
            int a, b; // 临时变量
            scanf("%d%d", &a, &b);
            assert(0 <= a && a < n && 0 <= b && b < n);
            // 加边
            g[a][++g[a][0]] = b;
            g[b][++g[b][0]] = a;
            gg[a][b] = gg[b][a] = true;
        }
        int total = 2 * (1 << k); // 随机次数
        int timer;
        bool ok = false;        // 标记是否有可行解
        for (timer = 1; timer <= total; ++timer) {
            for (int i = 0; i < n; ++i) {
                color[i] = rand() % k;
            }
            if (check()) {
                ok = true;
                break;
```

```
            }
        }
        puts(ok ? "YES" : "NO");
    }
    fprintf(stderr, "%d\n", clock() - start_time);
    return 0;
}
```

8.4.4 部分测试数据和输出结果

测试数据：

```
3
4 4 3
0 1
1 2
2 3
3 1
5 10 7
3 0
0 3
3 4
0 3
1 0
2 3
1 4
0 3
0 2
4 2
10 20 7
3 0
5 0
8 2
6 0
0 9
0 3
3 8
9 0
7 2
5 8
4 0
8 2
1 5
```

```
1 7
1 0
5 1
3 8
1 4
5 3
2 9
```

输出结果：

```
YES
NO
YES
```

8.5　广告船（难度：★★★☆☆）

8.5.1　题目描述

E. Ad-Ship

(Input File:adship.in / Output File:adship.std)

The organizer of the World Cup builds a hot air balloon called Ad-Ship, and there are *N* advertisements (numbered as 1 to *N*) to be showed on it in the order of 1 to *N*. The ship is at position (*sx*, *sy*) at the beginning (time zero), showing no Ads, then it will move up, down, left or right randomly (limited in the range of (X_{min}, Y_{min}, X_{max}, Y_{max})) once per minutes. At the 1st minute, immediately after the Ad-Ship move to a new place, it will show the 1st Ads, and then move and show the 2nd Ads at the 2nd minutes, and so on. The Ads will be showed in loop, and this Ad-Ship is designed to work forever. However, there is a bug in it, such that once it arrive at the position of (*ex*, *ey*), it will change to the next ads (in loop) first and then stop moving and changing ads anymore.

Your ads are the *M*th one and the World Cup will only last for *H* minutes. So the question is how many possible ways are there for the Ad-Ship to stop and to show the *M*th ads after stop within *H* minutes (inclusive)?

Input:

The first line of input is an integer *T*, indicating that there are $T(T \leqslant 30)$ test cases followed.

The first line of each of the test case contains three integer：*N*, *M*, *H* ($1 \leqslant M \leqslant N, 1 \leqslant N \leqslant 10000, 1 \leqslant H \leqslant 10^8$), and then eight integers X_{min}, Y_{min}, X_{max}, Y_{max}, *sx*, *sy*, *ex*, *ey* in the second line. It is guaranteed that $0 < (X_{max} - X_{min} + 1) * (Y_{max} - Y_{min} + 1) \leqslant 60$, $X_{min} \leqslant sx, ex \leqslant X_{max}$, $Y_{min} \leqslant sy, ey \leqslant Y_{max}$, and (*sx*, *sy*) will not be the same as (*ex*, *ey*). All integers given are not greater than 10^9.

Output:

Output the number of possible ways (mod 10007).

Sample Input:

```
4
1 1 2
1 1 2 2 1 1 2 2
2 1 2
1 1 2 2 1 1 2 2
2 2 4
1 1 2 2 1 1 2 2
3 3 3
0 0 2 3 0 1 1 1
```

Sample Output:

```
2
0
6
4
```

8.5.2 算法分析

本题主要考查图论中矩阵的相关知识。

本题题意：平面上有一艘广告船，从(sx,sy)出发，每次可以往上下左右四个方向移动，每次移动距离为 1，但是移动范围在以(X_{min},Y_{min})为左下角，(X_{max},Y_{max})为右上角的矩形内，广告船上播放广告，广告标号为 1~N，广告船每移动一步播放的广告标号加 1，播放到第 N 个广告时移动一步使广告标号变为 1，当广告船走到(EX,EY)时停止，问在 H 步内有多少种走法可以令广告船停止后播放的广告标号是 M。注意题目限制 $0 < (X_{max}-X_{min}+1)\times(Y_{max}-Y_{min}+1)\leqslant 60$，这是很容易看错的地方。

我们把 SX，EX，X_{min}，X_{max} 都减去 X_{min}，把 SY，EY，Y_{min}，Y_{max} 都减去 Y_{min}，这样便于计算而且不会影响最后结果，下面的讨论默认已经对题目输入进行了以上改变。

我们需要以下图论的基本知识：如果一个图的邻接矩阵是 A，设 $B=A^k$，那么 $B_{i,j}$ 就是从 i 到 j 刚好走了 k 步的路径数。

分析本题的要求，播放广告编号是 M，也就是要求走了 $M+kN$ 步，题目询问的是 H 步内走到(EX,EY)，而且播放的广告编号是 M 的路径数，也就是询问有多少路径，从(sx,sy)出发，走了 $M+kN$ 步（$M+kN\leqslant H$），最后停在(EX,EY)。

由于广告船移动距离为 1，而且起始点在整点上，那么每次移动后必然也在整点上，设 $n=X_{max}\times Y_{max}$，可以对广告船可能停留的 n 个点标号为 0～$n-1$，定义 $id(x,y)$ 为平面点 (x,y) 的标号，另外增加一个点，标号为 n（用于后面的计算）。

通过如下方法构造一个 $(n+1)\times(n+1)$ 的矩阵 A。如果 (x_1,y_1) 可以通过上下左右移动一步到达 (x_2,y_2)，并且 $(x_1,y_1)\neq(SX,SY)$，那么 $A_{id(x1,y1),id(x2,y2)}=1$，再令 $A_{n,n}=1$，令 A 中其他元素为 0。

再通过如下方法构造一个$(n+1)\times(n+1)$的矩阵 B。对于任意$(x,y)\neq(EX,EY)$，令 $B_{id(x,y),id(x,y)}=1$，令 $B_{id(EX,EY)n}=1$，令 $B_{n,n}=1$。

通过矩阵 A 和 B，再构造一个矩阵 $T=A^{M}BA^{N-M}$ 。

设 $T'=T\left\lfloor \dfrac{H+N-M}{N} \right\rfloor$（$\lfloor\cdots\rfloor$为下取整操作）。那么 $T'_{id(SX,SY),n}$ 就是所求答案。

上面构造的所有矩阵的大小都是 $X_{max}\times Y_{max}+1$ 的，而求矩阵的幂最多达到 H，所以时间复杂度为 $O((X_{max}\times Y_{max}+1)^3\log_2 H)$。

8.5.3 参考程序

```
#include <stdio.h>
#include <string.h>

const int mod = 10007;                  // 模数
const int maxn = 100 + 1;               // 矩阵每维最大值
int N, M, H;                            // 题目输入
int Xmin, Ymin, Xmax, Ymax;             // 题目输入
int SX, SY, EX, EY;                     // 题目输入
int n;                                  // 矩阵大小
int A[maxn][maxn];                      // 通过输入构造的矩阵 A
int B[maxn][maxn];                      // 通过输入构造的矩阵 B
int Trans[maxn][maxn];                  // 通过 AB 构造的矩阵 T
int matrixTmp_m[maxn][maxn];            // 矩阵乘法临时变量
int matrixTmp_p[maxn][maxn];            // 矩阵求幂临时变量

void input() // 输入题目的条件
{
    scanf("%d%d%d", &N, &M, &H);
    scanf("%d%d%d%d", &Xmin, &Ymin, &Xmax, &Ymax);
    scanf("%d%d%d%d", &SX, &SY, &EX, &EY);
}

bool inside(int x, int y) // 点是否在可行范围内
{
    return (x >= 0 && x <= Xmax && y >= 0 && y <= Ymax);
}

int getIndex(int x, int y)      // 标号平面点
{
    return (x) * (Ymax + 1) + (y);
}
```

```
void unitMatrix(int n, int a[][maxn]) // 构造单位矩阵
{
    int i, j;
    for(i = 0; i < n; i++){
        for(j = 0; j < n; j++){
            a[i][j] = 0;
        }
        a[i][i] = 1;
    }
}

void multiMatrix(int n, int a[][maxn], int b[][maxn], int ret[][maxn])
// 矩阵乘法
{

    int i, j, k; // 临时变量
    for(i = 0; i < n; i++){     //枚举行
        for(j = 0; j < n; j++){ //枚举列
            matrixTmp_m[i][j] = 0;
            for(k = 0; k < n; k++){//对应位置相乘求和
                matrixTmp_m[i][j] = (matrixTmp_m[i][j] + a[i][k] * b[k][j]) % mod;
            }
        }
    }

    // 拷贝结果
    for(i = 0; i < n; i++){
        for(j = 0; j < n; j++){
            ret[i][j] = matrixTmp_m[i][j];
        }
    }
}

void powMatrix(int n, int a[][maxn], int p, int ret[][maxn])
//矩阵求幂
{
    int i, j;

    // 拷贝到临时矩阵
    for(i = 0; i < n; i++){
        for(j = 0; j < n; j++){
            matrixTmp_p[i][j] = a[i][j];
```

```
        }
    }
    unitMatrix(n, ret); // 单位矩阵
    while(p > 0){
        if(p&1){ // 奇数的时候乘到结果
            multiMatrix(n, ret, matrixTmp_p, ret);
        }
        multiMatrix(n, matrixTmp_p, matrixTmp_p, matrixTmp_p);
        p >>= 1;
    }
}

void initMatrix()
{
    int dx[4] = {0, 0, 1, -1}; // 移动方向
    int dy[4] = {1, -1, 0, 0};
    int i, j, k;            // 临时变量

    // 构造算法分析中第 7 段定义的 A 矩阵
    memset(A, 0, sizeof(A));
    for(i = 0; i <= Xmax; i++){
        for(j = 0; j <= Ymax; j++)
        {
            for(k = 0; k < 4; k++){
                if(inside(i + dx[k], j + dy[k]) == true){
               // 判断是否越界
                    if (getIndex(i + dx[k], j + dy[k]) == getIndex(EX, EY)) continue;
                    A[getIndex(i, j)][getIndex(i + dx[k], j + dy[k])] = 1; // 与算法分析中的公
                    式对应
                }
            }
        }
    }
    A[n - 1][n - 1] = 1;
    // 构造算法分析中第 8 段定义的 B 矩阵
    unitMatrix(n, B);
    B[n - 1][getIndex(EX, EY)] = 1;
    B[getIndex(EX, EY)][getIndex(EX, EY)] = 0;

    // 构造算法分析中第 9 段定义的 T 矩阵
    powMatrix(n, A, N - M, Trans);
    multiMatrix(n, Trans, B, Trans);
    powMatrix(n, A, M, A);
```

```
    multiMatrix(n, Trans, A, Trans);
}

int solve()
{
    // 对输入进行一些预处理，即算法分析中第二段的操作
    SX -= Xmin;
    EX -= Xmin;
    Xmax -= Xmin;
    Xmin = 0;
    SY -= Ymin;
    EY -= Ymin;
    Ymax -= Ymin;
    Ymin = 0;
    n = (Xmax + 1) * (Ymax + 1) + 1;

    // 计算矩阵需要计算的次数
    int count;
    if(H % N >= M) count = H / N + 1;
    else count = H / N;

    // 计算 T
    initMatrix();
    powMatrix(n, Trans, count, A); // 利用求幂来加速
    return A[n - 1][getIndex(SX, SY)];
}

int main() // 主程序
{
    freopen("adship.in","r",stdin);
    freopen("adship.std","w",stdout);
    int T;
    scanf("%d", &T);
    while(T--){
        input();
        printf("%d\n", solve());
    }
    return 0;
}
```

8.5.4 部分测试数据和输出结果

测试数据：

```
4
5206 3335 6590756
```

```
6834747 7142866 6834752 7142871 6834750 7142867 6834749 7142866
9305 5586 8205494
2794064 6320277 2794070 6320282 2794067 6320278 2794068 6320280
9933 8758 8815970
1071906 6949731 1071912 6949737 1071907 6949737 1071909 6949733
1517 1278 6422512
1349353 4156787 1349358 4156793 1349353 4156792 1349356 4156787
```

输出结果：

```
0
7898
7737
8397
```

第 9 章　2010 年中山大学内部选拔赛第三试试题分析

9.1　魔法（难度：★★★☆☆）

9.1.1　题目描述

A. Magic sequence

(Input File:magic.in / Output File:magic.std)

ivankevin loves sequences.

A sequence of $n + m$ elementsiscalleda**MAGIC SEQUENCE** if:

① Each element $a_i(1 \leqslant i \leqslant n+m)$is+1or −1.

② There are total n"+1"s and m"−1"s.

③ For every $j(1 \leqslant j \leqslant n+m)$, we have the sum of $a_i(1 \leqslant i \leqslant j)$ is nonnegative.

Now given n and m, ivankevin wants to know the number of magic sequences consists of n "+1"s and m "−1"s.

Input:

The first line is an integer T, the number of test cases.

Each case is a line of two integers：n and m, $1 \leqslant n,m \leqslant 100000$.

Output:

For each case, print an integer x, which is the number of magic sequences modulo 100000007.

SampleInput:

```
2
2 1
3 3
```

Sample Output:

```
2
5
```

9.1.2　算法分析

本题主要考查的是组合数学方面的知识。

本题题意：构造一个由 n 个+1 和 m 个−1 组成的序列，序列任意前 x 项的和不能是负数，问满足条件的序列有多少个，最后答案模 M。

如果 $n<m$，显然不存在满足条件的序列，以下讨论默认 $n\geqslant m$。

直接求满足条件的序列个数可能不是很容易，我们先求出由 n 个+1 和 m 个−1 组成的序列个数，再减去在这个条件约束下，不满足序列任意前 x 项的和不能是负数这个条件的序列数，就是题目要求的答案。

如果没有序列任意前 x 项的和不能是负数这个条件，那么满足条件的序列有 C_{n+m}^{m} 个（C 为组合数）。

设序列 S 由 n 个+1 和 m 个−1 组成且不满足序列任意前 x 项的和不能是负数这个条件，那么必然存在一个最小的 x 使 $\sum_{i=1}^{x} S_i = -1$。对 S 的前 x 项取反得到新的序列 S'，由于 S 的前 x 项中+1 的个数刚好比−1 少 1，所以 S'中+1 的项比 S 多 1 个，−1 的项比 S 少 1 个，则 S'是由 n+1 个+1 和 m−1 个−1 组成的序列。上述过程是可逆的且一一对应的，所以由 n 个+1 和个−1 组成，不满足任意前 x 项的和不能是负数这个条件的序列，与由 n+1 个+1 和 m−1 个−1 组成的任意序列一一对应，都有 C_{n+m}^{m-1} 个。所以题目询问的序列个数就是 $C_{n+m}^{m}-C_{n+m}^{m-1}$ 个。

由于题目要求最后答案模一个数，所以并不需要高精度去求组合数，但是求组合数涉及除法运算，所以需要用一次扩展欧几里德算法去求逆元。求组合数的复杂度是 $O(m)$，求逆元的复杂度是 $O(\log_2 M)$，故总复杂度为 O（$m+\log_2 M$）。

9.1.3　参考程序

```
#include <cstdio>

const long long  MOD = 100000007; // 模数

// 扩展欧几里德算法求逆元
void ext_gcd(long long a, long long b, long long &d, long long &x, long long &y)
{
        if(b == 0){ // 跟普通欧几里德相似的终结条件
            d = a;
            x = 1;
            y = 0;
            return ;
        };
         ext_gcd(b, a % b, d, y, x); // 递归处理
         y -= x * (a / b);
}

int i, j, k, l;                              // 循环临时变量
int m, n;                                    // 输入数据
long long s, t, x, y, a, b, ii, jj, d; // 临时变量
```

```
int main(){
  freopen("magic.in", "r", stdin); // 输入文件
  freopen("magic.std", "r", stdout); // 输出文件

   int tt;                // 测试数据组数
   scanf("%d", &tt);
   while(tt--){
      scanf("%d%d", &n, &m);
      if(n < m){ // 这种情况肯定为 0
         printf("0\n");
         continue;
      }
      // s/t % MOD
      s = t = 1;
      j = n + m;
      for(i = 1; i <= m; i++){ // 预处理用于求解分子分母
         ii = i;
         jj = j;
         t = t * ii % MOD;
         s = s * jj % MOD;
         j--;
      }
      jj = n + 1 - m;
      ii = n + 1;
      s = s * jj % MOD; // 分子
      t = t * ii % MOD; // 分母
      ext_gcd(t, MOD, d, x, y); // 求分母的逆元
      a = s * x % MOD;
      if(a < 0) a += MOD;
      k = a;
      printf("%d\n", k);
   }
   return 0;
}
```

9.1.4　部分测试数据和输出结果

测试数据：

```
5
100000 100000
99999 100000
100000 99999
```

```
100000 50000
1 1
```

输出结果：

```
28672789
0
28672789
42291768
1
```

9.2　优美（难度：★★★★☆）

9.2.1　题目描述

B. Beautiful

(Input File:beautiful.in / Output File:beautiful.std)

[Special Judge]

ivankevin loves sequences.

A sequence of n elements R is called a **BEAUTIFUL SEQUENCE** to a matrix A if:

① Each element $a_{ij}(1\leqslant i,j\leqslant n)$ in the $n*n$ matrix A is an integer between 1 and n, inclusive.

② Exists a matrix B of size $n*n$ satisfies that the number of i in each column of B is exactly r_i, for all $1\leqslant i\leqslant n$, where r_i is the i-th integer of the sequence R.

③ A can transfer to B by rearranging some rows of A.

Now given the sequence and matrix A, ivankevin wants to know if the sequence R is a beautiful sequence to A.

Input:

The first line is an integer T, the number of test cases.

In each case, the first line is an integer n, $1\leqslant n\leqslant 50$, as described. The second contains n nonnegative integers, indicating the sequence. Each of the following n lines contains n integers, where the j-th integer of the i-th line stands for a_{ij}.

Output:

For each case, if R is a beautiful sequence of matrix A, you should print n lines of n integers indicating a possible matrix B, as described. If not, just print a single line of "−1".

Sample Input:

```
2
2
1 1
```

```
1 2
1 2
2
0 2
2 2
2 1
```

Sample Output:

```
1 2
2 1
-1
```

9.2.2 算法分析

本题主要考查的是图论中二分匹配的知识。

本题题意：给定 $n \times n$ 矩阵 A 和长度为 n 的数列 R，A 中每个元素都是 1～n 的数字，问能否通过改变 A 中每行的顺序，使数字 i 在 A 的每列都出现刚好 R_i 次，如果可以，输出改变后的矩阵。

定义 $S(i)$为数字 i 在 A 中出现的次数，如果存在 i 使 $S(i) \neq nR_i$，显然无解。下面的讨论默认对于任意 i，有 $S(i) = nR_i$。

由于对于任意 i，有 $S(i)=nR_i$，又由 $S(i)$定义可知 $\sum_{i=1}^{n} S(i) = n^2$，则推出 $\sum_{i=1}^{n} nR_i = n^2$，即 $\sum_{i=1}^{n} R_i = n$。所以如果存在 $R_i=0$，那么必然存在 $R_j (j \neq i) > 1$，如果把 n 个 j 换成 i，使 R_i 变成 1，R_j 减 1，并不会影响结果（最后输出答案的时候要换回来）。重复以上过程，可以使数列 R 中每一项都变成 1。

这样我们把问题转化成另外一个问题：给定 $n \times n$ 矩阵 A，A 中每个元素都是 1～n 的数字，且每个数字刚好出现 n 次，问能否通过改变 A 中每行的顺序，使数字 i 在 A 的每列都出现刚好一次，如果可以，输出改变后的矩阵。

这个问题可以通过 n 次二分匹配解决。对于第 i 列，假设前 i–1 列已经确定了放置方法，可以知道每一行剩下哪些数字没有确定位置，然后就可以用一次二分匹配确定这一列如何放置。由于这样肯定能构造出解，所以如果对于任意 i，有 $S(i)=nR_i$，那么肯定有解。

预处理使 R 中每一项都变成 1 的复杂度是 $O(n^3)$，二分匹配的复杂度是 O（n^2），一共做了 n 次二分匹配，所以总复杂度是 $O(n^3)$。

本题采用特殊测试，允许被测程序输出与参考程序输出不一样，只要满足题目的要求即可通过测试。

9.2.3 参考程序

```
#include <cstdio>
#include <cstring>
```

```
const int maxn = 101;

// 节点编号 1..nx, 1..ny, cx[], cy[]为对应匹配
int nx, ny, m, g[maxn][maxn], sy[maxn], cx[maxn], cy[maxn];

int path(int u){                    // 二分匹配找交错路
   for(int v = 1; v <= ny; v++) if(g[u][v] && !sy[v]){
      sy[v] = 1;
      if (!cy[v] || path(cy[v])){ // 找到一条新的交错路
         cx[u] = v;
         cy[v] = u;
         return 1;
      }
   }
   return 0;
}

int match(){                        // 二分匹配
   int i, ret = 0;                  // ret 为匹配数
   memset(cx, 0, sizeof(cx)); // 初始化
   memset(cy, 0, sizeof(cy));
   for (i = 1; i <= nx; i++) if(!cx[i]){ // 判断该节点还有没有路
      memset(sy, 0, sizeof(sy));
      ret += path(i);  //增加找到的路
   }
   return ret;
}

int i, j, k, l, n;                        // 循环用的临时变量
int t;                                    // 临时变量
int a[maxn][maxn];                        // 输入矩阵 A
int aa[maxn][maxn];                       // A 的拷贝
int r[maxn], rr[maxn];                    // 输入的数列 R
int s[maxn], ss[maxn];                    // 每个数字出现的次数
int b[maxn][maxn];                        // B 矩阵
int next[maxn];                           // 标记这个数字的真实值

int main(){
   freopen("beautiful.in", "r", stdin);       // 输入文件
   freopen("beautiful.std", "r", stdout);     // 输出文件
```

```
    int tt;
    int f;                  // 用于判断无解的情况
    scanf("%d", &tt);
  while(tt--){
     // 输入数据
     scanf("%d", &n);
     for(i = 1; i <= n; i++)scanf("%d", &r[i]);
     memset(s, 0, sizeof(s));
     memset(g, 0, sizeof(g));
     for(i = 1; i <= n; i++) // 输入题目矩阵
        for(j = 1; j <= n; j++){
           scanf("%d", &a[i][j]);
           s[a[i][j]]++;
           aa[i][j] = a[i][j];
        }
     // 预处理标号
     for(i = 1; i <= n; i++){
        ss[i] = s[i];
        rr[i] = r[i];
        next[i] = i;
     }
     f = 0;
     for(i = 1; i <= n; i++) if(s[i] != n * r[i]){ // 判断是否无解
        f = 1;
     }
     if (f){         // 输出无解
        printf("-1\n");
        continue;
     }
     k=1;
     //下面这个循环令每个点至少有一个匹配
     for(k = 1; k <= n; k++) if(rr[k] == 0){
        for (l = 1; l <= n; l++) if(rr[l] > 1){
// 记录下一个循环需要的信息
           rr[k] = 1;
           rr[l]--;
           next[k] = l;
           break;
        }
        t = n;
        for(i = 1; i <= n; i++){ // 记录分配方法
```

```
            for(j = 1; j <= n; j++) if(aa[i][j] == 1){
                aa[i][j] = k;
                t--;
                if(!t) break;
            }
            if(!t)break;
        }
    }
    for(i = 1; i <= n; i++) // 建图
        for(j = 1; j <= n; j++)
            g[aa[i][j]][i]++;
    for(i = 1; i <= n; i++){
        nx = ny = n;
        m = match();
        if (m != n) { // 理论上不可能出现的情况
            printf("god!\n");
            return 0;
        }
        for(j = 1; j <= n; j++){
            b[j][i] = next[cy[j]];
            g[cy[j]][j]--;
            if (g[cy[j]][j]<0) { // 理论上不可能出现的情况
                printf("god 2!\n");
                return 0;
            }
        }
    }
    // 输出解
    for(i = 1; i <= n; i++){
        for(j = 1; j < n; j++)printf("%d ", b[i][j]);
        printf("%d\n", b[i][n]);
    }
  }
  return 0;
}
```

9.2.4　部分测试数据和输出结果

测试数据：

3

5

```
1 1 1 1 1
3 3 3 3 2
1 1 1 2 2
5 5 5 2 2
3 5 1 1 5
4 4 4 4 4
7
1 4 0 1 0 0 1
2 2 4 4 7 2 1
2 2 4 2 1 2 2
2 2 4 2 2 2 2
2 7 4 7 1 7 1
2 7 2 2 2 2 2
4 2 2 1 1 2 7
2 1 4 2 2 2 7
7
1 3 1 0 1 1 0
2 6 6 5 2 2 3
5 3 1 2 5 2 6
1 2 3 1 2 5 5
2 2 3 2 6 2 1
6 2 2 2 1 6 2
2 3 3 2 1 3 6
2 5 5 1 2 2 2
```

输出结果：

```
3 3 2 3 3
2 2 1 1 1
5 5 5 2 2
1 1 3 5 5
4 4 4 4 4
7 1 2 4 4 2 2
2 2 2 2 2 4 1
2 2 4 2 2 2 2
1 7 7 7 2 1 4
2 2 2 2 7 2 2
4 2 1 1 2 7 2
2 4 2 2 1 2 7
3 5 2 6 6 2 2
6 3 1 2 2 5 5
2 2 5 3 5 1 1
2 2 2 2 1 6 3
1 6 6 2 2 2 2
```

```
2 2 3 1 3 3 6
5 1 2 5 2 2 2
```

9.3　正确（难度：★★★★★）

9.3.1　题目描述

C. Correct Sequence

(Input File:correct.in / Output File:correct.std)

ivankevin loves sequences.

A sequence of n element G is called a **CORRECT SEQUENCE** if:

① G is a **PROPER SEQUENCE**. That is, the first k elements of G are all equal to an integer a, and the last $n-k$ elements are all equal to another integer b, $a \geqslant b \geqslant 0$，$n>0, n \geqslant k \geqslant 0$.

② G is a graphic sequence. That is to say, G is sequence of numbers which can be the degree sequence of vertexes of some simple undirected graph.

Now given a proper sequence G described by n, k, a, and b, ivankevin wants to know whether G is a correct sequence.

Input:

The first line is an integer T, the number of test cases.

In each case, there are four integers in an only line, which are n, k, a, b, as described. All the integers are nonnegative and no more than 10^9.

Output:

For each case, print "YES" in a line if G is a correct sequence. Otherwise, print "NO".

Sample Input:

```
2
4 2 2 1
4 1 2 1
```

Sample Output:

```
YES
NO
```

9.3.2　算法分析

本题主要考查图论方面的知识。

本题题意：给定 n，k，a，b，满足 $a \geqslant b \geqslant 0$，$n>0$，$n \geqslant k \geqslant 0$，问一个长度为 n，其中 k 个数为 a，剩下的数为 b 的数列，能否是某个简单图的度数序列，也称为图解序列。

下面我们讨论这个序列是图解序列的充要条件。

首先必须满足三个基本条件。

① 由于无向图的度数和必须是偶数，所以首先要满足 $ka+(n-k)b$ 是偶数。

② 由于每个度数为 b 的顶点最多有 $\min(k,b)$ 条边与度数为 a 的顶点相连，所以必须满足不等式：$ka \leqslant k(k-1)+(n-k)\min(k,b)$。当 $k>0$ 时，这条不等式蕴含 $a<n$。

③ 当 $k \neq 0$ 时，要求 $b<n$。

在满足上述三个条件的前提下，满足以下四种情况其中之一的序列就是图解序列。限于篇幅下面只给出粗略的证明。实际上具体细节在下面给出的框架下已经很容易，只是比较烦琐冗长，比赛中也没有必要每一步都很严格地证明，有兴趣的读者可以思考下细节。

① $b \geqslant k$ 且 $a \geqslant n-k$。首先不加证明地给出一个结论：给出 p，q，pq 是偶数且 $q \leqslant p-1$，总可以构造一个有 p 个顶点，每个顶点度数都是 q 的简单图。然后构造一个完全二分图 $K_{k,n-k}$，二分图两部分分别是大小为 k 的点集 X 和大小为 $n-k$ 的点集 Y。稍加分析可以发现 $k(a-n+k)$ 和 $(n-k)(b-k)$ 奇偶性一定相同。当 $k(a-n+k)$ 和 $(n-k)(b-k)$ 都是偶数时，根据之前给出的结论，可以分别在 X 和 Y 上加度数为 $a-n+k$ 和 $b-k$ 的图来构造解。如果 $k(a-n+k)$ 和 $(n-k)(b-k)$ 都是奇数，可以通过减少二分图的边，然后使用类似 $k(a-n+k)$ 和 $(n-k)(b-k)$ 都是偶数的情况的方法构造解。

② $k-1 \leqslant a<n-k$。首先构造一个大小为 k 的完全图 S，此时 S 上的点的度数都是 $k-1$，把这部分点认为是后面会变成度数为 a 的点。另外增加一个大小为 $n-k$ 的点集 T。对于 S 上的每个点，连 $a-k+1$ 条边到 T，并且使连过去的边在 T 上的分布尽量均匀。此时 S 上的点已经满足条件，T 上的点也可以很容易通过加边使其满足度数都为 b 的条件。

③ $b<k$ 且 $a \geqslant n-k$。同样把点集分成大小为 k 的点集 S 和大小为 $n-k$ 的点集 T，对于 T 中每个顶点都连 b 条边到 S，并且使连过去的边在 S 上的分布尽量均匀。此时使用与情况 2 类似的方法可以构造出解。

④ $b<k$ 且 $a<\min(k-1,n-k)$。这种情况跟情况 1 类似，只是构造过程中不需要先构造完全二分图。

由于所有的判断复杂度都是 $O(1)$，所以算法的复杂度就是 $O(1)$。

9.3.3 参考程序

```
#include <iostream>
#include <cstdio>
#include <algorithm>
using namespace std;

typedef long long ll;

ll n, k, a, b;                    //读入数据
```

```
bool check()
{

  // 排除最简单的特殊情况
  if ((a * k + b * (n - k)) & 1) return false;
  if (k * a > k * (k - 1) + (n - k) * min(k, b)) return false;
  if (!k) return b < n;          //判断 k 等于 0 的情况
  // 以下为算法分析中 4 种不同情况
  if (b >= k && a >= n - k) return true;
  if (k - 1 <= a && a < n - k) return true;
  if (b < k && a >= n - k) return true;
  if (b < k && a < min(k - 1, n - k)) return true;
  return false;
}

int main()//主程序
{
  freopen("correct.in", "r", stdin); // 输入文件
  freopen("correct.std", "r", stdout); // 输出文件

  int T;
  scanf("%d", &T);
  while (T--) {
    scanf("%lld%lld%lld%lld", &n, &k, &a, &b);
    if (check()) puts("YES");
    else puts("NO");
  }
  return 0;
}
```

9.3.4　部分测试数据和输出结果

测试数据：

```
17
900000000 238100000 26158797 8024298
900000000 478100000 216717814 175153485
900000000 2900000 167307207 6463786
900000000 46700000 274226293 84926120
900000000 368500000 272492415 217162162
900000000 202200000 122522911 48167132
900000000 89600000 259898151 183260643
```

```
900000000 221400000 133200115 75002651
900000000 2900000 10748640 7811201
900000000 725800000 306122353 149937736
900000000 510500000 304570118 155138460
900000000 411400000 312820679 143696806
900000000 543400000 326215300 18560180
900000000 874800000 295465825 67830980
900000000 18500000 223443087 101926441
900000000 107800000 296137961 25101304
900000000 152200000 258485622 13678346
```

输出结果：

```
YES
YES
YES
YES
YES
YES
YES
YES
YES
YES
YES
YES
YES
YES
YES
NO
NO
```

9.4 不平衡（难度：★★☆☆☆）

9.4.1 题目描述

D. Unbalanced

(Input File:unbalanced.in / Output File:unbalanced.std)

ivankevin loves sequences.

A sequence of n elements S is called an **UNBALANCED SEQUENCE** of point sequence D if:

① Each element $d_i(1\leqslant i\leqslant n)$ of D is an two-dimension integral point.

② S is an arrangement of $1\ldots n$.

③ Exists an oriented line L that the projection sequence P of D satisfies $p_{si}<p_{sj}$ if $i<j$, $1\leqslant i,j\leqslant n$. Here p_k is the projection of d_k, and $p_a < p_b$ means p_a is strictly in front of p_b.

Now given D, ivankevin wants to know the number of unbalanced sequences of D.

Input:

There multiple test cases.

In Each case, the first line is a positive integer n($n\leqslant 50$). Each of the following n lines contains two integers x_i, y_i($0\leqslant x_i$, y_i<10^9), indicating d_i of D. All d_i are distinct.

Output:

For each case, output the number of unbalanced sequences of D.

Sample Input:

```
3
0 0
1 1
2 3
3
0 0
2 2
1 1
```

Sample Output:

```
6
2
```

9.4.2　算法分析

本题主要考查的是几何方面的知识。

本题题意：在二维平面上给定 n 个点 ，如果把这 n 个点投影到一条有向直线上，可以通过投影到有向直线上的位置确定这 n 个点的顺序，问用不同的有向直线最多可以确定多少种顺序。

首先，只要有向直线的方向确定，有向直线的位置是不会影响结果的，所以可以认为所有的有向直线都是经过原点的。

然后可以想象用一条从原点出发的射线代表有向直线的方向，把这条射线从角度 0 开始逆时针旋转一圈相当于枚举了所有的有向直线。由于投影到射线代表的有向直线上的点的顺序只有在有两点投影到同一个点上时才会改变，而有两点投影到同一点的充要条件是射线垂直于经过这两点的直线，所以只需要统计 n 个点确定了多少条角度不同的有向直线，就可以知道不同的有向直线最多可以确定多少种顺序。

求出 n 个点可以确定的所有有向直线的复杂度是 $O(n^2)$，然后可以对求出的直线按角度排序然后去重，复杂度为 $O(n^2\log_2 n^2)$，所以总复杂度为 $O(n^2\log_2 n^2)$。

9.4.3 参考程序

```
#include <cstdio>
#include <cstring>
#include <algorithm>

const int maxn = 100;//确定规模

using namespace std;

int i, j, k, l;                    // 临时变量
int n;                             //读入数据
int m;                             // 题目输出

int x[maxn], y[maxn];             //读入数据

long long  px[maxn * maxn], py[maxn * maxn]; // 有向直线方向
int v[maxn * maxn];                           // 有向直线 id

long long det(long long p1x, long long p1y, long long p2x, long long p2y){ // 叉积
    return p1x * p2y - p1y * p2x;
}

int cmp(int p, int q){            // 比较射线的角度
    long long u = det(px[p], py[p], px[q], py[q]);
    return u < 0 || u == 0 && px[p] < px[q];
}

int main(){//主程序
   freopen("unbalanced.in", "r", stdin); // 输入文件
   freopen("unbalanced.std", "r", stdout); // 输出文件

    int tt;
    while(scanf("%d", &n) != EOF){
        // 读入数据
        for(i = 0; i < n; i++) scanf("%d%d", &x[i], &y[i]);
        k = 0;
        for(i = 0; i < n - 1; i++){
            for(j = i + 1; j < n; j++){ // 枚举角度
```

```
            if(y[i] < y[j] || y[i] == y[j] && x[i] > x[j]){ // 判断方向
                px[k] = x[j] - x[i];
                py[k] = y[j] - y[i];
                k++; // 更新结果
            } else {
                px[k] = x[i] - x[j];
                py[k] = y[i] - y[j];
                k++; // 更新结果
            }
        }
    }
    for(i = 0; i < k; i++) v[i] = i;
    sort(v, v + k, cmp); // 按角度排序
    m = k;
    for(i = 0; i < k - 1; i++){ // 去重
        if(det(px[v[i]], py[v[i]], px[v[i + 1]], py[v[i + 1]]) == 0) m--;
    }
    printf("%d\n", m * 2);
  }
  return 0;
}
```

9.4.4　部分测试数据和输出结果

测试数据：

```
4
8 9
10 10
10 5
1 5
5
7 3
3 4
7 2
7 1
10 3
10
9 2
4 1
9 8
3 10
```

```
0 10
5 0
4 2
3 8
3 0
4 4
```

输出结果：

```
12
16
58
```

9.5 格雷的疑惑（难度：★★★☆☆）

9.5.1 题目描述

Gray Puzzle

(Input File:gray.in / Output File:gray.std)

ivankevin loves sequences.

A sequence of 2^n elements G_n is called a Gi **N-BIT REFLIECTED GRAY SEQUENCE** iff:

① Each element $g_{i,j}(0<=j<n)$ of Gi is a string contains n integers of 0 or 1.

② $G_1 = g_{1,0}$, $g_{1,1}$= 0, 1.

③ If j < 2^(n−1), then $g_{n,j}$= 0 $g_{(n-1),j}$， else g_{nj}= 1$g_{(n-1),2\wedge n-1-j}$.

Now let a function f on $g_{i,j}$ be $f(g_{i,j})$=sum of all integers in $g_{i,j}$. Given n, $g_{n,a}$, and b, ivankevin wants to know the sum and the maximum of all $f(g_{n,k \bmod 2\wedge n})$ where $a \leqslant k \leqslant a+b$.

For example, let n = 3, a = 2, and b = 3, then G_3 is:

```
0 0 0,
0 0 1,
0 1 1,
0 1 0,
1 1 0,
1 1 1,
1 0 1,
1 0 0.
```

So $f(g_{3,2})$ =2, $f(g_{3,3})$ =1, the sum is 3 and the maximum is 2.

Input:

The first line is an integer T, the number of test cases.

In each case, there are two integers n and b in the first line, as described. It is granted that $1\leqslant n, b\leqslant 10000$. The second line contains n integers of 0 or 1, indicating $g_{n,a}$.

Output:

For each case, print the sum and maximum to the relative query in a line, separated by a space.

Sample Input:

```
1
3 1
0 1 1
```

Sample Output:

```
3 2
```

9.5.2 算法分析

本题主要考查的是格雷码和数据结构方面的知识。

本题题意：定义序列 g，g_n 表示长度为 n 的 g 序列，$g_{n,k}$ 表示长度为 n 的 g 序列的第 k 个元素，序列中的每个元素一个 01 序列。当 n=1 时 g_1={{0}},{1}}，当 n>1 时，分两种情况递归定义 $g_{n,k}$，如果 $k<2^{n-1}$，$g_{n,k}$=concat({0}$g_{n-1,-k}$)，如果 $k\geqslant 2n-1$，$g_{n,k}$=concat({0}$g_{n-1,2^n-1-k}$)。其中 concat 是把两个序列拼接起来的操作。然后给出序列 $g_{n,a}$ 和整数 b，$a\leqslant k\leqslant a+b$ 这段区间中 $g_{n,k\text{mod}2^n}$ 的 1 个个数之和和最大值。

题意直接这样看是很晦涩难懂的，建议仔细斟酌题目给出的例子，或者是在维基百科上查找格雷码的更详细的定义和例子。

格雷码有以下性质，两个相邻的格雷码之间最多只有一位的数字不一样，当 k 是偶数的时候 $g_{n,k}$ 和 $g_{n,k+1}$ 只有最低位不一样，当k是奇数时，$g_{n,k}$ 和 $g_{n,k+1}$ 只有 $g_{n,k}$ 最低位的 1 后面那一位不一样。

根据以上性质，只需要找到一个数据结构，支持每次修改 01 序列中的一个元素，支持查找序列中第一个 1，然后就可以通过枚举 k 来解决问题了。而这种数据结构很多，无论是树状数组还是线段树都满足要求。虽然出题人使用的是树状数组+二分，参考程序也直接引用了出题人的程序，但实际可以直接使用树状数组或者线段树解决上述问题。

如果使用标程的方法，树状数组+二分的复杂度是 $O((\log_2 n^2)$的，枚举 k 的复杂度是 $O(\text{b})$，所以总复杂度是 $O(b(\log_2 n)^2)$。但是实际可以直接用树状数组或者线段树解决，所以复杂度可以降为 $O(b(\log_2 n))$。

9.5.3 参考程序

```
#include <cstdio>
```

```
#include <cstring>

const int maxn = 100010;           // 最大长度

int tree[maxn];                    // 树状数组
void init () { memset( tree, 0, sizeof( tree )); };
void insert ( int p, int v )       // 树状数组插入
{
    while( p < maxn ) {
        tree[p]+=v; p+=p&(-p);
    }
}
int count ( int p )            // 树状数组查询
{
    int res=0;             // 返回结果
    while( p ) {
        res+=tree[p]; p-=p&(-p);
    }
    return res;
}

int i, j, k, l, m, n, s;           // 临时变量
int g[maxn];                       // 当前的格雷码
int ans, maxf;                     // 最后答案

int get1(int n){                   // 二分找到第一个 1
    if(count(1) == 1) return 1;
    int high, low, mid;            // 二分变量
    int s, t;                      // 临时变量
    low = 2;
    high = n;

    while(low <= high) { // 二分主过程
        mid = (low + high) / 2;
        s = count(mid);
        t = count(mid - 1);
        if(t == 0 && s == 1){ // 终结条件
            return mid;
        } else if (t > 0) high = mid - 1; // 二分条件
        else low = mid + 1;
    }
    return 0;
```

```
}

int main(){
  freopen("gray.in", "r", stdin); // 输入文件
  freopen("gray.std", "r", stdout); // 输出文件

   int tt;             // 数据个数
   scanf("%d", &tt);
   while(tt--){
      scanf("%d%d", &n, &k);
      for(i = 1; i <= n; i++) scanf("%d", &g[n + 1 - i]);
      ans = 0;

      maxf = 0; // 最大值初始化
      j = 0;
      init();
      for(i = 1; i <= n; i++) { // 初始化树状数组
         insert(i, g[i]);
         j += g[i];
      }.
      // 初始化答案
      ans += j;
      maxf = j;
      while(k--){
         if(j % 2 == 0) s = 1; // 偶数时改变的是第一位
         else {              // 奇数时改变的是第一个 1 后面的位置
            s = get1(n);
            if(s == n && g[s] == 1){ // 更新树状数组
               j = 0;
               g[s] = 0;
               insert(s, -1);
               continue;
            } else s = s + 1;
         }
         if(g[s] == 0){ // 由 0 变 1
            j++;
            insert(s, 1); // 更新树状数组
            g[s] = 1;
         } else { // 由 1 变 0
            j--;
            insert(s, -1);
```

```
            g[s] = 0;
          }
          // 更新答案
          if(j > maxf) maxf = j;
          ans += j;
        }
      printf("%d %d\n", ans, maxf);
    }
    return 0;
}
```

9.5.4 部分测试数据和输出结果

测试数据：

```
6
1 2
0
1 2
1
1 1
0
1 1
1
3 1
0 1 1
4 32
0 0 0 0
```

输出结果：

```
1 1
2 1
1 1
1 1
3 2
64 4
```

第 10 章　2010 年中山大学内部选拔赛第四试试题分析

10.1　X 之谜（难度：★★★★☆）

10.1.1　题目描述

A. Puzzle X

(Input File:px.in / Output File:px.std)

A sequence of numbers P is called X if:

① P has n integer numbers $P_1, P_2, P_3...P_n$

② $0 \leqslant P_1 \leqslant P_2 \leqslant ... \leqslant P_n \leqslant m$

③ $(P_1+P_2+..+P_n) \bmod K = 0$

Given n, m, K you are going to count the number of sequences that is X.

Considering the result could be very large, you just have to print the (result mod 2011) as output for every case.

Input:

First line contains an positive integer T, which is the number of cases following. Each case consists of three positive integer：n m, K, in one line.

($1 \leqslant n \leqslant 1000000000$, $1 \leqslant m \leqslant 50$, $1 \leqslant K \leqslant 50$)

Output:

For each case, just output line containing the number of X sequences mod 2011.

Sample Input:

```
3
1 2 1
1 1 5
3 3 3
```

Sample Output:

```
3
1
8
```

10.1.2 算法分析

本题主要考查的是动态规划和组合数学的知识。

本题题意：给定 3 个整数 n，m，K，问满足以下 3 个条件的序列有多少种，其要求满足的条件如下。

① 序列由 n 个整数 $p_1, p_2 \cdots, p_n$ 组成。

② $0 \leqslant p_1 \leqslant p_2 \leqslant \cdots \leqslant p_n \leqslant m$。

③ $(p_1 + p_2 + \cdots + p_n) \bmod K = 0$。

题目给出 n 的范围很大，但 m 和 K 的范围都比较小。由于把 n 和 m 交换不会改变答案，所以如果直接思考想不到解法，可以尝试把 n 和 m 交换再思考解法。由此问题可以变成：给定 3 个整数 n，m，K，问满足以下 3 个条件的序列有多少种，并将其结果模 2011。

① 序列由 n 个整数 $p_1, p_2, \cdots, p_m$ 组成。

② $0 \leqslant p_1 \leqslant p_2 \leqslant \cdots \leqslant p_m \leqslant n$。

③ $(p_1 + p_2 + \cdots + p_m) \bmod K = 0$。

往 DP 的方向思考。首先发现没有必要按 p_i 从小到大的方向 DP，因为有条件 2，所以 P 中元素的不同取值方法都对应一个唯一的解。再分析由于两个数相差 K 的倍数时模 K 结果都一样，所以其实可以把 P 中元素的取值分成 K 类，第 i 类表示模 K 等于 i 的取值。接下来的 DP 的主要思想就是每次处理某一类的取值，转移方程如下：

$$f(i,j,k) = \sum_{0 \leqslant l \leqslant k} f(i-1,(j-i\times l) \bmod K, k-l) \times C\left(\left(\left\lfloor \frac{n-l}{K} + 1 \right\rfloor\right) + l - 1, l\right)$$

$$f(0,0,0) = 1$$

其中符号 C 指组合数，$\lfloor \cdots \rfloor$ 指下取整。状态 $f(i,j,k)$ 指当前处理的是第 i 类的取值，当前总和模 K 结果为 j，总共有 m 个数的情况下解的个数。方程中的组合数实质含义是组合数学中的多重集的组合。

当然这样看这个转移方程是很不直观的，实际思考和编码的时候都不用这个方程，而是用递推的思想做。首先枚举 i，对于 $f(i,j,k)$，枚举 $l(0 \leqslant l \leqslant m-k)$，然后把 $f(i,j,k) \times C\left(\left(\left\lfloor \frac{n-l}{K} + 1 \right\rfloor\right) + l - 1, l\right)$ 加到 $f(i+1,(j+(i+1)\times l) \bmod K, k+l)$ 中。

由于状态数最多有 mK^2 个，转移的复杂度为 $O(m)$，所以 DP 的复杂度为 $O(m^2K^2)$。标程计算组合数的方法是 $O(m^2 \log_2 n)$ 的，使用了 map 来存储答案避免重复计算。从方程可以看出组合数最多只会计算 m 次，所以计算组合数这部分的复杂度为 $O(m^3)$。整个算法复杂度为 $O(m^2K^2 + m^3)$。虽然可以用求逆元等方法降低求组合数的复杂度，但实际上并没必要这样做，因为标程的方法相当简单，而且对本题而言已经足够快了。

10.1.3 参考程序

```
#include <iostream>
```

```
#include <cstdio>
#include <cstring>
#include <map>
#include <algorithm>
using namespace std;

const int maxm = 50;                                   // m 的最大值
const int maxK = 50;                                   // K 的最大值
const int M = 2011;                                    // 模数

int n, m, K;                                           // 输入数据
int f[maxK + 1][maxK][maxm + 1];                       // dp 状态

map<pair<int, int>, int> comb;                         // 记录组合数避免重复计算

// 求 a 与 b 的最大公约数
int gcd(int a, int b) {return b ? gcd(b, a % b) : a;}

int C(int n, int m)                                    // 求组合数 C(n,m)，O(n^2logL)
{
  if (comb.count(make_pair(n, m)))                     // 如这个组合数已经计算过
    return comb[make_pair(n, m)];                      // 则返回组合数的值
  int a[maxm];                                         // n, n-1, ... , n - m + 1
  for (int i = 0; i < m; i++) a[i] = n - i;
  for (int i = 1; i <= m; i++) {    // 除以 m 的阶乘
    int t = i;
    for (int j = 0; j < m; j++) {
      int g = gcd(a[j], t);
      a[j] /= g;
      t /= g;
    }
  }
  int t = 1;
  for (int i = 0; i < m; i++) t = t * (a[i] % M) % M;  // 计算结果
  return comb[make_pair(n, m)] = t;                    // 存储结果并返回值
}

inline void madd(int &a, int b) {a = (a + b) % M;}     // 加法取模

void solve()
{
  comb.clear();                                        // 初始化组合数集合
```

```
  memset(f, 0, sizeof(f));                              // 初始化 DP 状态
  f[0][0][0] = 1;
  for (int i = 1; i <= K && i <= n; i++) {
    for (int j = 0; j <= m; j++) {                      // 枚举要递推的状态
      int t = (n - i) / K + 1;
      t = C(t + j - 1, j);                              // 多重集的组合数
      for (int k = 0; k < K; k++)
        for (int l = 0; l + j <= m; l++)                // 枚举可以递推的状态
          madd(f[i][(k + i * j) % K][l + j], t * f[i - 1][k][l]);
    }
  }
  int ans = 0;
  for (int i = 0; i <= m; i++)
    madd(ans, f[min(K, n)][0][i]);                      // 统计答案
  printf("%d\n", ans);
}

int main()                                              // 主程序
{
  freopen("px.in", "r", stdin);                         // 输入文件
  freopen("px.std", "r", stdout);                       // 输出文件

  int T;                                                // 测试数据个数
  scanf("%d", &T);
  while (T--) {
    scanf("%d%d%d", &n, &m, &K);
    solve();
  }
  return 0;
}
```

10.1.4 部分测试数据和输出结果

测试数据：

```
15
10 1 1
10 2 1
7 8 9
1 2 3
1 2 2
1 50 1
```

```
1000000000 50 1
1000000000 1 50
999999999 1 1
999999999 10 10
999999999 20 20
999999999 30 30
999999999 40 40
999999999 50 50
999999998 50 50
```

输出结果：

```
11
66
715
1
2
51
796
606
85
213
602
918
2005
712
1303
```

10.2　卡片（难度：★★★★☆）

10.2.1　题目描述

B. Card

(Input File:card.in / Output File:card.std)

There are N cards and we start by writing 2 integer numbers on each of them, one number on the front side and the other on the back side. So we have $2N$ numbers written in total. It's guaranteed that no number occurs more than twice among the $2N$ numbers.

After the numbers are written, we place the N cards in a row on a table. Then we see a number sequence P consists of N numbers. The cards can be placed in any order, and each card can be placed with either of its sides facing us. It's your job to tell how many possible different number sequences can we see in total.

Two number sequences P and Q are considered different if any of it's number with the same index are different, eg. $P[1]\neq Q[1]$ or $P[2]\neq Q[2]$. So [1,2] and [2,1] are considered to be different.

You only have to print the result mod 1000000007, considering it can be a very large number.

Input:

The input contains multiple cases.

Each case starts with an positive integer N, which is the number of cards.

Tow lines follow.

The first line contains N integers indicating the N numbers written on the front side of each card.

The second line contains N integers indicating the N numbers written on the back side of each card, corrispondingly.

($1\leqslant N\leqslant 50$, $0\leqslant$every number on cards$\leqslant 1000000$)

Output:

For each case, output the number of different number sequences mod 1000000007 in a line.

Sample Input:

```
2
1 2
1 2
3
1 2 3
4 5 6
2
1 2
2 3
6
1 2 3 4 5 6
6 3 2 1 4 5
```

Sample Output:

```
2
48
7
10800
```

10.2.2 算法分析

本题考查的内容比较广，包括动态规划、组合数学和图论，但是都是比较简单的知识，关键是要灵活利用题目给出的条件。

本题题意：给定 N 张正反两面都写有数字的卡片，保证每个数字最多出现两次。可以按任意顺序把卡片摆成一行，可以选择卡片任意一面朝上，问最多可以摆出多少种不同的序列。

定义序列 P 和序列 Q 不同当且仅当存在 i 使得 $P_i \neq Q_i$。

首先，思考子问题 1：假如 N 卡片都确定了哪一面向上，问可以摆出多少种不同的序列。由于每个数字最多出现两次，于是问题转化为：给出 N 个数字，其中有 m 对是相同的数字，问可以排出多少种不同的序列。这是一个典型的组合数学问题，答案是 $\frac{N!}{(2!)^m}$。

然后再思考子问题 2：如果只考虑卡片可以选择任意一面朝上，那么有多少种方法，可以使朝上的数字中，刚好有 m 对是相同的，两种方法相同当且仅当数字从小到大排序后的序列一样。

如果子问题 2 可以解决，那么可以把子问题 1 和子问题 2 的答案相乘，把不同 m 值下得到的乘积相加，就得到题目要求的解了。所以现在的目标是如何求解子问题 2。

接下来分析如何解决子问题 2。可以把每个数字想象成一个顶点，每张卡片正反两个数字代表的顶点之间连一条无向边，于是得到一个无向图。每个数字最多出现两次，相当于图上每个顶点最多连出去两条边，所以这个图的每个连通块要么是链要么是圈。子问题 2 变成：在一个每个连通块要么是链要么是圈的图上，每条边必须使它两个端点上的其中一个的权值加 1，求出这个图上有 m 个顶点权值为 2 的情况有多少种。此时要解决子问题 2 就很简单了，可以用简单的动态规划先分别求得每个连通块的解，再利用这个解求得整个图的解。

子问题 1 和子问题 2 都可以分别预处理。标程中子问题 1 预处理的复杂度为 $O(n^2)$，子问题 2 中两步动态规划的复杂度分别为 $O(n^2)$ 和 $O(n^3)$。预处理后子问题 1 和子问题 2 的合并复杂度为 $O(n)$。综上所述，整个算法复杂度为 $O(n^3 + nT)$，其中 T 为测试数据个数。

10.2.3　参考程序

```
#include <cstdio>
#include <map>
#include <cstring>
using namespace std;

typedef long long ll;

const int N = 110;                    // 最多数字种数
const ll M = 1000000007;              // 模数

inline void madd(ll &a, ll b) {a = (a + b) % M;}

int card[N][2], cn;                   // 卡片正反两面

int n;                                // 不同数字个数
int lnn[N], lnk[N][N];                // 存边

map<int, int> id;                     // 压缩后得到的数字
```

```
int get_id(int num)                          // 压缩数字
{
  if (id.count(num)) return id[num];
  else {
    int s = id.size();
    id[num] = s;
    return s;
  }
}

ll p[N][N];                                  // p[i][j]表示 i 个数字有 j 对相同数字时排列数

void initp()                                 // 预处理 p 数组，O(n^2)
{
  for (int j = 0; j < N; j++) {              // 有 j 对相同数字
    int tj = j;
    ll t = 1;
    for (int i = 1; i < N; i++) {            // 第 i 个数字
      int ti = i;
      while (tj > 0 && ti % 2 == 0) {        // 求组合数
        ti /= 2;
        tj--;
      }
      t = t * ti % M;
      p[i][j] = t;        // i 个数字有 j 对相同数字时排列数
    }
  }
}

ll l[N][N];
// l[i][j]表示有 i 个点的链有 j 对数字相同有多少种情况

void initl()                                 // 预处理 p 数组，O(n^2)
{
  ll f[N][N][2];                             // 用于 dp
  memset(f, 0, sizeof(f));                   // 初始化 dp 状态
  f[0][0][0] = 1;
  for (int i = 0; i < N - 1; i++) {          // 计算到第 i 个点
    for (int j = 0; j < N; j++) {            // 有 j 对相同数字
      madd(f[i + 1][j][0], f[i][j][0]);      // 当前边分配到之前的点
      madd(f[i + 1][j][1], f[i][j][0]);      // 当前边分配到当前的点
      if (j + 1 < N) madd(f[i + 1][j + 1][0], f[i][j][1]);
//当前边分配到之前的点
      madd(f[i + 1][j][1], f[i][j][1]);
// 当前边分配到当前的点
```

```
    }
  }
  for (int i = 0; i < N - 1; i++)
    for (int j = 0; j < N; j++)                    // 统计最后结果
      l[i + 1][j] = (f[i][j][0] + f[i][j][1]) % M;
}

ll c[N][N];
// c[i][j]表示有 i 个点的圈有 j 对数字相同有多少种情况

void initc()                                      // 预处理 p 数组，O(n^2)
{
  ll f[N][N][2];                                  // 用于 dp
  memset(f, 0, sizeof(f));                        // 初始化 dp 状态
  f[0][0][0] = 1;
  for (int i = 0; i < N - 1; i++) {               // 计算到第 i 个点
    for (int j = 0; j < N; j++) {                 // 有 j 对相同数字
      madd(f[i + 1][j][0], f[i][j][0]);           // 当前边分配到之前的点
      madd(f[i + 1][j][1], f[i][j][0]);           // 当前边分配到当前的点
      if (j + 1 < N) madd(f[i + 1][j + 1][0], f[i][j][1]);
      // 当前边分配到之前的点
      madd(f[i + 1][j][1], f[i][j][1]);           // 当前边分配到当前的点
    }
  }
  for (int i = 0; i < N - 1; i++)
    for (int j = 0; j < N; j++)
      c[i][j] = f[i][j][0];                       // 统计结果

  memset(f, 0, sizeof(f));                        // 初始化 dp 状态
  f[0][0][1] = 1;
  for (int i = 0; i < N - 1; i++) {               // 计算第 i 个点
    for (int j = 0; j < N; j++) {                 // 有 j 对相同数字
      madd(f[i + 1][j][0], f[i][j][0]);           // 当前边分配到之前的点
      madd(f[i + 1][j][1], f[i][j][0]);           // 当前边分配到当前的点
      if (j + 1 < N) madd(f[i + 1][j + 1][0], f[i][j][1]);
      // 当前边分配到之前的点
      madd(f[i + 1][j][1], f[i][j][1]);           // 当前边分配到当前的点
    }
  }
  for (int i = 0; i < N - 1; i++)
    for (int j = 0; j < N; j++) {                 // 统计结果
      madd(c[i + 1][j], f[i][j][0]);
      if (j) madd(c[i + 1][j], f[i][j][1]);
    }
```

```
}

bool vis[N];

int find_root(int start, int &c)    // 找出这个连通块的一个端点，如果连通块是圈则返回自身，
                                    // c 返回圈上的点的个数，或者链上的点的个数减 1
{
  int n = start, p = -1;            // n 为当前指针，p 为之前指针
  c = 0;
  vis[n] = true;                    // 标记是否已经遍历过
  if (lnn[n] == 2 && lnk[n][0] == lnk[n][1]) { // 起点已经是端点
    vis[lnk[n][0]] = true;
    c = lnk[n][0] == n ? 1 : 2;
    return n;
  }
  do {
    for (int i = 0; i < lnn[n]; i++) { // 向某个方向扩展
      if (lnk[n][i] != p) {
        p = n;
        n = lnk[n][i];
        break;
      }
    }
    vis[n] = true;                         // 标记是否已经遍历
    c++;                                   // 统计经过的点
  } while (lnn[n] == 2 && n != start);  // 找不到端点继续扩展
  return n;
}

void solve()
{
  ll f[2][N];
  int cur = 0;                             // 用于背包 dp，O(n^3)
  memset(vis, 0, sizeof(vis));
  memset(f, 0, sizeof(f));
  f[!cur][0] = 1;
  for (int i = 0; i < n; i++) {
    if (!vis[i]) {
      int cc, r = find_root(i, cc);
      find_root(r, cc);                    // 第二次 find_root 用于标记 vis 数组和计算圈或者链上的点的个数
      static int t[N]; // 临时变量
      if (lnn[r] == 1) for (int j = 0; j <= n / 2; j++) t[j] = l[cc + 1][j];
```

```
    else for (int j = 0; j <= n / 2; j++) t[j] = c[cc][j];
    memset(f[cur], 0, sizeof(f[cur]));                    // 初始化 dp 状态
    for (int j = 0; j <= n / 2; j++)
     for (int k = 0; k <= j; k++)
      // 子问题 1 和子问题 2 的结果相乘
       madd(f[cur][j], f[!cur][j - k] * t[k]);
    cur ^= 1;                                             // 滚动数组
   }
  }
  ll ans = 0;
  for (int i = 0; i <= n / 2; i++) madd(ans, f[!cur][i] * p[cn][i]);
// 统计最后答案
  printf("%lld\n", ans);
}

int main()                                                // 主程序
{
  freopen("card.in", "r", stdin);                         // 输入文件
  freopen("card.std", "r", stdout);                       // 输出文件

  // 分别初始化 p, l 和 c 数组
  initp();
  initl();
  initc();
  while (scanf("%d", &cn) != EOF) {
   id.clear();
   for (int t = 0; t < 2; t++)
    for (int i = 0; i < cn; i++) {                        // 输入卡片数据
     scanf("%d", &card[i][t]);
     card[i][t] = get_id(card[i][t]);
    }
   n = id.size();                                         // 不同卡片个数

   memset(lnn, 0, sizeof(lnn));
   for (int t = 0; t < 2; t++)
    for (int i = 0; i < cn; i++)                          // 建图
     lnk[card[i][t]][lnn[card[i][t]]++] = card[i][t ^ 1];

   solve();                                               // 主过程
  }
  return 0;
}
```

10.2.4 部分测试数据和输出结果

测试数据：

```
3
1 2 3
1 3 2
3
1 2 3
1 2 3
2
1 2
2 1
8
5 8 1 2 3 4 6 7
1 2 3 4 5 6 7 8
50
41 22 17 36 26 15 10 23 33 48 49 9 34 6 21 2 46 16 25 3 24 13 40 37 35 50 44 42 31 12 29
7 43 18 30 19 45 32 39 14 8 27 1 5 38 11 4 20 47 28
19 6 23 35 17 7 50 2 33 36 12 31 46 21 30 13 47 22 44 4 25 24 3 15 20 48 10 28 26 18 5 45
49 16 40 42 43 14 1 37 29 8 41 38 9 11 34 32 39 27
13
1 2 3 4 5 6 7 8 9 10 11 12 13
2 3 4 5 6 7 8 9 1 11 12 13 10
```

输出结果：

```
12
6
4
2177280
529165844
561824079
```

10.3 RP 路径（难度：★★★☆☆）

10.3.1 题目描述

C. RP-path

(Input File:rp.in / Output File:rp.std)

There are N islands connected by $N-1$ bridges. And for every two islands there's one and only one unique path to travel between them through bridges. It's not difficult to figure out that there are $N*(N-1)/2$ paths in total.

Some of the bridges are built a long time ago and it is dangerous to pass any of them. Those bridges are called RP-bridges, which means you need RP to pass them alive.

If the path connecting two islands includes at least one RP-bridges, this path is called a RP-path.

Now you want to minimize the number of RP-paths by rebuilding at most one bridge. What is the minimal number of RP-paths you can achive ?

Input:

The input contains multiple cases.

The first line of each input is a positive integer N, which is the number of islands.

$N-1$ lines follow, each containing 3 integers: A, B and C, indicating there's a bridge connecting island A and island B. C=1 if this bridge is a RP-bridge, or C=0.

($1 \leqslant N \leqslant 200000$)

Output:

For each case, output the number of minimal number of RP-paths by rebuiding at most one bridge in one line.

Sample Input:

```
5
3 5 1
1 4 1
5 2 1
2 1 0
```

Sample Output:

```
7
```

10.3.2　算法分析

本题主要考查的是图论的知识。

本题题意：给出一棵 N 个节点的树，有些边是 *RP* 边，经过至少一条 *RP* 边的路径定义为 *RP* 路径，其他路径定义为非 *RP* 路径。如果可以令最多一条 *RP* 边变成非 *RP* 边，问改变后 *RP* 路径最少可以是多少条。

直接计算 *RP* 路径比较麻烦，可以把问题改成改变后非 *RP* 路径最多可以是多少条。由于 *RP* 路径和非 *RP* 路径一共有 $\dfrac{N(N-1)}{2}$ 条，所以用 $\dfrac{N(N-1)}{2}$ 减去求出的非 *RP* 路径的最大值就是 *RP* 路径的最小值了。

现在问题转化为求非 *RP* 路径改变后的最大值。首先把 *RP* 边都去掉，树可以分成很多个连通块。由于非 *RP* 路径即不经过 *RP* 边的路径，所以路径是非 *RP* 路径且仅当路径的起点和终点都在同一个连通块中。

如果所有的边就不改变，那么每个连通块的路径数加起来就是整棵树的非 *RP* 路径的条数。由于每个连通块还是一颗树，所以连通块的路径数可以用公式$\frac{N_i(N_i-1)}{2}$计算，N_i为第i个连通块的点数。

现在枚举每条*RP*边，分析枚举到的*RP*边变成非*RP*边后非*RP*路径的增长量。由于增加的非*RP*路径实质只有起点和终点分别在枚举到的*RP*边两个端点属于的两个连通块中的路径，所以增加量就是这两个连通块的点数相乘。枚举每条*RP*边求增长量的最大值，加上原本的*RP*路径条数，就是非*RP*路径的最大值，于是问题得以解决。

标程把点分到同一个连通块的操作用到了并查集，复杂度为$O(N)$。枚举*RP*边的复杂度为$O(N)$。综上所述整个算法复杂度为$O(N)$。

10.3.3 参考程序

```
#include <cstdio>
#include <algorithm>
using namespace std;

typedef long long ll;

const int maxn = 200000;                    // N的最大值

int n;                                      // 题目输入
int u[maxn];                                // 用于存并查集
int en;                                     // rp边的数量
int edge[maxn][2];                          // 用于存rp边
int s[maxn];                                // 记录集合的点数

// 并查集
int ufind(int x) {return x == u[x] ? x : (u[x] = ufind(u[x]));}

int main()
{
  freopen("rp.in", "r", stdin);             // 输入文件
  freopen("rp.std", "r", stdout);           // 输出文件

  while (scanf("%d", &n) != EOF) {
    for (int i = 0; i < n; i++) u[i] = i;   // 并查集初始化
    en = 0;
    for (int i = 0; i < n - 1; i++) {
      int a, b, t;
      scanf("%d%d%d", &a, &b, &t);
      a--, b--;
```

```
    if (t) {                                        // 记录 rp 边
      edge[en][0] = a;
      edge[en++][1] = b;
    }
    else u[ufind(a)] = ufind(b);                    // 不是 rp 边的情况下合并两个集合
    }
   for (int i = 0; i < n; i++) s[i] = 0;
   for (int i = 0; i < n; i++) ufind(i);            // 路径压缩
   for (int i = 0; i < n; i++) s[ufind(i)]++;       // 计算集合的点数
   ll ans = 0;                                      // 答案
   for (int i = 0; i < en; i++) {
    int a = edge[i][0], b = edge[i][1];
    ans = max(ans, (ll)s[ufind(a)] * s[ufind(b)]); // 更新最优值
   }
   for (int i = 0; i < n; i++) ans += (ll)s[i] * (s[i] - 1) / 2;
// 计算最后答案
   printf("%lld\n", (ll)n * (n - 1) / 2 - ans);
  }
  return 0;
}
```

10.3.4　部分测试数据和输出结果

测试数据：

```
6
3 5 1
6 5 0
4 5 1
5 1 0
1 2 0
6
3 5 1
6 5 1
4 5 1
5 1 1
1 2 1
7
1 2 1
2 3 0
3 4 1
4 5 0
5 6 1
6 7 0
```

输出结果：

```
5
14
14
```

10.4　切棍子（难度：★★☆☆☆）

10.4.1　题目描述

D. Chop Sticks

(Input File:stick.in / Output File:stick.std)

There're *N* straight sticks lying in a straight line. Sticks may overlap with each other.

Here's what happenned:

① For some stupid reason, you can not move any stick.

② For some stupid reason, you can chop into a point and seperate any stick acrossing that point precisely into two.

③ For some stupid reason, you can chop only once.

④ For some stupid reason, you want to minimize the the length of the longest stick after this chopping.

And you wonder, what's the minimal length of the longest stick after the chopping, for some stupid reason.

Input:

There are multiple test cases.

The first line of the input is an integer *T*, which is the number of test cases following.

The description of each case starts with an positive integer *N* ($1 \leqslant N \leqslant 100000$) , which is the number of sticks, followed by *N* lines each describing the location of a stick.

Sticks are described as intervals on *X* axis. The location of a stick is given by two integers *XL* and *XR* ($0 \leqslant XL < XR \leqslant 1000000000$) , the coordinates of the left and right endpoint of the stick.

Output:

For each case, output a line containing the minimal length of the longest stick after the chopping, with 2 digits precision.

Sample Input:

```
2
1
0 5
2
0 4
```

```
2 6
```

Sample Output:

```
2.50
3.00
```

10.4.2　算法分析

本题主要考查的是对二分思想的理解。

本题题意：给定固定位置的 N 个区间，你可以选择某个点，把经过这个点的区间以该点为断点分成两个，并且使得经过此操作后的最长区间长度最小，问该长度是多少。

由于答案具有单调性，所以可以通过二分答案 *len*，把问题转化为另一个子问题：给定固定位置的 N 个区间，你可以选择某个点，把经过这个点的区间以该点为断点分成两个，并且使得经过此操作后的最长区间长度小于 *len*。

对于第 i 个区间，设左右端点位置为 l_i 和 r_i。如果 $r_i - l_i \leqslant len$，那么已经符合要求，不需要再考虑。如果 $r_i - l_i > len$，则选择的点必须在区间 $[r_i - len, l_i + len]$ 内。所以可以通过枚举每个区间的可行区间，判断这些区间的交是否为空，上述子问题便可解决。

由于二分复杂度为 $O(\log_2 L)$，L 为最长区间长度，解决二分后子问题的复杂度为 $O(N)$，所以总复杂度为 $O(N\log_2 L)$。

10.4.3　参考程序

```
#include <iostream>
#include <cstdio>
using namespace std;

template <class T> inline void gmin (T &a, T b) {if (b < a) a = b;}
template <class T> inline void gmax (T &a, T b) {if (a < b) a = b;}

const int N = 100000;                          // 区间个数最大值

int XL[N], XR[N];                              // 左右端点

int main()
{                                              //主程序
  freopen("stick.in", "r", stdin);             // 输入文件
  freopen("stick.std", "r", stdout);           // 输出文件

  int T;                                       //  测试数据个数
```

```
  scanf("%d", &T);
  while (T--) {
    int n;                                                    // 区间个数
    scanf("%d", &n);
    for (int i = 0; i < n; i++) scanf("%d%d", XL + i, XR + i);
// 输入左右端点
    double l = 0.0, r = 0.0;
    for (int i = 0; i < n; i++) gmax(r, double(XR[i] - XL[i]));
// 求得二分范围
    while (l < r - 1e-3) {                                    // 二分主过程
      double m = (l + r) * .5;
      double x = -1e10, y = 1e10;                             // 初始化交集端点
      for (int i = 0; i < n; i++) {
        if (XR[i] - XL[i] > m) {                              // 求交集
          gmin(y, XL[i] + m);
          gmax(x, XR[i] - m);
        }
      }
      if (x <= y) r = m;                                      // 二分分支
      else l = m;
    }
    printf("%.2lf\n", l);                                     // 输出答案
  }
  return 0;
}
```

10.4.4　部分测试数据和输出结果

测试数据：

```
3
5
4 9
2 8
2 3
8 9
6 6
5
2 5
1 6
5 7
8 9
1 2
5
```

```
5 9
7 10
4 8
1 2
6 9
```

输出结果：

```
3.50
2.50
3.00
```

10.5　线性尼姆游戏（难度：★★☆☆☆）

10.5.1　题目描述

E. Sequential Nim Game

(Input File:nim.in / Output File:nim.std)

The sequential nim game works in the following way:

There are *N* piles of stones labeled by integers 1～*N*. The number of stones in the pile with label *K* is *A_K*.

Now two people start to play in turn. When the game starts, the first player to play must choose a not empty pile of stones and remove some stones from it. Once this pile is chosen, the two players must not touch any other piles until the chosen pile is empty. The player that can not remove any stone from the current chosen pile, can choose another pile whose label is smaller than all empty piles. If there's no stone to remove and no pile to choose, he lose the game.

To make the game a little more interesting, we add the constrain that the number of stones each time a player remove must be 1 or prime numbers, that is a number among (1,2,3,5,...).

Now given *N* and *A_1..A_N*, can you tell if the first player has a winning strategy not matter how the other player plays?

Input:

There are multiple test cases.

Each case starts with a line containing *N*, the number of piles.

Then a line of *N* positive integers comes. The *i*-th number in the line is the number of stones in the pile with label *i*.

(1≤any number in the input≤100000)

Output:

For each test case, output a line containing a "yes" indicating there's a winning strategy , or "no".

Sample Input:

```
5
1 2 3 4 5
```

Sample Output:

```
yes
```

10.5.2　算法分析

本题主要考查的是简单的博弈知识。

本题题意：给定 n 堆石子，两人轮流取石子，必须先取完一堆石子才能取另一堆，而且另一堆石子的编号必须比之前取的那一堆小，每次只能取 1 个或者质数个石子，问先手是否有必胜策略。

可以先考虑只有一堆石子的情况。通过观察小数据找规律很容易看出当石子个数不是 4 的倍数的时候先手必胜。而要证明这个结论很简单，只需要推出以下两个性质：

性质 1：整除 4 的数字减去 1 或者质数后一定会变成不能整除 4 的数字。

性质 2：不能整除 4 的数字一定可以通过减去 1 或者质数变成能整除 4 的数字。

有了以上两个性质，这个结论就呼之欲出了。

对于多堆石子，由于总是必须先取完一堆石子才能取另一堆，而且取的另一堆石子的编号必须比之前的编号小，所以如果存在至少一堆石子先手必胜，那么先手选择这堆石子中编号最小的那堆开始就可以必胜，如果无论哪堆石子都是先手必败，那么先手就必败。所以直接找是否有先手必胜的石子堆就可以判断先手是否有必胜策略了。

枚举复杂度为 $O(n)$，每堆石子判断是否必胜复杂度为 $O(1)$，所以整个算法复杂度为 $O(n)$。

10.5.3　参考程序

```
#include<stdio.h>

int main(){
  freopen("nim.in", "r", stdin);                    // 输入文件
  freopen("nim.std", "r", stdout);                  // 输出文件

  int n;                                            // 输入数据
  bool ans;                                         // 存放结果
  while(scanf("%d",&n)!=EOF){
    ans=0;
    while(n--){
      int m;                                        // 临时变量
      scanf("%d",&m);
      if(m%4)ans=1;
```

```
    }
    if(ans)printf("yes\n");
    else printf("no\n");
  }
  return 0;
}
```

10.5.4　部分测试数据和输出结果

测试数据：

```
1
30887
10
27663 31175 33343 21547 1971 26599 5687 2363 90028 68691
2
4 8
```

输出结果：

```
yes
yes
```

第 11 章　2010 年中山大学内部选拔赛第五试试题分析

11.1　冒泡排序（难度：★★☆☆☆）

11.1.1　试题

Problem A

Play with Bubble Sort

(Input File: bubble.in / Output File: bubble.out)

Description:

ivankevin loves sorting.

Do you know what **BUBBLE SORT** is? Probably it was the first algorithm you learned during your life as a programmer. Do you believe that quick sort is always faster than bubble sort? Let's analyze it in details.

We formulate the algorithm as follow:

Algorithm B (Bubble sort). Keys K_1, …, K_N are rearranged in place; after sorting is complete the keys will be in order, $K_1 \leqslant \ldots \leqslant K_N$.

B1. [Initialize ***BOUND***.] Set ***BOUND*** = *N*.

B2. [Loop on *j*.] Set $t = 0$. Perform step B3 for $j = 1, 2, \ldots,$ ***BOUND*** − 1, and then go to step B4. (If ***BOUND*** = 1, this means go directly to B4.)

B3. [Compare/exchange $K_j{:}K_{j+1}$.] If $K_j > K_{j+1}$, interchange K_j and K_{j+1} and set $t = j$.

B4. [Any exchanges?] If $t = 0$, terminate the algorithm. Otherwise set ***BOUND*** = *t* and return to step B2.

Each execution from B2 to B4 is called a pass. For example there are 5 keys which are 4, 2, 1, 5, 3. Then the actions are as follow:

Initial:　　4 2 1 5 3

Pass 1:　　2 1 4 3 5

Pass 2:　　1 2 3 4 5

Pass 3:　　1 2 3 4 5

So it totally takes 2 passes to complete the sorting.

Now given a sequence of integers, ivankevin wants to know how many passes are needed using bubble sort.

Input:

The first line is an integer *T*, the number of test cases.

Each case consists of two lines. The first line is an integer *N*, $1 \leqslant N \leqslant 10000$. The second line are *N* positive integer no more than 1000000, indicating the *N* keys to sort.

Output:

For each case, print the number of passes needed.

Sample Input:

```
2
5
1 2 3 4 5
5
4 2 1 5 3
```

Sample Output:

```
1
3
```

11.1.2　题目分析和算法实现

本题主要考查对排序算法的理解和相关的数学知识。

题目给出了一个冒泡排序的算法和一个序列。该冒泡排序算法由若干个阶段组成，使用该算法对题目中的序列进行排序，问经过多少步之后算法停止。

序列的最大长度会到 10000，所以直接的模拟是无法在规定时限内解决问题的，我们需要发掘算法的相关性质来对其进行优化。熟悉冒泡排序和逆序数概念的读者可以发现，该算法各个阶段的数目刚好等于序列中最大的逆序程度（所谓逆序程度指对于一个数，在它前面而且比它大的数目的个数）。为何会有这个结论呢？这是因为在每一个阶段中，序列中最大的数字肯定会被调整到最右边，因此最大的逆序程度要么为 0 要么刚好减少 1，模拟整个过程，我们就可以知道算法总共的阶段数目刚好就等于序列中最大的逆序程度。

于是，我们现在只需要使用较优的算法算出每个位置的逆序程度便可解决问题。关于逆序数有很多种算法，我们可以在归并排序的时候维护逆序数，也可以使用在线算法依次加入序列的值来动态更新逆序数。在此题中，由于序列元素的大小小于 1000000，显然使用在线算法更为方便简洁。

标程中的在线算法使用到了树状数组这个数据结构。算法一开始，所有元素皆为 0，在顺序扫序列元素的过程中，可以先统计出每个元素在前面比它小的元素个数，然后再将元素插入树状数组中。最后输出所有逆序数中的最大值，在以上过程中，我们需要处理 *N* 个元素，每个元素都涉及树状数组的操作，所以算法复杂度为 $O(N \log_2 (M))$，其中 *N* 为序列长度，*M* 是元素的范围。

11.1.3 参考程序及程序分析

```
#include <cstdio>
#include <cstring>

const int maxn = 1000010;           // 序列元素的最大值
const int u = 1000000;              // 树状数组最末位置

int tree[maxn];                     // 树状数组
void init ()
{                                   // 初始化树状数组
    memset( tree, 0, sizeof( tree ));
}

void insert (int p, int v)
{                                   // 向树状数组中p位置插入元素v
    while(p < maxn) {               // 递增p
        tree[p] += v;
        p += p & (-p);              // lowbit值
    }
}

int count (int p)
{                                   // 统计树状数组中p位置的值
    int res = 0;                    // 结果
    while(p) {                      // 递减p
        res += tree[p];
        p -= p & (-p);              // lowbit值
    }
    return res;                     // 返回结果
}

int main()
{                                   // 主程序
    freopen("bubble.in", "r", stdin);
    freopen("bubble.out", "w", stdout);
    int T;                          // 样例个数
    int n;                          // 序列长度
    int x, y;
    int maxi; // 答案值
```

```
    scanf("%d", &T);                          // 读入样例个数
    while(T--){
        scanf("%d", &n);                      // 读入序列长度
        maxi = 0;                             // 初始化答案值
        init();                               // 初始化树状数组
        while(n--){                           // 枚举元素
            scanf("%d", &x);
            y = count(u) - count(x);
//统计在该元素前面而且比该元素大的元素个数
            if (y > maxi){
                maxi = y;                     // 更新答案值
            }
            insert(x, 1);                     // 动态插入树状数组
        }
        printf("%d\n", maxi + 1);             // 输出答案
    }
    return 0;
}
```

11.1.4　部分测试数据和输出结果

测试数据：

```
20
3
10 2 10
8
7 8 6 10 6 2 2 9
3
8 1 7
8
1 6 2 6 8 5 2 7
6
5 10 10 2 6 6
3
9 9 4
4
8 2 2 8
4
10 10 4 4
2
9 9
7
```

```
9 10 8 5 10 7 6
10
6 7 5 2 2 8 6 6 4 10
3
7 7 6
7
6 2 10 3 2 3 3
6
3 1 9 1 10 8
5
10 8 9 1 1
10
4 9 6 7 6 5 7 10 7 3
4
5 5 2 6
8
8 5 9 6 10 4 10 3
2
5 3
1
3
```

输出结果：

```
2
6
2
5
4
3
2
3
1
6
7
3
4
3
4
10
3
8
2
1
```

11.2　植物大战僵尸（难度：★★★★☆）

11.2.1　试题

Problem B

Plants vs. Zombies

(Input File: defence.in / Output File: defence.out)

Description:

We all love playing the famous game: Plants vs. Zombies. Hovey is wandering how to solve a simplified version of this game.

The game is set in a chess board with *N* rows and *M* columns. Both the plants and zombies are located in some of the cells. In this version, all the actions are considered by rounds. One round contains two phrases, the plant's attack phrase following by the zombie's move phrase.

In this version, there is only one kind of plant. The attack range of them is described by a $(2K+1) \times (2K+1)$ square, whose center is the plant's position.(see Fig 11.1)

Fig11.1　　attack range

Attackable	Attackable	Attackable
Attackable	Plant,Attackable	Attackable
Attackable	Attackable	Attackable

When the zombies get into any one of the range of plants, they will get hurt by *ATT* points of HP in each round, **no matter how many plants can attack them at the same time.**

Luckily, the plants are invisible, so they won't be eaten by the zombies. However, they cost different sun points(C_{ij}) to be planted in different position. If the cost is zero, it means that you can't plant in the corresponding position. There is at most one plant for each position as well. Here come your lovely zombies. There is only one kind of zombie. They own different HP, but walks in the same way: move to the left adjacent cell in the same row in each round. When they move out of the board, the game is over.

Before the zombies' invasion, you will be given finite *SP* sun points to plant, and your task is to prevent the zombies from passing across from right to left.

During the zombies' invasion, the zombies will appear one by one at the right most cell of the board. i.e. The next zombie will not appear until the current zombie get eliminated($HP \leqslant 0$).

Given the order of the zombies, along with their appearing row and *HP*, you are going to give a best solution of planting, with given *SP* sun points, to eliminate maximum zombies, before the zombies' invasion. Also, you need to output the minimum cost if there're multiple solutions.

Input:

There are multiple test cases. The first line contains the case number T.

In each case, in the first line, there are five integer indicating the number of rows $N \leqslant 100$, the number of column $M \leqslant 100$, the attack range $0 \leqslant K \leqslant 3$, the initial sun points $1 \leqslant SP \leqslant 10000$, the damage $ATT \leqslant 10000$.

There follow N row, with M integers each line, indicating the cost $0 \leqslant C_{ij} \leqslant 10000$ to plant in row i and column j. It's guaranteed that at most two positive integers in each row.

A single number $1 \leqslant R \leqslant 1000$ follows in a line, indicating the number of zombies in the invasion.

R lines follow, each line contains two integers, the appearing row $0 \leqslant R_i < N$, and the total $1 \leqslant HP_i \leqslant 10000$. All the zombies appear in the same order as input.

Output:

There are T lines in the output.

Each line contains two numbers, the maximum number of zombies can eliminate, and the minimum total cost of planting among the best solutions.

Sample Input:

```
1
4 5 1 15 5
0 0 4 0 0
0 5 0 7 0
0 0 0 0 0
0 8 0 0 6
5
0 20
1 20
2 25
3 10
0 25
```

Sample Output:

```
4 15
```

11.2.2 题目分析和算法实现

本题主要考查程序模拟、基于集合状态的动态规划以及二分等算法。

本题的目的是解决一个简化版的植物大战僵尸游戏。该游戏是分回合进行的，在每一回合中，植物先攻击僵尸，然后僵尸前进一格。植物的攻击范围是以它为中心的边长为 K 的正方形，而植物不会受到僵尸的攻击。僵尸在每一轮受到的每一个植物的攻击值都是一个固定的值 Att，而植物也不是无偿获得的，在不同的位置种植植物都会有不同的消耗，输入会给出每个位置种植植物应花费的消耗值。

如果僵尸在血值耗尽前走出了花园，那么防御行动即视为失败。每一行在任意时刻有且仅有一次机会出现僵尸。题目给出了一个初始的阳光值（可以使用这些阳光值来种植植物）和僵尸出现的序列，要求你算出在防御行动失败前可以抵御的最多的僵尸的数目，并要求给出最少使用的阳光值。

从题目描述看，这首先是一道考查读题和程序模拟的题目。我们先分析输入数据的限制条件。行和宽都小于一百，每行最多只有两棵植物，僵尸的数目最多为 1000，攻击范围最多为 3。其中，攻击范围最多为 3 可以作为题目的突破口。

因为每行最多只有两棵植物，直接的想法是用集合状态枚举的方法，枚举所有可能的状态。但是，由于行数大约为一百，是无法这样达到目标的。这时，我们便需要利用到植物攻击范围最多为 3 这个条件，对动态规划的状态进行转化。假设我们从上往下地考虑每一行植物的放置，使得每一行都可以抵御僵尸的攻击，可以发现，每一行僵尸能否成功地被击退，都只跟上下最多三行的植物放置情况有关，加上如果从上往下计算的话，我们可以利用前一行的结果推算出本行的结果。仔细的推算可以发现，我们最多只需要 2^{14}=16384 个状态，便可以记录包括本行在内上下相邻三行的状态，在这个状态中记录最少需要放置植物的消耗（如果不可能则设为一个非法值），当我们从上往下扫完之后，便可以得出在给定僵尸序列的前提下，最少需要的种植植物的消耗，这就是集合状态动态规划的方法。

到这里，我们跟题目要求的答案还有一定距离，题目中还需要算出能够抵御的最多的僵尸数目。这时，我们只要发现，抵御僵尸的数目越多，需要的种植花费就越大这一单调性，这一问题便可迎刃而解，只要二分僵尸的数目就可以了。

最后，我们分析下算法的复杂度，每一步计算种植消耗的动态规划的复杂度为 $O(14N \cdot 2^{14})$，N 为行数，加上最后二分的复杂度，其总复杂度为 $O(14 \cdot 2^{14} N \log(M))$，$M$ 为僵尸的个数。

11.2.3　参考程序及程序分析

```
#include <stdio.h>
#include <string.h>
int const maxn = 100                    // 最大点数
int const maxm = 1000                   // 最大边数

int map[maxn][maxn];                    // 植物地图
int n, m;                               // 点数，边数
int r;                                  // 攻击范围
int money, attack;                      // 钱数和攻击值

struct plant{                           // 植物类型
    int col;                            // 位置
    int cost;                           // 消耗
} plants[maxn][2];                      // 记录每行的植物
```

```
int pn[maxn];                                          // 记录每一行有多少植物

struct monster{                                        // 怪兽类型
    int hp;                                            // 生命值
    int row;                                           // 位置
    int cost;                                          // 消耗
} monsters[maxm];                                      // 记录所有的僵尸
int mn;                                                // 怪兽数目

int maxHP[maxn];                                       // 每行最大生命值
int maxAtt[maxn];                                      // 记录每行最多被攻击多少

void statMonster(int num)
{                                                      // 处理放 num 只怪兽后的结果
    int i, j;
    memset(maxHP, 0, sizeof(maxHP));                   // 清空最大生命值
    for (i = 0; i <= num; ++i){                        // 枚举所有的怪兽
        if (monsters[i].hp > maxHP[monsters[i].row]){
            maxHP[monsters[i].row] = monsters[i].hp;
//更新每一行最大攻击值
        }
    }
}

int check()
{                                                      // 检查合法性
    for (int i = 0;i < n; ++i){                        // 枚举所有的行
        if (maxAtt[i] * attack < maxHP[i]){
            return false;                              // 如果无法攻击，则返回假
        }
    }
    return true;                                       // 可以完全防御成功
}

int findMinCost()
{                                                      // 获得最小的花费
    int i, j, k;
    int l, x, y;
    int now[1 << 14], last[1 << 14];                   // 当前状态和更新状态，用于滚动 DP
    int cover[maxn];                                   // 记录每一个位置被哪一个植物攻击
    if (!check()){
        return 0x3fffffff;                             // 如果无法全部攻击，那么花费为无穷
    }
```

```
memset(now, -1, sizeof(now));                                  // 初始化每一行
int R = r + 1;                                                 // R是被影响的行
if (R > n){
    R = n;                                                     // 防止越界
}
// 初始化开始状态
for (i = 0; i < 1 << 2 * R; ++i) {                             // 枚举 i = 0 ~ 2^(2R)-1
    now[i << 2*r] = 0;                                         // 消耗为 0
    for (j = 0; j < 2 * R; ++j){
        if (!(i & 1 << j)){
            continue;                                          // 保证该二进制码 i 在 j 位置为 1
        }
        if (j % 2 + 1 > pn[j / 2]){
            break;                                             // 忽略非法的状态
        }
        now[i << 2 * r] += plants[j / 2][j % 2].cost;          // 该位置放置了植物，必须加上相应的消耗值
    }
    if (j < 2 * R){
        now[i << 2 * r] = -1;                                  // 处理非法的状态
    }
}
// 开始滚动 DP
R = 2 * r + 1;                                                 // R是被影响的行
for (i = 0; i < n; ++i){                                       // 行
    memcpy(last, now, sizeof(now));                            // 把当前状态赋值给之前状态
    memset(now, -1, sizeof(now));                              // 初始化当前状态
    memset(cover, -1, sizeof(cover));                          // 初始化覆盖区域
    for (j = 0; j < 1 << 2 * R; ++j){                          // 枚举之前状态
        if (last[j] == -1){
            continue;                                          // 如果状态非法，跳过
        }
        int attackCount = 0;                                   // 记录攻击数目
        for (k = 0; k < 2 * R; ++k){                           // 枚举植物是否存在
            if (!(j & 1 << k)){
                continue;                                      // 跳过不存在的植物
            }
            int col = plants[i - r + k / 2][k % 2].col;
// 获得该植物的位置
            for (l = col - r; l <= col + r; ++l){
                // 计算该植物的攻击范围
                if (l < 0 || l >= m){
                    continue;                                  // 跳过非法位置
                }
```

```
            if (cover[l] != j){                    // 如果该位置未被攻击
                ++attackCount;                     // 增加攻击数目
                cover[l] = j;                      // 记录被攻击位置
            }
        }
    }
    if (attackCount * attack < maxHP[i]){
        // 如果无法防御，跳过要处理的行上植物的二进制掩码
        continue;
    }
    int en = 0;
    if (i + r + 1 < n){
        en = pn[i + r + 1] * 2;
    }
    if (en == 0){
        en = 1;                                    // 没有植物即为 1
    }
    for (x = 0; x < en; ++x){                      // 枚举这些植物
        int totalCost = 0;                         // 计算总消耗值
        for (k = 0; k < 2; ++k){
            if (!(x & (1 << k))){
                continue;                          // 如果该植物存在
            }
            totalCost += plants[i + r + 1][k].cost;
// 加上该植物的消耗值
        }
        // 转移到的下一个状态
        int nextState = (j >> 2) + (x << 2 * R - 2);
        if (now[nextState] == -1 || now[nextState] > last[j] + totalCost) {
//更新这个状态的最优消耗
            if (last[j] + totalCost <= money){
                now[nextState] = last[j] + totalCost;
            }
        }
        // 还原
        for (k = 0; k < 2; ++k) {
            if (!(x & (1 << k))){
                continue;                          // 如果该植物存在
            }
            totalCost -= plants[i + r + 1][k].cost; // 减去该植物的消耗值
        }
    }
}
```

```
    }
    int minn = 0x3ffffff;                               // 答案，初始化为无穷大
    for (i = 0; i < 1 << 2 * R; ++i) {                  // 行
        if (now[i] != -1 && now[i] < minn) {            // 更新 minn 值
            minn = now[i];
        }
    }
    return minn;                                        // 返回结果
}

void solve()
{                                                       // 解决问题
    int l = 0, r = mn - 1;                              // 二分法的左右区间
    int ans = -1, anum;                                 // 答案，答案位置
    while (l <= r) {                                    // 二分的迭代
        int mid = (l + r) / 2, tmp;                     // 二分中值，临时变量
        statMonster(mid) ;                              // 放 mid 只怪兽
        if ((tmp = findMinCost()) <= money){            // 加入其消耗值可以承受
            ans = tmp;                                  // 记录答案
            anum = mid;                                 // 记录答案位置
            l = mid + 1;                                // 增加怪兽数目
        } else {
            r = mid - 1;                                // 否则减少怪兽数目
        }
    }
    if (ans == -1){
        puts("0 0");                                    // 如果无法满足，输出 0 0
    }else{
        printf("%d %d\n", anum + 1, ans);               // 输出答案
    }
}

int mrk[maxn][maxn];                                    // 表示是否被攻击的标记数组

void initAtt()
{                                                       // 初始化攻击值
    int i, j, x, y;
    memset(maxAtt, 0, sizeof(maxAtt));                  // 初始化最大攻击值
    memset(mrk, 0, sizeof(mrk));                        // 初始化表示被攻击的标记数组
    for (i = 0; i < n; ++i){                            // 枚举行
        for (j = 0; j < pn[i]; ++j){                    // 枚举该行的植物
            for (x = i - r; x <= i + r; ++x){           // 枚举它可以攻击的垂直区域
```

```
                for (y = plants[i][j].col - r; y <= plants[i][j].col + r; ++y){
                // 枚举它可以攻击的水平区域
                    if ( x < 0 || x >= n || y < 0 || y >= m) {
                        continue;                              // 排除非法的位置
                    }
                    if (!mrk[x][y]){                          // 如果未被标记
                        mrk[x][y] = 1;                         // 标记该位置会被攻击
                        maxAtt[x]++;                           // 记录该行被攻击的数目
                    }
                }
            }
        }
    }
}

int main()
{                                                              // 主程序
    freopen("defence.in", "r", stdin);
    freopen("defence.out", "w", stdout);
    int t;                                                     // 样例个数
    int i, j;                                                  // 临时变量
    scanf("%d", &t);                                           // 读取样例个数
    while (t--){                                               // 枚举所有样例
        scanf("%d%d%d", &n, &m, &r);                           // 读取矩阵的长和高
        scanf("%d%d", &money, &attack);                        // 读入钱数和攻击值
        memset(pn, 0, sizeof(pn));                             // 初始化每行植物的数目
        for (i = 0; i < n; ++i){                               // 行
            for (j = 0; j < m; ++j){                           // 列
                scanf("%d", &map[i][j]);                       // 读取矩阵
                if (map[i][j]){                                // 如果该位置有植物
                    plants[i][pn[i]].col = j;                  // 设置植物参数
                    plants[i][pn[i]].cost = map[i][j]; // 设置植物参数
                    ++pn[i];                                   // 增加每行植物数目的统计值
                }
            }
        }
        scanf("%d", &mn);                                      // 读入怪兽的数目
        for (i = 0; i < mn; ++i){                              // 读取每只怪兽的位置及生命值信息
            scanf("%d%d", &monsters[i].row, &monsters[i].hp);
        }
        initAtt();                                             // 初始化攻击值
        solve();                                               // 解决问题
```

```
    }
    return 0;
}
```

11.2.4　部分测试数据和输出结果

测试数据：

```
3
4 5 1 15 5
0 0 4 0 0
0 5 0 7 0
0 0 0 0 0
0 8 0 0 6
5
0 20
1 20
2 25
3 10
0 25

4 5 0 15 5
0 0 4 0 0
0 5 0 7 0
0 0 0 0 0
0 8 0 0 6
5
0 10
1 20
2 25
3 10
0 25

4 5 2 15 5
0 0 4 0 0
0 5 0 7 0
0 0 0 0 0
0 8 0 0 6
5
0 10
1 20
2 25
```

```
3 25
0 25
```

输出结果：

```
4 15
0 0
5 12
```

11.3 点的匹配（难度：★★★★★）

11.3.1 试题

Problem C

Match the Point

(Input File: match.in / Output File: match.out)

Description:

Given N integral points on plane, you are going to find a maximum matching which consists of edges with at most two kinds of lengths.

Input:

There are multiple test cases. The first integer T is the number of cases.

In each case, the first line contains one positive integer $1 \leqslant N \leqslant 50$, the number of points.

N pairs of integers follows, indicating the coordinates of the points.

Output:

The output should contain T lines.

Each line contains the size of maximum matching.

Sample Input:

```
1
14
0 2 0 5 0 6
1 3
2 0 2 4 2 6
3 0 3 2
4 0 4 4
5 1
6 5 6 6
```

Sample Output:

```
7
```

Hints:

Figure 11.1 is one of the solutions of sample data.

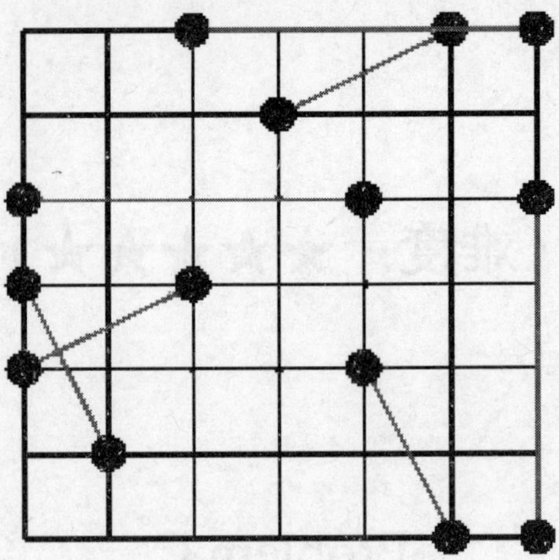

Figure11. 1　HINT

11.3.2　题目分析和算法实现

本题主要考查图论算法和相关的剪枝技巧。

本题题意：给出平面上的若干个点，求一个最大匹配，使得匹配的数目最多。这个匹配需要满足一个条件：所有边的长度的种类不能超过两种。

因为是匹配问题，我们先尝试将其变为二分图，但很容易发现，这个图存在奇圈，不可能构成二分图，所以必须使用一般图的最大匹配算法，才能解决这个问题。解决一般图匹配的常见算法为带花树算法（Edmonds Blossom-Contraction Algorithm），其具体实现和证明相当复杂，限于篇幅关系，这里没有详细说明，关于该算法的相关资料请参看参考文献[2]。

对于点数为 N 的图，带花树算法的复杂度一般为 N^3，更优的实现可以达到 $N^{2.5}$。在本题中，如果把所有的边列出来，N 最多会达到 1250，这样的复杂度是比较危险的。不过这个限制是比较难达到的，因为我们每次选择的集合中允许的长度只有两种，所以实际情况下，点数个数可能会远小于这个限制。不过为了保证程序在规定时限内完成，我们需要增加若干剪枝：

（1）按顺序枚举两种长度并构图，如果求出的图的最大匹配数等于 $N/2$，那么我们完全可以提前停止程序，因为这已经是可能达到的最优值了。

（2）求出只允许一种长度下的图的最大匹配数，当枚举两种长度 L_1 和 L_2 时，假设其算出的允许一种长度的图的最大匹配数为 M_1 和 M_2，显然同时允许长度 L_1 和 L_2 时求得的匹配数 M 一定是不超过 M_1+M_2 的，于是便可作为估计值和已经算出来的最优解进行比较，进行最优化剪枝。

（3）按照特定的顺序枚举两条边，利用（2）中算出来的 M_x 值从大到小排序，我们可以期望最优值会跟快地出现，从而可以加强（2）中最优性剪枝的效果。

本题的复杂度较难估计，粗略估算为 $O(N^5)$，即假设不同的边数有 N，每种边的数目最多为 N。但是，如果考虑实际情况下不同边数的个数，例如假设不同的边数为 $N^{1/2}$，那么复杂度

即降为 $O(N^{5/2})$，加上各种最优性剪枝，我们可以期望程序很快出解。

11.3.3 参考程序及程序分析

```
#include <stdio.h>
#include <string.h>
#include <algorithm>
using namespace std;
int const maxn = 101                // 最多点数

int g[maxn][maxn];                  // 边
int p[maxn];                        // 记录点的父亲
int l[maxn][3];
// 用到的维数有 l[][1]和 l[][2]，分别代表增广时用到的两个图（图 1，图 2）
int n;                              // 点数
int total;                          // 匹配数
int status[maxn];                   // 每个点的状态
int visited[maxn];                  // 记录边是否访问的边权数组
int gn[maxn], G[maxn][maxn];        // 边表 G 的两个数组
int nodeList[maxn];                 // 储存顶点的数组
int nn;                             // 匹配模板中的点数

void upgrade(int r)
{                                   // 更新点 r
    int j = r, i = l[r][1];         // j->i 是图 1 中的边
    for(p[i] = j; l[i][2] < 0xff;) {      // 在图 2 中遍历
        p[j] = i;
        j = l[i][2];
        i = l[j][1];
        p[i] = j;                         // 分别记录点 i 和 j 的父亲
    }
    p[j] = i;                             // 最后记录 j 的父亲
}

int path(int r)
{                                         // 寻找增广路
    int i, j, k;
    int v, t;                             // v 是在 1～2 间变换的变量，t 为临时变量
    int quit;                             // 标记是否退出
    memset(status, 0, sizeof(status));    // 初始化状态值
    status[r] = 2;                        // 起点状态
    do{
```

```
    quit = 1;                                              // 初始没有找到
    for (int y = 0; y < nn; ++y){                          // 枚举所有点
        i = nodeList[y];
        if(status[i] > 1)for (int x = 0; x < gn[i]; ++x){
            j = G[i][x];                                   // j为跟i点相邻的点
            if(g[i][j] > 0 && p[j] != i)if(status[j] == 0){
                if(p[j] == 0) {
                    l[j][1] = i;                           // 在图1中记录j的邻居
                    upgrade(j);                            // 更新点j
                    return 1;                              // 找到增广路
                } else if(p[j] > 0){
                    g[i][j] = g[j][i] = -1;                // 将边i-j取反
                    status[j] = 1                          // j状态置为1,表示在图1中
                    l[j][1] = i;                           // 图1中j邻边置为i
                    g[j][p[j]] = g[p[j]][j] = -1;
// 将j和p[j]之间的边取反
                    l[p[j]][2] = j;                        // 图2中p[j]邻边置为j
                    status[p[j]] = 2;                      // p[j]状态置为2,表示在图2中
                    quit=0;                                // 表示找到
                }
            }else if(status[j] > 1 && (status[i] + status[j] < 6)){
                quit = 0;
                g[i][j] = g[j][i] = -1;                    // 先取反边i-j
                memset(visited, 0, sizeof(visited));       // 所有点为访问
                visited[i]=1;                              // i点为被访问点
                k = i;
                v = 2;                                     // 从i开始移动
                while(l[k][v] != 0xff) {                   // 交替在1、2中移动，直到无法移动为止
                    k = l[k][v];
                    v = 3 - v;                             // v在1～2之间切换
                    visited[k] = 1;                        // 标记k已访问
                }
                k = j;
                v = 2;                                     // 从j开始移动
                while(!visited[k]) {               // 交替在1、2中移动，直到出现一个被i访问过的点
                    k=l[k][v];
                    v = 3 - v;                     // v在1～2之间切换
                }
                if(status[i] != 3){
                    l[i][1] = j;
                }
                if(status[j] != 3){
                    l[j][1] = i;
```

```
                }
                status[i] = status[j] = 3; // 两两设为可达并将状态置为 3
                t = i;
                v = 2;                     // 设置起点为 i

                while(t != k){             // 找到从 i 到 k 的一条通路
                    if(status[l[t][v]] != 3){
                        l[l[t][v]][v] = t; // 如果 l[t][v]状态非3，那么在v中连接两点t和l[t][v]
                    }
                    t = l[t][v];
                    status[t] = 3;         // 路上每个点状态都置为 3
                    v = 3 - v;             // v在 1～2 切换
                }
                t = j;
                v = 2;                     // 设置起点为 j
                while(t != k){             // 找到从 j 到 k 的一条通路
                    if(status[l[t][v]] != 3){
                    // 如果 l[t][v]状态非 3，那么在 v 中连接两点 t 和 l[t][v]
                        l[l[t][v]][v] = t;
                    }
                    t = l[t][v];
                    status[t] = 3;         // 路上每个点状态都置为 3
                    v = 3 - v;             // v在 1～2 之间切换
                }
            }
        }
    }
    }while(!quit);                         // 直到可以退出为止
    return 0;
}

void maxMatch()
{                                          // 求最大匹配
    int i,j,k;                             // 临时变量
    int pass;                              // 记录是否找到增广路
    memset(p, 0, sizeof(p));               // 初始化父亲数组 p
    total = 0;                             // 匹配数
    nn = 0;                                // 真实点数
    for (i = 1; i <= n; ++i) if (gn[i]){
        nodeList[nn++] = i;                // 只考虑有边连出的点
    }
    do{
```

```
        i = 0;                              // 枚举增广路的起点
        do{
            if(p[++i]){
                pass=0;                     // 没有找到增广路
            }else{
                memset(l, 0, sizeof(l));    // 初始化标记数组 l
                l[i][2] = 0xff;             // 标记 i 在图 2 中没有邻点
                pass = path(i);             // 找增广路
                for (int u = 0; u < nn;++u){   // 枚举所有点
                    j = nodeList[u];        // 获得其父亲 j
                    for(int v = 0; v < gn[j]; ++v) {
                        k = G[j][v];        // 枚举 j 的所有邻点 k
                        if(g[j][k] < 0){
                            g[j][k] =- g[j][k]; // 将负值取反
                        }
                    }
                }
            };
        }while(i != n && !pass);            // 找到增广路或者枚举完所有点，退出
        if(pass){
            total += 2;                     // 假如找到增广路，答案加 2
        }
    } while(i != n && total != n);          // 匹配完全或者枚举完所有点，退出
}

struct edge{                                // 保存平面上的点对的结构体
    int a, b, l;                            // 起点，终点，长度
    int operator < (const edge & rhs) const
    {                                       // 按边长进行排序
        if (l != rhs.l){                    // 先比较 l
            return l < rhs.l;
        }
        if (a != rhs.a){                    // 再比较 a
            return a < rhs.a;
        }
        return b < rhs.b;                   // 排序顺序为 l、a、b
    }
} e[maxn * maxn];                           // 所有的点对

struct point{                               // 平面上的点
    int x, y;                               // 坐标
} P[maxn];                                  // 记录所有的点
```

```
struct edgeset{                                 // 记录每条边单独匹配能匹配多少的结构体
    int id;                                     // 自身标识
    int match_size;                             // 匹配数
    int operator < (const edgeset & rhs) const
    {                                           // 按匹配数排序
        if (match_size != rhs.match_size){
            return match_size < rhs.match_size;
        }
        return id < rhs.id;                     // 如果匹配数相同按 id 排序
    }
} es[maxn * maxn];                              // 记录平面上所有的边

int m;                                          // 边数
int kn;                                         // 去重后的边数
int end[maxn * maxn];                           // 去重后的边

void addEdge(int a, int b)
{                                               // 加入边 a->b
    g[a][b] = g[b][a] = 1;                      // 加到边表 g
    G[a][gn[a]++] = b;                          // 加到边表 G
    G[b][gn[b]++] = a;
}

void initG()
{                                               // 初始化边表 g
    for (int i = 1;i <= n; ++i){
        for (int j = 0; j < gn[i];++j){
            g[i][G[i][j]] = 0;                  // 将边权重置 0
        }
    }
    memset(gn, 0, sizeof(gn));                  // 清空边表 g
}

int main()
{                                               // 主程序
    freopen("match.in", "r", stdin);
    freopen("match.out", "w", stdout);
    int i, j, k;
    int t;                                      // 样例个数
    scanf("%d", &t);                            // 读取样例个数
    while (t--){                                // 枚举所有样例
```

```
    scanf("%d", &n);                                  // 读取点数
    for (i = 0; i < n; ++i){
        scanf("%d%d", &P[i].x, &P[i].y);              // 读取所有点
    }
    m = 0;                                            // 边数
    for (i = 0; i < n; ++i)for (j = i + 1; j < n; ++j){
        // 枚举相邻两个点
        e[m].a = i + 1;                               // 记录起点
        e[m].b = j + 1;                               // 记录终点
        e[m].l = (P[i].x - P[j].x) * (P[i].x - P[j].x) + (P[i].y - P[j].y) * (P[i].y -
P[j].y);                                              // 记录长度
        ++m;                                          // 加入此边
    }
    sort(e, e + m);                                   // 按长度排序
    int kn = 0;                                       // 去重后的边数，初始值 0
    e[m].l = 0x3fffffff;                              // 最后一条边的长度设为无穷大

    end[0] = -1;                                      // 用于边的去重
    for (i = 0; i < m; ++i) if (e[i].l != e[i + 1].l){
        end[++kn] = i;                                // 只记录不同的边
    }
    int best = 0;                                     // 答案值
    memset(g, 0, sizeof(g));                          // 清空边表 g
    memset(gn, 0, sizeof(gn));                        // 重置边表 G
    for (i = 0; i < kn; ++i){
        initG();                                      // 初始化边表 G
        for (j = end[i] + 1; j <= end[i + 1]; ++j){
            addEdge(e[j].a, e[j].b);
// 将符合枚举的这条边的长度的边加入边表 G 和 g 中
        }
        maxMatch();                                   // 算出其最大的匹配数
        es[i].match_size = total;                     // 储存匹配数
        es[i].id = i;                                 // 其标识为 i
        if (total > best){
            best = total;                             // 更新答案最优值
        }
    }

    sort(es, es+kn);                                  // 按匹配数排序
    if (es[kn-1].match_size == n / 2 * 2){
// 如果已算出可能的最优的答案
        printf("%d\n", es[kn-1].match_size / 2); // 输出结果
        continue;
```

```
        }
        for (i = kn - 1; i > 0;--i){                    // 枚举所有边长
            for (j = i - 1; j >= 0 && es[i].match_size +  es[j].match_size > best; --j){
            // 枚举两两不同的边长，其中一条判断为最优性剪枝
                initG();                                // 初始化边表
                for (k = end[es[i].id] + 1; k <= end[es[i].id + 1]; ++k){
                    addEdge(e[k].a, e[k].b);            // 加入第一种长度的边
                }
                for (k = end[es[j].id] + 1; k <= end[es[j].id + 1]; ++k){
                    addEdge(e[k].a, e[k].b);            // 加入第二种长度的边
                }
                maxMatch();                             // 求出最大匹配数
                if (total > best){
                    best = total;                       // 更新最优值
                }
                if (best == n / 2 * 2){
                    break;                              // 最优化剪枝
                }
            }
            if (best == n / 2 * 2){
                break;                                  // 最优化剪枝
            }
        }
        printf("%d\n", best / 2);                       // 输出答案
    }
    return 0;
}
```

11.3.4 部分测试数据和输出结果

测试数据：

```
1
49
0 0
0 5
0 10
0 15
0 20
5 0
5 5
5 10
5 15
```

```
5 20
10 0
10 5
10 10
10 15
10 20
15 0
15 5
15 10
15 15
20 0
20 5
20 10
20 15
20 20
25 0
25 5
25 10
25 15
25 20
30 0
30 5
30 10
30 15
30 20
35 0
35 5
35 10
35 15
35 20
40 0
40 5
40 10
40 15
40 20
45 0
45 5
45 10
45 15
45 20
```

输出结果：

```
24
```

11.4 黄昏公主（难度：★★★☆☆）

11.4.1 试题

Problem D

Twilight Princess

(Input File: zelda.in / Output File: zelda.std)

Description:

In the Legend of Zelda（as shown as Figure 11.2）: Twilight Princess, deep within the Faron Province and adjacent to the Forest Temple entrance, is the Sacred Grove, an ancient forest that not only holds strong ties to the Royal Family and the Sages, but also protects the Master Sword from outsiders. Before entering the final forested area where the Master Sword is hidden, one last puzzle awaits. The two guards that oversee the old Door of Time have dislocated themselves and expect Wolf Link to place them in their respective positions again.

Figure11. 2 zelda

Particularly, the puzzle is on board with $N \times I$ cells. Some cells of the board are clear, while the others are blocked. We name our controllable hero Link and the two guards A and B. All three of them can move to an adjacent clear cell per move. It is worth noticing that the two guards action according to the action of Link. When Link moves East/West/North/South, Guard A will move East/West/North/South and Guard B will move West/East/South/North. If the cell to which the guard is going to move is blocked, the guard will hurt Link by one Health Point (*HP*) and then simply stay on the original cell. If the two guards hurt Link at the same time, Link's *HP* will only be reduced by one point. It is worth noticing that Link and the two guards will neither be on the same cell nor swap the positions (or they will collide in the air) after each move.

Here comes your problem. Given the original positions and total *HP* of Link, find the minimum moves to let the two guards place themselves in their respective positions at the same time before Link's *HP* becoming zero.

Input:

There are multiple test data sets.

In each test data set, the first line contains three integers *N*, *M* ($1 \leqslant N, M \leqslant 100$) and *HP* ($1 \leqslant HP \leqslant 10$) representing the number of rows and columns of the board, and the original HP of Link.

N lines follow, each line contains *M* characters, representing the types of the cells.

- '_' for clear cell.
- 'X' for blocked cell.
- 'L', 'a', 'b' for the initial positions of Link, Guard A and Guard B. The cells they standing on are clear.
- 'A', 'B' for the destinations for Guard A and Guard B. The cells are clear as well.

The input is terminated by EOF.

Output:

For each test data set, output one line containing the minimum number of moves or "impossible" if there is no solution.

Sample Input:

```
6 5 7
..X..
.AbB.
.....
X.L.X
X...X
XXaXX
6 5 6
..X..
.AbB.
.....
X.L.X
X...X
XXaXX
3 5 10
a.A..
XXXXX
BLb..
```

Sample Output:

```
12
impossible
impossible
```

Hint（as shown as Figure 11.3）：

For the first sample input test case, here is an optimal solution which represents the movements of Link.

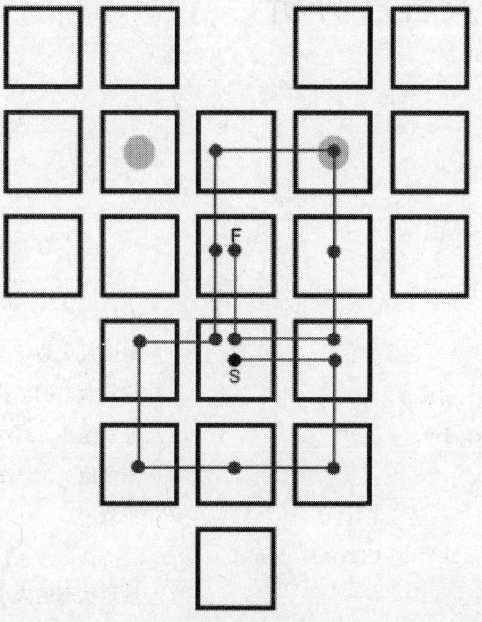

Figure11.3 Hint

11.4.2 题目分析和算法实现

本题主要考查程序模拟和搜索算法。

本题的背景是一个游戏，在一个矩形地图上，有三个人 L、A 和 B，给出三个人的初始位置，同时给出 A，B 两人的最终位置，问是否可以让 A、B 两人到达最终的目标位置。三个人的行动方式如下：只有 L 可以自由行动，A 的行动方向和 L 完全一致，即 L 向左，A 就向左。B 的方向和 L 相反，即 L 向左，B 就向右，L 向上，B 就向下。如果 L 的行动导致 A，B，L 之间两者互相穿过，那么这个行动视为无效。游戏中有一个生命值，如果 A 或 B 到达矩形外或者尝试去往不可达的地方，他们会保持在原地不变，而生命值减 1。游戏要求生命值一直为正。最后要求的是是否可达，如果可达的话还要输出最少的步数。

首先分析一下题目的数据范围，矩阵的坐标范围都在 100 以内，生命值小于 10。是否可以通过宽搜解决这个问题呢？如果要全部记录可能状态的话，我们需要三个人的坐标，总共的空间复杂度大概为 100^6，直接实现无法满足要求。但是，我们发现 A 和 B 的位置和 L 是紧密关联的，于是可以大胆地猜测状态的数目数可能在 100^2 范围内（L 的可能状态）。生命值不超过 10 这个条件同样说明了 A、B 同 L 之间的关联变化的次数不会很多，再次验证了状态数不会很多的这个假设。

我们使用有序集合或哈希表来储存重复的状态（C++中直接使用 STL 中的 set 即可），实验表明，虽然其估算的时间复杂度很高，但是这样的搜索是很有效的，对生成的随机数据，宽度优先搜索中扩展的状态很少，程序都能很快出解，所以完成这题需要较强编程实现能力（需要仔细处理各种转移和边界条件）和大胆的猜想。

11.4.3　参考程序及程序分析

```
#include <stdio.h>
#include <string.h>
#include <set>
#include <vector>
using namespace std;

int const MAXN = 101;                          // 地图最大边
struct status {                                // 记录状态的结构体
    int lx, ly, ax, ay, bx, by;                // 分别是 l、a、b 的位置
    int hp;                                    // 生命值
    int step;                                  // 步数
    int operator < (const status & rhs) const
    {                                          // 规定状态的大小关系
        // 以下按 l, a, b 的优先级进行排序
        if (lx != rhs.lx)return lx < rhs.lx;   // 比较 l
        if (ly != rhs.ly)return ly < rhs.ly;
        if (ax != rhs.ax)return ax < rhs.ax;   // 比较 a
        if (ay != rhs.ay)return ay < rhs.ay;
        if (bx != rhs.bx)return bx < rhs.bx;   // 比较 b
        if (by != rhs.by)return by < rhs.by;
        return false;
    }
} org, tar;                                    // 初始状态和目标状态

int n, m;                                      // 行数和列数
char map[MAXN][MAXN];                          // 表示地图地形
set<status> hash;                              // 记录已经访问到的状态
vector<status> list;                           // 宽搜用的队列
int dx[4] = {1, 0, -1, 0};                     // 方向矩阵，垂直方向
int dy[4] = {0, 1, 0, -1};                     // 方向矩阵，水平方向

int goal(status & st)
{                                              // 判断是否到达期望状态
    return st.ax == tar.ax && st.bx == tar.bx
        && st.ay == tar.ay && st.by == tar.by;// 即 a、b 的位置和目标 a、b 位置一致
}
```

```
void readdata()
{                                           // 读入数据
    int i, j; // 临时变量
    for (i = 0; i < n; ++i) {               // 行
        scanf("%s", map[i]);                // 读入地图
        for (j = 0; j < m; ++j) {           // 判断位置是否有 L、a、b，有则记录其位置
            if (map[i][j] == 'L'){          // 记录 L 位置
                org.lx = i;
                org.ly = j;
            }
            if (map[i][j] == 'a'){          // 记录 a 位置
                org.ax = i;
                org.ay = j;
            }
            if (map[i][j] == 'b'){          // 记录 b 位置
                org.bx = i;
                org.by = j;
            }
            // 大写 A,B 表示的是目标 a，b 的位置
            if (map[i][j] == 'A'){          // 记录 A 位置
                tar.ax = i;
                tar.ay = j;
            }
            if (map[i][j] == 'B'){          // 记录 B 位置
                tar.bx = i;
                tar.by = j;
            }
        }
    }
}

void bfs()
{                                           // 宽搜
    int head;                               // 队列的开头位置
    int i, j;                               // 临时变量
    int ok, hurt;                           // 标记变量，表示是否找到，是否受伤
    status cur, nxt, ans;                   // 当前、下一步和最终状态
    org.step = 0;                           // 初始状态的步数为 0
    list.clear();                           // 清空队列
    list.push_back(org);                    // 放入初始状态
    hash.clear();                           // 情况判重数组
```

```
    head = 0;                                                  // 队列开头为 0
    ok = false;                                                // 表示没有找到
    while (!ok && head < list.size()) {                        // 宽搜主过程
        cur = list[head++];                                    // 获得当前要扩展的状态
        for (i = 0; i < 4; ++i) {                              // 枚举 4 个方向
            nxt = cur;                                         // 转移到下一状态
            nxt.step = cur.step + 1;                           // 步数加 1
            nxt.lx += dx[i];
            nxt.ly += dy[i];
            nxt.ax += dx[i];
            nxt.ay += dy[i];
            nxt.bx += dx[(i + 2) % 4];
            nxt.by += dy[(i + 2) % 4];
// 以上计算到下一步时 l、a、b 的位置变化
            hurt = 0;                                          // 没有受到伤害
            if (nxt.lx < 0 || nxt.lx >= n || nxt.ly < 0 || nxt.ly >= m){
                continue;                                      // 跳过非法状态
            }
            if (map[nxt.lx][nxt.ly] == 'X'){
                continue;                                      // 跳过非法状态
            }
            if (nxt.ax < 0 || nxt.ax >= n || nxt.ay < 0 || nxt.ay >= m || map[nxt.ax][nxt.ay]
== 'X') {                                                      // 如果 a 移出边界或者碰到障碍
                nxt.ax -= dx[i];
                nxt.ay -= dy[i];                               // 那么不移动 a
                hurt = 1;                                      // 并且记录为被伤害
            }
            if (nxt.bx < 0 || nxt.bx >= n || nxt.by < 0 || nxt.by >= m || map[nxt.bx][nxt.by]
== 'X') {                                                      // 如果 b 移出边界或者碰到障碍
                nxt.bx -= dx[(i + 2) % 4];
                nxt.by -= dy[(i + 2) % 4];                     // 那么不移动 b
                hurt = 1;                                      // 并且记录为被伤害
            }
            // 以下跳过 a、b 和 l 有重叠的情况
            if (nxt.ax == nxt.bx && nxt.ay == nxt.by){ // a 和 b 重叠
                continue;
            }
            if (nxt.ax == nxt.lx && nxt.ay == nxt.ly){ // a 和 l 重叠
                continue;
            }
            if (nxt.lx == nxt.bx && nxt.ly == nxt.by){ // l 和 b 重叠
                continue;
            }
```

```
            // 跳过 a、b、l 互相越过的情况
            if (nxt.ax == cur.lx && nxt.ay == cur.ly && nxt.lx == cur.ax && nxt.ly == cur.ay){
// a 和 l 互相越过
                continue;
            }
            if (nxt.bx == cur.lx && nxt.by == cur.ly && nxt.lx == cur.bx && nxt.ly == cur.by){//
b 和 l 互相越过
                continue;
            }
            if (nxt.ax == cur.bx && nxt.ay == cur.by && nxt.bx == cur.ax && nxt.by == cur.ay){//
a 和 b 互相越过
                continue;
            }
            nxt.hp = cur.hp - hurt;                // 计算新的生命值
            if (nxt.hp <= 0){
                continue;                          // 跳过生命值非正的情况
            }
            if (hash.count(nxt)){
                continue;                          // 如果该状态搜索过则跳过
            }
            list.push_back(nxt);                   // 加入队列末尾中
            hash.insert(nxt);                      // 标记为已搜索
            if (goal(nxt)) {                       // 加入本状态已经达到目标
                ans = nxt;                         // 记录这个状态
                ok = true;                         // 返回
                break;
            }
        }
    }
    if (!ok) {                                     // 如果无法达到期望状态
        puts("impossible");
    } else {                                       // 否则输出最短步数
        printf("%d\n", ans.step);
    }
}

int main()
{                                                  // 主程序
    freopen("zelda.in", "r", stdin);
    freopen("zelda.out", "w", stdout);
    // 读入矩阵大小和初始生命值
```

```
    while (scanf("%d%d%d", &n, &m, &org.hp)!=EOF) {
        // 读取输入数据
        readdata();
        // 开始宽搜
        bfs();
    }
    return 0;
}
```

11.4.4　部分测试数据和输出结果

测试数据：

```
26 31 8
...............................
...............................
...............................
...............................
.............L.................
.....b.........................
...................X...........
.......B.......................
...............................
........X........X.............
...............................
...............................
...............................
...............................
...............................
...............................
........X......................
...............................
...............................
.............A.................
...............................
...........X...................
..........a....................
...............................
...............................
...............................
```

输出结果：

```
13
```

11.5 追逐（难度：★★★☆☆）

11.5.1 试题

Problem E

Teleportation

(Input File: teleportation.in / Output File: teleportation.out)

Description:

Hovey just learnt a powerful skill from the failure of his chasing MMs: teleportation. He can teleport from point (x, y) to another point (x', y') by using one of the two following methods.

T_1: $(x', y') \leftarrow (x-y, 2y-x)$

T_2: $(x', y') \leftarrow (2y-x, 2x-3y)$

You should notice that all the numbers are non-negative integers and calculated modulo 1000.

Now you are going to find out the minimum times of teleportation to get from point A to point B.

Input:

There are multiple test cases. The first line contains an integer T, the number of cases.

In each cases, there are four non-negative integers in a single line, (x_a, y_a), (X_b, Y_b), indicating the query point A and B. All integers are less than 1000.

Output:

For each test case, output one line containing the minimum times of teleportation to get from A to B. If there is no solution, output−1 instead.

Sample Input:

```
1
37 859 13 416
```

Sample Output:

```
4
```

Hint:

$(37,859) \rightarrow T_2(681,497) \rightarrow T_2(313,871) \rightarrow T_1(442,429) \rightarrow T_1(13,416)$

11.5.2 题目分析和算法实现

本题主要考查数学的相关推导能力。

题目给出的一个网格和一个格点转移到另外一个格点的两个规则：从(x, y)到$(x-y, 2y-x)$和从(x, y)到$(2y-x, 2x-3y)$。给出一个起点和终点，问起点到终点最少需要多少步转移才可到达。

题目中还有一个限制，即所有的坐标在计算完后都必须模 1000，这说明，格点都是 1000×1000 的矩阵上进行的。如果查询很少的话，我们可以直接在起点进行宽度优先搜索，复杂度是宽度优先搜索的复杂度再乘以查询的个数。但是如果查询很多的话，这个方法就不适用于该问题了。

T_1 和 T_2 的转化显得很复杂，但是经过数学推算我们可以发现，这两个转化其实是由更简单的转化复合得来，即变换 $T=(x, y)\to(y, x-y)$，有 $T_1=T^2$，$T_2=T^3$。问题从两个变换转化为一个变换之后，成为一个可以用很快的算法解决的问题，我们把一个点经过若干次变换得到的序列分别列出来，发现，这些序列把矩阵上的点分成了若干个环，两个点互相可达当且仅当它们属于同一个环，而且为了到达另外一个点，其方向是唯一的，也即是说，变化的路径是唯一的。因为 $T_1=T^2$，$T_2=T^3$，所以对于长度为 n 的 T 变换，用 T_1 和 T_2 来组合得到的话，我们可以知道，其变换的步数为 $n/3$ 或 $n/3+1$（如果 n 不能整除 3）。

将平面上的点分解为一个个环可以在一开始用宽度优先搜索的方法来算出，预处理的复杂度为 $O(N^2)$。对于每个查询，我们可以 $O(1)$地算出答案，因而最后的总复杂度为 $O(N^2+M)$，其中 M 为查询个数。

11.5.3　参考程序及程序分析

```
#include <stdio.h>
#include <string.h>
int mrk[1000][1000];                     // 标记是否访问过，以及属于哪个集合
int step[1000][1000];                    // 记录到达步数
int len[2000], ln;                       // 集合每个元素的长度和集合的个数

void init()
{                                        // 初始化
    int i, j, x, y, m; // 临时变量
    memset(mrk, 0, sizeof(mrk));         // 初始标记为未访问
    memset(step, 0, sizeof(step));       // 步数置为 0
    memset(len, 0, sizeof(len));         // 长度置为 0
    ln = 0;                              // 集合个数为 0
    for (i = 0; i < 1000; ++i){
        for (j = 0; j < 1000; ++j){
            if (mrk[i][j]){
                continue;                // 跳过已访问点
            }
            ++ln;                        // 集合个数+1
            m = 0;                       // 循环节长度置为 0
```

```
            x = i;                                      // 初始化起点
            y = j;
            while (!mrk[x][y]){                         // 递归直到访问到自身为止
                mrk[x][y] = ln;                         // 标记集合
                step[x][y] = m++;                       // 记录步数
                int t = x;                              // 以下按照(x,y)->(y, x-y)的规则移动到下一个点
                x = y;
                y = (t - y + 1000) % 1000;
            }
            len[ln] = m;                                // 记录长度
        }
    }
}

int main()
{                                                       // 主程序
    int t;                                              // 样例个数
    int x1, y1, x2, y2;                                 // 初始目的坐标
    init();                                             // 初始化
    scanf("%d", &t);                                    // 读入样例个数
    while (t--){                                        // 枚举所有样例
        scanf("%d%d%d%d", &x1, &y1, &x2, &y2);          // 读入初始目的坐标
        if (mrk[x1][y1] != mrk[x2][y2]){
            puts("-1");                                 // 如果互不可达，输出-1
        }else{
            int loop = (step[x2][y2] - step[x1][y1] + len[mrk[x1][y1]]) % len[mrk[x1][y1]];
                                                        // 计算直接按规则(x,y)->(y, x-y)移动的距离
            if (loop == 1){
                loop = len[mrk[x1][y1]] + 1;            // 边界调整
            }
            // 输出按规则 T1 和 T2 组合的最小步数
            printf("%d\n", loop % 3 ? loop / 3 + 1 : loop / 3);
        }
    }
    return 0;
}
```

11.5.4 部分测试数据和输出结果

测试数据：

10

```
41 467 1 292
334 500 0 538
169 724 1 83
478 358 0 702
962 464 2 214
705 145 0 285
281 827 6 177
961 491 1 171
995 942 1 269
827 436 1 746
```

输出结果：

```
90
376
275
391
79
95
47
140
399
207
```

第 12 章　2010 年中山大学内部选拔赛第六试试题分析

12.1　最长子串（难度：★★☆☆☆）

12.1.1　试题

Problem A

Longest substring

(Input File: sub.in / Output File: sub.out)

Description:

Given a string $s_0s_1\ldots s_{h-1}s_hs_{h+1}\ldots s_{2h-1}$, the different value means the number of different characters between $s_0s_1\ldots s_{h-1}$ and $s_hs_{h+1}\ldots s_{2h-1}$, when compare them from left to right. For example, the different value of **abcaec** is 1, because only the second character is different between **abc** and **aec**.

Now, given a string, you should find out that whether it contains a substring of even length, of which the different value is not bigger than a given value $\boldsymbol{D}$. If you can find more than one substrings matching condition, please output the longest one. If more than one substrings of same length match condition, please output the one nearest from the left end.

Input:

The first line of input contains an integer representing the number of test cases.

Each test case consists of an integer $\boldsymbol{D}(D\geqslant 0)$ and a string (the length is no more than 2000). The string is composed of lowercase letters.

Output:

For each test case, if you can find one substring, print the longest substring, otherwise print "Not found" in a line.

Sample Input:

```
3
1 f
0 kjjjgieie
0 abcd
```

Sample Output:

```
Not found
```

```
4 ieie
Not found
```

12.1.2　题目分析和算法实现

本题考查的是简单字符串处理方面的知识。

其题意为，给出一个串，要求找出满足条件的最长子串，如果有多解，则输出左端点最前的子串。该条件是要满足串的长度为偶数，沿着中心切开，对两部分的串按顺序进行比较，要求不同的数目不超过题目中给出来的一个限制值 D。

字符串的最大长度不超过 2000，我们可以考虑 N^2（N 为串长度）直接枚举子串的方式，但是直接判断该子串是否满足条件复杂度为 N^3，我们需要设计一个更优的算法。

注意到该条件统计的是不同字符的个数，如果子串长度 L 确定的话，可以先按距离 L 统计每个字符和其前面 L 位置字符是否一致，从而得到一个 0–1 数组，在这个数组中统计长度刚好 L 的满足条件的子串，其实现很简单，只需把该 0–1 数组的每个位置往前 L 的前缀和求出来，判断其是否不超过 D，就可以达到目的。前缀和的计算可以用 $O(N)$预处理，枚举子串长度需要 $O(N)$，每次需要扫描整个数组，所以最后的复杂度为 $O(N^2)$。

12.1.3　参考程序及程序分析

```
#include <stdio.h>
#include <string.h>
const int N = 2005;                          // 串的最大长度
char s[N];                                   // 原串
char t[N];                                   // 用于输出结果的串
int diff[N];                                 // 记录每个位置和其前驱是否不同
int total[N];                                // diff 的求和数组

int main()
{                                            // 主程序
    freopen("sub.in", "r", stdin);
    freopen("sub.out", "w", stdout);
    int ca;                                  // 样例数
    scanf("%d", &ca);                        // 读入样例数
    while (ca--) {                           // 处理每个样例
        int d;                               // 允许的最大不同值
        scanf("%d%s", &d, s);                // 读入 d 和要处理的串
        int h = strlen(s), hh = h / 2;       // h 是串长度，hh 是其一半
        bool found = false;                  // 记录是否找到子串
        for (int i = hh; i > 0; i--) {       // 枚举子串的长度
```

```
            for (int j = i; j < h; j++) {          // 记录原串每个位置和其前面 i 位置的字符是否相同
                diff[j] = s[j] != s[j - i] ? 1 : 0;
            }
            // 以下对 diff 进行求和，赋值到 total
            total[i] = diff[i];
            int ii = i + i;
            for (int j = i + 1; j < ii; j++){
                total[j] = total[j - 1] + diff[j];
            }
            // 求和长度为 i
            for (int j = ii; j < h; j++){
                total[j] = total[j - 1] + diff[j] - diff[j - i];
            }
            for (int j = i + i - 1; j < h; j++) if (total[j] <= d) {
                // 如果找到满足条件的子串
                found = true;
                int u = 0;                              // 找出该子串
                for (int k = j - i - i + 1; k <= j; k++) {
                    t[u++] = s[k];
                }
                t[i + i] = 0;                           // 结尾须置\0
                printf("%d %s\n", i + i, t);            // 输出结果
                break;
            }
            if (found){
                break;                                  // 找到第一个即退出
            }
        }
        if (!found){
            puts("Not found");                          // 没找到的情况
        }
    }
    return 0;
}
```

12.1.4 部分测试数据和输出结果

测试数据：

```
5
2 p
2 hqghu
```

```
0 meaylnlfdx
10 fircvscxggbwkfnqduxwfnfozvsrtkjprepggxrpnrvystmwcy
0
syycqpevikeffmznimkkasvwsrenzkycxfxtlsgypsfadpooefxzbcoejuvpvaboygpoeylfpbnpljvrvipyamy
ehwqnqrqpmxuj
20
jloovaowuxwhmsncbxcoksfzkvatxdknlyjyhfixjswnkkufnuxxzrzbmnmgqooketlyhnkoaugzqrcddiuteio
jwayyzpvscmpsajlfvgubfaaovlzylntrkdcpwsrtesjwhdizcobzcnfwlqijtvdwvxhrcbldvgylwgbusbmbor
xtlhcsmpxohgmgnkeufdxotogbgxpeyanfetcukepzshkljugggekjdqzjenpevqgxiepjsrdzjazujllchhbfq
mkimwzobiwybxduunfsksrsrtekmqdcyzjeeuhmsrqcozijipfioneeddpszrnavymmtatbdzqsoemuvnpppsua
cbazuxmhecthlegrpunkdmbppweqtgjoparmowzdqyoxytjbbhawdydcprjbxphoohpkwqyuhrqzhnbnfuvqnqq
lrzjpxiogvliexdzuzosrkrusvojbrzmwzpowkjilefraamdigpnpuuhgxpqnjwjm
```

输出结果：

```
Not found
4 hqgh
Not found
22 fircvscxggbwkfnqduxwfn
2 yy
```

12.2　完美数字（难度：★★☆☆☆）

12.2.1　试题

Problem B

Perfect number

(Input File: number.in / Output File: number.out)

Description:

Bob is a strange mathematic amateur. In his world, all numbers are binary numbers of N bits. He always thinks that a number can be called **perfect number** when it does not contain any unlucky string. Unlucky strings are all composed of '0' and '1'. For example, if "00" is an unlucky number, then "010" is an perfect number, but "100" is not. One day, Bob ask you a problem: when all numbers are binary numbers of N bits, and there are M unlucky strings, how many perfect numbers?

Input:

The first line of input contains an integer representing the number of test cases.

Each test case consists of two parts. The first part contains two integers, $N(1 \leqslant N \leqslant 1000)$ and $M(0 \leqslant M \leqslant 10)$, which are mentioned above.

The second part contains *M* lines. Each line contains a unlucky string, of which the length is no more than 8.

Output:

For each test case, print the number of perfect numbers.

Sample Input:

```
2
7 3
01
11
10
1 3
01
11
10
```

Sample Output:

```
1
2
```

12.2.2 题目分析和算法实现

本题主要考查动态规划算法，同时考查大整数的加法运算的知识。

本题要求读者统计二进制位数为 N 的“完美数字”的个数。这里所谓的完美数字，是指该数字的二进制表示的子串中不包含题目给出来的若干不允许出现的数字。分析题目给出的数据范围，我们发现，禁止出现的串的长度最多只为 8。这个数据范围启发我们可以使用动态规划的方法，将数字的一部分压缩为动态规划的状态，通过依次枚举数字的每一位来间接枚举完所有可能的二进制数字，同时统计出合法的数字的个数。

接着我们来开始设计动态规划的状态。假设我们现在处理到第 i 位数字，由于禁止出现的串的长度最多为 8，那么，能影响到这位数字是否能添加的限制条件只取决于数字中第 i–8 到 i 位的数字，于是，我们便可以设计状态 dp[i, j]，其中 $0 \leqslant i < n+1$，$0 \leqslant j < 2^8$。j 表示的是第 i 位到第 i–8 位的数字的二进制表示。

设计出动态规划的状态后，转移便比较明显了。我们每添加一位数字，即 i 递增的时候，只需要考察是否出现了禁止出现的串再把合法的方案数加入新的状态即可。

题目中要求输出精确的答案，所以中间结果都必须用大整数保存，为了在限制的空间内解决问题，我们需要压缩动态规划的空间。可以发现 dp[i, j]的值只取决于 dp[$i-1$, k]($0 \leqslant j, k < 2^8$)，于是，我们可以对 i 进行滚动 DP，即只保存 dp[i mod 2, j]的值，便可将空间复杂度降低为 $O(2^8 L)$，其中 L 为大整数占用的空间。

最后，我们可以算出算法的时间复杂度为 $O(2^8 N L)$，其中 N 为二进制数字的长度，L 为大整数加法的时间复杂度。

12.2.3　参考程序及程序分析

```
#include <stdio.h>
#include <string.h>
const int N = 1005;                        // 最大的 bit 数
bool mark[9][256];                         // 储存非法串
bool dp[N][256];                           // dp 值，表示当前位置是否合法
char s[9];                                 // 临时字符串
const int num_digit = 4;                   // 大整数类的底数位数
const int base = 10000;                    // 大整数类的底数
const int maxn = 1000;                     // 大整数类的位数

struct big {                               // 大整数类
   int size;                               // 长度
   int s[maxn];                            // 每一位的值
   big()
   {
      *this = 0;
   }                                       // 初始化为 0
   big(int val) { *this = val; }           // 赋值函数
   void operator =(int v) {                // 将整数赋值为大整数
      size = 0;                            // 初始位数 0
      while (v > 0) {                      // 以下为转化过程
         s[size++] = v % base;
         v /= base;
      };
   }
} bign[2][256];                            // 滚动 DP 使用的数组

void print(big a)
{                                          // 打印大整数
   if (a.size == 0) {                      // 位数为 0 输出 0
      puts("0");
      return;
   }
   printf("%d", a.s[a.size - 1]);          // 从高位到低位输出
   for (int i = a.size - 2; i >= 0; i--){
      printf("%04d", a.s[i]);              // 每次输出 4 位
   }
   puts("");
```

```
}

void operator += (big& a, const big& b)
{                                                         // 代表 a += b，把 b 加到 a 中
    int g = 0;                                            // 进位值
    for (int i = 0; i < a.size || i < b.size; i++) {
// 从高到低枚举 a、b 的位
        if (i < a.size){
            g += a.s[i];
        }
        if (i < b.size){
            g += b.s[i];
        }
        a.s[i] = g >= base ? g - base : g;                // 处理进位
        g = g >= base ? 1 : 0;
    }
    if (b.size > a.size){
        a.size = b.size;                                  // 调整大整数的位数
    }
    if (g){
        a.s[a.size++] = g;                                // 处理最高位的 0
    }
}

int main()
{                                                         // 主程序
    freopen("number.in", "r", stdin);
    freopen("number.out", "w", stdout);
    int ca;                                               // 样例数
    scanf("%d", &ca);                                     // 读入样例数
    while (ca--) {                                        // 处理每个样例
        memset(mark,0, sizeof(mark));                     // 清空标记数组
        memset(dp, 0, sizeof(dp));                        // 初始化 dp
        int n, m;                                         // 代表有 n 个 bit 和 m 个非法串
        scanf("%d%d", &n, &m);                            // 读入 n、m
        int maxh = 0;                                     // 记录非法串的最大长度
        for (int j = 0; j < m; j++) {
            scanf("%s", s);                               // 读入非法串
            int h = strlen(s);                            // 获得串的长度
            if (h > maxh){
                maxh = h;                                 // 更新最大的 h
            }
            // 以下将字符串 s 转化为数字表示
```

```
        int tmp = 0;
        for (int i = 0; i < h; i++){
            tmp = (tmp << 1) + (s[i] - '0');
        }
        // 以下将该数字补全为 h 位
        for (int i = h; i <= 8; i++) {
            int base = 1 << (i - h);
            for (int k = 0; k < base; k++){
                mark[i][(k << h) + tmp] = 1;                  // 将多出的位也置为非法串
            }
        }
    }
    dp[0][0] = true;                                          // DP 初始状态
    bign[0][0] = 1;
    int base = 1 << maxh;                                     // 末位的最大值
    int u = 0, v = 1;                                         // 滚动 dp 需要的变量
    for (int i = 1; i <= n; i++) {                            // 枚举数字的长度
        for (int j = 0; j < 2; j++) {                         // 枚举 i 位上的数字
            for (int k = 0; k < base; k++) if (dp[i - 1][k]) {
                // 枚举数字的末位
                int tmp = ((k << 1) + j) & (base - 1);
                // tmp 是加上 j 后新的末位
                int h = i < maxh ? i : maxh;                  // h 是需要考虑的最长长度
                if (!mark[h][tmp]) {                          // 如果末位 tmp 在长度 h 时不是非法的
                    if (!dp[i][tmp]) {                        // 将末位为 tmp 的 dp 值置为 0
                        dp[i][tmp] = true;
                        bign[v][tmp] = 0;
                    }
                    bign[v][tmp] += bign[u][k];               // dp 转移
                }
            }
        }
        u = v;                                                // 滚动 DP
        v = 1 - v;
    }
    big ans = 0;                                              // 答案值
    for (int i = 0; i < base; i++) if (dp[n][i]) {
        ans += bign[u][i];                                    // 统计所有末位的方案数
    }
    print(ans);
  }
}
```

12.2.4 部分测试数据和输出结果

测试数据：

```
2
100 7
1010001
01
00000010
1
110
0111110
0
500 1
111000
```

输出结果：

```
0
668929267973680477115993625230429815692052007947124757040578441201242207018715000379339
336488493491091541165196434577986233152446251405811725116216
```

12.3 求和（难度：★★☆☆☆）

12.3.1 试题

Problem C

Summary

(Input File: sum.in / Output File: sum.std)

Description:

Given a square of $N \times N$. There is one bulb in each grid, which is not alight at first. There are three operations with the bulbs, which are as follows:

① x_1 y_1 x_2 y_2, turn off the bulbs between x_1th row and x_2th row(inclusive), and between y_1th column and y_2th column(inclusive)；

② x_1 y_1 x_2 y_2, turn on the bulbs between x_1th row and x_2th row(inclusive), and between y_1th column and y_2th column(inclusive)；

③ x_1 y_1 x_2 y_2, turn off the bulbs between x_1th row and x_2th row(inclusive), and between y_1th column and y_2th column(inclusive) which are alight at the moment; turn on the bulbs between x_1th row and x_2 throw(inclusive), and between y_1th column and y_2th column(inclusive) which are not alight at the moment.

The indexs of row and column are all begin with 0

You are asked to count that how many bulbs are alight at last in each row and each column.

Input:

The first line of input contains an integer representing the number of test cases.

Each test case consists of two parts. The first part contains two integers, N(1≤N≤1000) and M(1≤M≤1000), which are mentioned above.

The second part contains M lines. Each line contains an operation. The format of operation is mentioned above.

Output:

For each test case, print two lines of integers. The first line contains N integers, which are the number of alight bulb in each row, from 0 to N–1. The second line contains N integers, which are the number of alight bulb in each column, from 0 to N–1.

Sample Input:

```
2
4 2
1 1 0 1 2
2 2 1 3 3
4 2
1 1 0 1 2
2 2 1 3 3
```

Sample Output:

```
0 3 3 3
1 3 3 2
0 3 3 3
1 3 3 2
```

12.3.2　题目分析和算法实现

本题主要考查的是数据结构的运用。

本题题意：给出一个 $N \times N$ 的 0–1 矩阵，M 个操作，每个操作可以是以下三种类型：

① 将某个子矩形赋值为 0；

② 将某个子矩形赋值为 1；

③ 将某个子矩形的值全部取反。

进行完 M 个操作后，题目要求输出每一行的数字和。N、M 的最大范围可以到 1000，如果直接按题目要求模拟的话，复杂度会达到 $O(MN^2)$，无法满足题目要求。不过采用合适的数据结构进行优化，这个问题很容易便可以优化到 $O(M N \log_2 N)$的复杂度。

这里我们采用线段树对算法进行优化，对于每一操作，我们将其分解为最多 N 个的每个只涉及一行数据的操作。将其对应成线段树的操作，我们可以知道，该线段树需要支持以下几种操作：

① 将某一段区间赋值为 0；

② 将某一段区间赋值为 1；

③ 将某一段区间取反；

④ 查询整个区间的和。

这属于比较经典的线段树操作，熟悉数据结构的读者应该可以很快实现相应的操作。具体来说，线段树的每个节点应该维护若干值和相关的懒标记：表示该区间是否取反的标记值，表示该区间是否应被赋值为某个值的懒标记。然后，对于每个操作的区间，我们获得的是 $\log_2 N$ 个连续的区间，根据操作的类型，只要保证懒标记可以正确的下推和标记的值可以正确维护即可。即在将线段树的某一个节点分割为两个节点时，需要把之前的记录的懒标记转移给两个儿子节点。而在更新操作中，如果某节点被区间完全覆盖，那么只需要更新该节点的懒标记即可，而不用继续分裂节点，所以保证复杂度为 $\log_2 N$。

对于线段树支持的第四种操作，由于这种操作只有一个，我们可以枚举完所有的区间来完成，复杂度为 $O(N)$，对总体的复杂度不会有影响。

由于行和列是等价的，处理完行之后，将矩阵按 90° 翻转，调用之前子程序进行处理即可得到列的结果。最后程序的复杂度为 $O(MN\log_2 N)$。

12.3.3 参考程序及程序分析

```
#include <stdio.h>
#include <string.h>
#include <algorithm>
const int M = 1005;                     // 最多查询个数
const int N = 1 << 12;                  // 线段树大小

struct node{
   int op;                              // 操作类型
   int x1, y1, x2, y2;                  // 矩阵参数
} qu[M];                                // 查询数组

int opcount[N];                         // 记录取反的时间
int clearcount[N];                      // 记录赋值时间
int clear[N];                           // 记录被赋的值
int count;                              // 记录当期处于第几条查询
bool op[N];                             // 记录取反操作
bool mark[N];                           // 线段树的 dirty 标记

void init()
{                                       // 初始化各数组变量
```

```
    memset(op, 0, sizeof(op));
    memset(clear, -1, sizeof(clear));
    memset(opcount, -1, sizeof(opcount));
    memset(clearcount, -1, sizeof(clearcount));
    memset(mark, 0, sizeof(mark));
}

// 线段树的插入操作,id为节点, st,en为节点区间,u,v为查询区间,clearct为更新时间
void mod2(int id, int st, int en, int u, int v, int clearct)
{
    if (clear[id] != -1) {
        if (clearcount[id] > clearct){
            clearct = clearcount[id];                   // 更新赋值时间
        }
    }
    if (opcount[id] < clearct) {                        // 更新取反的时间
        op[id] = false;
        opcount[id] = count;
    }
    mark[id] = true;
    if (u == st && v == en) {                           // 处理刚好覆盖区间的情况
        op[id] ^= true;
        opcount[id] = count;
        return;
    }
    // 计算出区间中点，左右儿子
    int mid = (st + en) >> 1, id1 = (id << 1) + 1, id2 = id1 + 1;
    // 分情况递归左右儿子
    if (v <= mid) {
        mod2(id1, st, mid, u, v, clearct);              // 递归左儿子
    } else if (u > mid) {
        mod2(id2, mid + 1, en, u, v, clearct);          // 递归右儿子
    } else {
        mod2(id1, st, mid, u, mid, clearct);            // 递归左右儿子
        mod2(id2, mid + 1, en, mid + 1, v, clearct);
    }
}

void mod(int id, int st, int en, int u, int v, int k, int clearct, bool b)
{ // 线段树的插入操作, id为节点, st,en为节点区间,u,v为查询区间,k为赋的值,clearct为赋值时间,b为翻转
    if (u == st && v == en) {                           // 如果到达一个完全包含的区间
        op[id] = false;
```

```
        opcount[id] = count;                    // 记录 id 被哪条记录操作
        // 根据操作的类型对其 clear 进行赋值
        if (k == 0) {
            clear[id] = 0;
        } else if (k == 1) {
            clear[id] = 1;
        }
        clearcount[id] = count;                 // 记录 id 被哪条记录清空
        return;
    }
    mark[id] = true;                            // 标记为已全覆盖
    // 计算出区间中点，左右儿子
    int mid = (st + en) >> 1, id1 = (id << 1) + 1, id2 = id1 + 1;
    if (clear[id] != -1) {                      // 以下更新懒标记
        if (clearcount[id] > clearct){
            clearct = clearcount[id];
        }
    }
    if (opcount[id] < clearct) {                // 判断更新时间
        op[id] = false;
    }
    if (op[id]){                                // 记录反转值
        b ^= true;
    }
    op[id] = false;
    opcount[id] = count;

    if (v <= mid) {                             // 递归左儿子
        mod(id1, st, mid, u, v, k, clearct, b);
        if (b) {
            mod2(id2, mid + 1, en, mid + 1, en, clearct);
            op[id] = false;
        }
    } else if (u > mid) {                       // 递归右儿子
        mod(id2, mid + 1, en, u, v, k, clearct, b);
        if (b) {
            mod2(id1, st, mid, st, mid, clearct);
            op[id] = false;
        }
    } else {                                    // 递归左右儿子
        mod(id1, st, mid, u, mid, k, clearct, b);
        mod(id2, mid + 1, en, mid + 1, v, k, clearct, b);
```

```
    }
}

// 查询每行的和
int check(int id, int st, int en, int cleark, int clearct, int b) {
    if (clear[id] != -1) {                        // 如果此节点被赋值
        if (clearcount[id] > clearct) {
            cleark = clear[id];                   // 记录被赋的颜色
            clearct = clearcount[id];             // 记录被赋值的时间
        }
    }
    if (op[id] && opcount[id] > clearct){
        b ^= true;                                // 处理取反
    }
    if (!mark[id]) {                              // 根据节点颜色返回区间和
        if (cleark < 1){
            return b ? en - st + 1 : 0;
        }
        return b ? 0 : en - st + 1;
    }
    // 计算出区间中点、左右儿子
    int mid = (st + en) >> 1, id1 = (id << 1) + 1, id2 = id1 + 1;
    if (st == en) {                               // 处理一个点的情况
        if (cleark < 1){
            return b ? 1 : 0;
        }
        return b ? 0 : 1;
    }
    // 递推左右儿子
    int tmp = check(id1, st, mid, cleark, clearct, b)
        + check(id2, mid + 1, en, cleark, clearct, b);
    return tmp;
}

void solve(int n, int m)
{                                                 // 主程序，n,m 为矩阵大小
    for (int i = 0; i < n; i++) {
        if (i > 0){
            printf(" ");                          // 样例分行
        }
        count = 0;                                // 初始化
        init();
```

```
        for (int j = 0; j < m; j++) {                          // 枚举所有查询
            if (qu[j].x1 <= i && qu[j].x2 >= i) {
                if (qu[j].op < 2){
                    mod(0, 0, n - 1, qu[j].y1, qu[j].y2, qu[j].op, -1, false); // 第0、1种操
作，调用mod直接复制
                }else{
                    mo d2(0, 0, n - 1, qu[j].y1, qu[j].y2, -1);
                                // 第二种操作，取反
                }
            }
            count++;                                           // 处理下一条查询
        }
        printf("%d", check(0, 0, n - 1, -1, -1, false));      // 查询结果
    }
    puts("");
}

int main()
{                                                          // 主程序
    freopen("sum.in", "r", stdin);
    freopen("sum.out", "w", stdout);
    int ca;                                                // 样例数
    scanf("%d", &ca);                                      // 读入样例数
    while (ca--) {                                         // 处理每个样例
        int n, m;                                          // 矩阵大小
        scanf("%d%d", &n, &m);                             // 读入矩阵大小
        for (int i = 0; i < m; i++){
            scanf("%d%d%d%d%d", &qu[i].op, &qu[i].x1, &qu[i].y1, &qu[i].x2, &qu[i].y2); //
读取每个查询，做后面离线处理
        }
        solve(n, m);                                       // 主程序
        for (int i = 0; i < m; i++) {                      // 交换查询的x、y坐标
            int tmp = qu[i].x1;
            qu[i].x1 = qu[i].y1;
            qu[i].y1 = tmp;
            tmp = qu[i].x2;
            qu[i].x2 = qu[i].y2;
            qu[i].y2 = tmp;
        }
        solve(n, m);                                       // 主程序
    }
    return 0;
}
```

12.3.4　部分测试数据和输出结果

测试数据：

```
1
10 5
1 1 0 1 2
2 2 1 3 3
0 1 0 2 4
1 0 1 4 2
2 1 0 2 1
```

输出结果：

```
2 2 2 3 2 0 0 0 0 0
2 3 5 1 0 0 0 0 0 0
```

12.4　精神球（难度：★★★☆☆）

12.4.1　试题

Problem D

Spirit Ball

(Input File: sb.in / Output File: sb.std)

Description:

Vegeta is so strong! Failed to defeat Vegeta with 3x *World King Fist*, Goku turns to his last skill: *Spirit Ball*.

A spirit ball is a ball of collection of live energe. After *Spirit Ball* is started, the energe of living creatures will be collect to the spirit ball. In more detail, a spirit ball is a circle. The center of the ball locates at (0, 0). There are N energe points. In the beginning, the i th point locates at (x_i, y_i), and the radius of the spirit ball is 0. The energe points move towards to the center of the spirit ball. The i th point moves with speed of s_i. That is to say, in every one second, the distance between point i and the center decreases s_i immediately. **The position of points at the time between 2 seconds remain unchanged.** If the distance between the point and the center is less than s_i, the point moves to the center in the next second. When a point is inside the spirit ball, or touches its edge, the point is merged into the spirit ball. The point disappered and the radius of the spirit ball increases by D. If m points are merged in the same time, the radius increases $m \times D$. If some other points are inside the ball or touch its edge, it merges them again and grows immediately.

Now Goku has made Vegeta blind with *Solar Flare*. But there is no much time before Vegeta recover his sight, so Goku must finish *Spirit Ball* as soon as possible. Now given the position and speed of the N energe points, please help Goku to calculate how much time he need to collect all of them.

Input:

The first line is the number of test cases $tc(1\leqslant tc\leqslant 20)$.

In each cases, the first line are two integers $N(1\leqslant N\leqslant 10000)$, $D(0<D\leqslant 10)$, which are described above.

Then N lines follow. Each has 3 integers x_i, y_i, s_i. $(0\leqslant |x_i|, |y_i| \leqslant 10^6, 1\leqslant s_i\leqslant 100)$;

It is possible that more than one energe points in the same position. They are consider as different energe points.

Output:

For each cases, output the number of seconds to collect all the energe points in a line.

Sample Input:

```
2
4 1
2 0 1
4 0 2
6 0 1
8 0 3
4 1
1 0 1
2 0 1
3 0 3
4 0 3
```

Sample Output:

```
3
1
```

12.4.2 题目分析和算法实现

本题考查了简单的几何知识，二分算法和相关问题的转化的技巧。

本题题意：给出平面上 N 个能量点，每个能量点都有一个朝原点飞行的速度。在原点处有一个半径不断扩大的球，它每吸收一个能量点，半径就增加 D。问经过多少时间后球可以吸收所有的能量点。

我们首先分析题目的数据范围，$N\leqslant 10000$。如果直接模拟的话，那么以每一次能量点和球相遇为一个参照时间，一共有 N 次相遇机会，每次相遇之后，我们都更新能量点的位置，并算出下一次能量点和原点的距离，并求出最快和球相遇的点，于是可以获得下一个参照时间，这样依次进行下去，其复杂度大致为 $O(N^2)$。但是题目中有 20 个样例，这样的复杂度容易超时，我们需要研究一个更优的算法。

由于时间是按整数来计算的，而且我们可以计算出球吸收完所有能量球的最长时间，因此我们可以尝试二分时间来解决这个问题。二分出时间 t 后，如何判断球是否吸收完所有的能量球呢？首先我们可以算出所有能量球在 t 时刻的位置，这时，有些能量球和原点仍有一定距离，我们把这个距离换算成原点需要吸收多少能量球才可以到达该点。很明显，我们应该优先吸收距离原点近的能量球，而它们跟原点的距离变化是不重要的。通过一个数组记录这些距离的统计值，按距离从小到大的顺序枚举，看每一步是否都能满足，如果是的话，则说明在 t 时间内是可以吸收完所有能量点的。

以上判断合法性的算法复杂度为 $O(N)$，再加上二分的复杂度，于是总复杂度为 $O(N \log_2 T)$，其中 T 为到达原点的最长时间。

12.4.3　参考程序及程序分析

```
#include <cstdio>
#include <string>
#include <cstring>
#include <algorithm>
#include <cmath>
#include <iostream>
using namespace std;
const int maxn = 10010;                          // 最多的能量点数目

double d[maxn];                                  // 每个能量点到原点的距离
int v[maxn];                                     // 每个能量点的速度
int task;                                        // 样例个数
int n;                                           // 能量点的数目
int D;                                           // 能量点让球增加的半径
int x, y, s, t, h, ret;                          // 临时变量
int num[maxn];                                   // num[i]表示有多少点在球经过 i 次自增后才能被接触

bool calc(int t)
{                                                // 返回 t 时间内是否可完成
    memset(num, 0, sizeof(num));                 // 初始化 num
    for (int i = 0; i < n; i++){                 // 处理每个能量点
        double dd = max(0.0, d[i] - v[i] * t);   // 到原点的距离
        int r = int(dd);                         // 向下取整
        if (fabs(dd - r) > 1e-5){
            r++;                                 // 边界调整
        }
        if (r % D==0){
            r = r / D;
        }else{
```

```
        r = r / D + 1;                          // 查询多少次自增后球可到达 i 点
    }
    if (r > n){
        r = n + 1;                              // 边界调整
    }
    num[r]++;                                   // 更新 num 数组
  }
  int ret = 0;                                  // 表示球吸收了多少能量点
  for (int i = 0; i <= n; i++){
      ret += num[i];                            // 从要求低的能量点开始吸收
      if (!(ret >= i + 1)){
          break;                                // 如果球无法到达该点，则退出
      }
  }
  return ret == n;                              // 是否覆盖所有能量点
}

int main()
{
    freopen("sb.in", "r", stdin);
    freopen("sb.out", "w", stdout);
    for (scanf("%d", &task); task--; ){        // 处理每个样例
        scanf("%d%d", &n, &D);                  // 读入输入参数
        t = 0; s = 0;                           // 初始化二分的边界
        for (int i = 0; i < n; i++){
            scanf("%d%d%d", &x, &y, v+i);       // 读入每个能量点的坐标和速度
            d[i] = sqrt(double((long long)x * (long long)x + (long long)y * (long long)y) );
// 计算到原点的距离
            t = max(t, int(d[i] / v[i]) + 1); // 到原点的最长时间
        }
        ret = t;                                // 初始化为最大值
        while (s <= t){                         // 以下为二分过程
            h = (s + t) >> 1;
            if (calc(h)){                       // 时间 h 内是否能完成
                ret = h;
                t = h - 1;
            }else{
                s = h + 1;
            }
        }
        printf("%d\n", ret);                    // 输出结果
    }
    return 0;
}
```

12.4.4　部分测试数据和输出结果

测试数据：

```
1
8 2
2 0 1
4 0 2
6 0 1
8 0 3
1 1 1
2 1 1
3 1 1
4 1 1
```

输出结果：

```
2
```

12.5　瞬移（难度：★★☆☆☆）

12.5.1　试题

Problem E

Teleportation

(Input File: teleportation.in / Output File: teleportation.std)

Description:

After defeating Freeza, Son Goku managed to survive from the explosion of the planet Namek. He landed on the planet Yardrat. He found the people there have an interesting ability: teleportation, which can transmit one from a place to another instantly. He asked someone to teach him this ability. Now they start practising.

There is a tall building, which can be considered as an $n \times m$ grid. The grid is labeled $0\sim n-1$ from top to bottom and $0\sim m-1$ from left to right. They start from the top of the building. The Yardrat teacher stands on the left and Goku on the right. Each time they teleport to some column of the next row below them. As Goku is a novice, there are some constraints. Firstly, the teacher should be left to Goku. Secondly, the distance between the teacher and Goku can neither be less than mi nor be more than ma. That is to say, if the teacher is at the column i, Goku must be at the column in the range of $[i+m_i, i+m_a]$. Thirdly, not all the columns in the row is teleportable. Luckily, they know which column can be teleport to in each row.

Each teleportation needs energy. When teleportation from column i to column j in the next row, the cost of energy is $|i - j|$. Goku wants to cost the least energy, but he is no so clever to plan the route of teleportation. So he turns to you. Please help Goku minimize the total energy cost of him and the teacher to teleport from row 0 to row $n-1$.

Input:

There are multiple input cases. The first line is a positive integer, the number of test cases.

In each test case, the first line are 6 positive integers *n*, *m*, *mi*, *ma*, *x*, *y* ($1 \leqslant n \leqslant 1000$, $3 \leqslant m \leqslant 10$, $1 \leqslant m_i \leqslant m_a < m$, $0 \leqslant x < y < m$). *x* is the initial position of teacher and *y* is that of Goku.

Following are *n* lines, each line has *m* characters. The characters can be '*' or '.'. '*' means Goku and the teacher can transport to the position while '.' means they can't.

Output:

For each test case, output an integer in a line. If the teacher an Goku can reach the bottom, output the least total energy cost of them, otherwise output−1.

Sample Input:

```
2
6 4 1 2 0 2
*.**
..**
.*.*
****
***.
**.*

5 5 1 3 0 4
*****
*..*.
***.*
*.*.*
*....
```

Sample Output:

```
6
-1
```

12.5.2 题目分析和算法实现

本题主要考查的是简单的动态规划方面的知识。

本题题意：有两个人在一个 0–1 矩阵上进行移动，其中 1 是不可走的位置。他们每次只能从当前行移动到下一行，而且两个人的位置 *x*, *y* 必须满足限制：$x+m_i \leqslant y \leqslant x+m_a$。一个人移动到下一行的代价为其横坐标变化值的绝对值。问两个人都到达底端需要的最小消耗。

首先我们分析题目的数据范围，矩阵的最大行数 *N* 不超过 1000，列数 *M* 不超过 10。数据规模不大，这明显提示我们可以使用动态规划来解决这个问题。我们设计状态 dp[*i*, *j*, *k*]，其中 *i* 表示在第 *i* 行，*j* 表示第一个人的位置，*k* 表示第二个人的位置，该状态值表示两个人处于该状态时已经花费的消耗。我们发现，其空间复杂度仅为 $O(NM^2)$。再来分析动态规划的转移，从 dp[i, j, k]转移到 dp[i+1, m, n]一共有 M^2 种选择，其中需要判断位置是否可行，转移代价等。

最终解决方案的复杂度为 $O(NM^4)$，参考程序中不直接使用 dp[i, j, k]来表示状态，而是使用了 dp[i][pair<int,int>(j, k)]（使用了 C++中的 map 数组和 pair 结构）来表示，这主要是简化程序的技巧，读者可以很容易将其转化为自己熟悉的动态规划模型。

12.5.3　参考程序及程序分析

```
#include <stdio.h>
#include <stdlib.h>
#include <map>

const int maxn = 1000;
const int maxm = 12;

typedef std::map<std::pair<int, int>, int>::iterator Iter;
                                                              // 迭代器类型定义
std::map<std::pair<int, int>, int> ans[maxn];                 // dp 值
int n, m;                                                     // 矩阵大小
int ma, mi;                                                   // 题目中的参数
int x, y, bans;                                               // 临时变量，答案值
char a[maxn][maxm];                                           // 地形矩阵

int main ()
{                                                             // 主程序
 freopen("teleportation.in", "r", stdin);
 freopen("teleportation.out", "w", stdout);
 int tc;                                                      // 样例个数
 scanf ("%d", &tc);                                           // 读入样例个数
 for (int tt = 0; tt < tc; tt++){                             // 处理每个样例
   scanf ("%d%d%d%d%d%d", &n, &m, &mi, &ma, &x, &y);          // 读入输入参数
   for (int i = 0; i < n; i++){
     scanf ("%s", a[i]);                                      // 读入每一行的地形
   }
   ans[0].clear ();                              // 初始化状态
   std::pair<int, int> p = std::make_pair<int, int> (x, y);
   ans[0][p] = 0;
   for (int i = 1; i < n; i++){
     ans[i].clear ();                            // 初始化当前一层的状态
     for (int j = 0; j < m; j++){
       if (a[i][j] == '*'){                      // 如果该位置可行
         for (int k = j + mi; k <= j + ma && k < m; k++){
           if (a[i][k] == '*'){                  // 如果该位置可行
             p = std::make_pair<int, int> (j, k);
             for (Iter it = ans[i - 1].begin (); it != ans[i - 1].end (); ++it){ // 以下进
行状态转移
               int c = it->second + abs (it->first.first - j) + abs (it->first.second - k);
```

```
            if (ans[i].find (p) == ans[i].end () || ans[i][p] > c)
              ans[i][p] = c;
          }
        }
      }
    }
  }
  }
  bans = -1;                                            // 答案值
  for (Iter it = ans[n - 1].begin (); it != ans[n - 1].end (); ++it){
    if (bans == -1 || it->second < bans){
      bans = it->second;                                // 找出最小值
    }
  }
  printf ("%d\n", bans);
  }
  return 0;
}
```

12.5.4 部分测试数据和输出结果

测试数据：

```
1
20 8 2 6 5 7
********
.*******
.***.***
*.******
***.****
*****.*.
***...**
*.******
**.****.
********
*.*.****
********
.**...*.
****.***
***.****
*.******
***.*.**
********
*.******
***.****
```

输出结果：

```
6
```

作 者 简 介

郭嵩山，男，1945 年 4 月出生，1967 年毕业于上海交通大学无线电技术专业，中山大学信息科学与技术学院计算机科学系教授，主要从事计算机操作系统的教学和研究。主要著作有电子工业出版社出版的《BIO 结构分析教程》、《DOS 内核结构分析教程》、《COMMAND 结构分析教程》、《Windows 98 IO 结构分析教程》、《国际大学生程序设计竞赛例题解（一）——数论、计算几何、搜索算法专集》，《国际大学生程序设计竞赛例题解（二）——广东省大学生程序设计竞赛试题解（2003—2005）》，《国际大学生程序设计竞赛例题解（三）——图论、动态规划算法、综合题专集》，《国际大学生程序设计竞赛例题解（四）——广东省信息学奥林匹克竞赛试题（2003—2006）》，《国际大学生程序设计竞赛例题解（五）——广东省大学生程序设计竞赛试题（2006—2007）》，《国际大学生程序设计竞赛例题解（六）——广东省大学生程序设计竞赛试题（2008—2009）》，《国际大学生程序设计竞赛例题解（七）——中山大学 ICPC 集训队内部选拔赛试题（2005—2006）》，《国际大学生程序设计竞赛例题解（八）——广东省信息学奥林匹克竞赛试题（2007—2009）》，人民邮电出版社出版的国际大学生程序设计竞赛中山大学内部选拔真题解（一）（2007—2008），《数据结构及其应用》，中山大学出版社出版的《青少年信息学奥林匹克竞赛广东试题及解答（1986-1994）》，北京大学出版社出版的《国际大学生程序设计竞赛辅导教程》等。

主持广东省信息学奥林匹克竞赛二十余年，制定了公开、公正、公平的科学化、规范化的广东省信息学奥林匹克竞赛条例，广东省信息学奥林匹克竞赛一直被公认为全国普及活动开展最好的省份之一，被公认为全国竞赛水平最好的省份之一。十多年来，担任 ACM 国际大学生程序设计竞赛中山大学队主教练，中山大学队在 1999—2001、2003—2012 年 13 次获得全球总决赛的决赛权，并在全球总决赛中取得好成绩；近 10 年，担任 ACM 国际大学生程序设计竞赛（ACM/ICPC）广东省赛区即广东省大学生程序设计竞赛（GDCPC2003—2011）执行主席，主持 2003—2011 年连续九届的 ACM/ICPC 广东省赛。

在科研方面，指导多名硕士研究生在人工智能算法研究及其应用方面取得较好的成果。

陈元训，男，1988 年 10 月出生，2007 年 9 月考入中山大学计算机科学系攻读学士学位，2011 年 9 月被保送入中山大学计算机科学系攻读硕士学位。在学期间，曾多次代表中山大学参加 ACM 国际大学生程序设计竞赛（ACM/ICPC）。荣获：

2009 年第 34 届 ACM/ICPC 亚洲区合肥赛区第 13 名（银牌）；

2010 年第 35 届 ACM/ICPC 亚洲区杭州赛区第 15 名（银牌）；

2010 年第 35 届 ACM/ICPC 亚洲区哈尔滨赛区第 5 名（金牌）；

2011 年第 36 届 ACM/ICPC 亚洲区北京赛区第 4 名（金牌）。

在 2011 年广东省青少年信息学奥林匹克竞赛决赛（GDOI 2011）中担任命题组负责人。

蔡奕林，男，1988 年 5 出生，2007 年 9 月保送入中山大学计算机科学系攻读学士学位，2011 年 9 月被保送入中山大学计算机科学系攻读硕士学位。在学期间，曾多次代表中山大学参加 ACM 国际大学生程序设计竞赛（ACM/ICPC）。荣获：

2009 年第 34 届 ACM/ICPC 亚洲区武汉赛区第 12 名（银牌）；

2009 年第 34 届 ACM/ICPC 亚洲区宁波赛区第 23 名（银牌）；

2010 年第 35 届 ACM/ICPC 亚洲区福州赛区第 6 名（金牌）；

2010 年第 35 届 ACM/ICPC 亚洲区哈尔滨赛区第 4 名（金牌）；

2011 年第 36 届 ACM/ICPC 亚洲区成都赛区第 12 名（银牌）。

在 2012 年广东省青少年信息学奥林匹克竞赛决赛（GDOI 2012）中担任命题组负责人。

梁晓聪，男，1988 年 10 月出生，2007 年 9 月考入中山大学计算机科学系攻读学士学位，2011 年 9 月被保送入中山大学计算机科学系攻读硕士学位。在学期间，曾多次代表中山大学参加 ACM 国际大学生程序设计竞赛（ACM/ICPC）。荣获：

2009 年第 34 届 ACM/ICPC 亚洲区武汉赛区第 12 名（银牌）；

2010 年第 35 届 ACM/ICPC 亚洲区天津赛区第 11 名（银牌）。

参 考 文 献

[1] H. M. Kakde. Range Searching Using Kd Tree. pp. 1-12, 2005.

[2] http://en.wikipedia.org/wiki/Edmonds%27s_matching_algorithm.

[3] 潘承洞，潘承彪. 初等数论（第 2 版）. 北京：北京大学出版社，2004.

[4] 闵嗣鹤，严士健. 初等数论（第 2 版）. 北京：高等教育出版社，2003.

[5] Douglas B. West. 图论导引（第 2 版）. 李建中，骆吉洲译. 北京：机械工业出版社，2006.

[6] Thomas H Cormen, Charles E Leiserson, Ronald L Rivest, Clifford Stein. Introduction to Algorithms. MIT Press.

[7] Ronald L. Graham, Donald E. Knuth, Oren Patashnik. Concrete Methematics A Foundation for Computer Science(Second Edition) Addison-Wesley.

[8] 刘汝佳，黄亮. 算法艺术与信息学竞赛. 北京：清华大学出版社，2004.

[9] 卢开澄. 组合数学（第 3 版）. 北京：清华大学出版社，2002.

[10] 郭嵩山，崔昊，吴汉荣，陈明睿. 国际大学生程序设计竞赛辅导教程. 北京：北京大学出版社，2001.

[11] 郭嵩山，李志业，金涛，梁锋.国际大学生程序设计竞赛例题解（一）——数论、计算几何、搜索算法专集. 北京：电子工业出版社，2006.

[12] 郭嵩山，黎俊瑜，林祺颖. 国际大学生程序设计竞赛例题解（二）——广东省大学生程序设计竞赛试题（2003-2005）. 北京：电子工业出版社，2006.

[13] 郭嵩山，关沛勇，蔡文志，梁锋. 国际大学生程序设计竞赛例题解（三）——图论、动态规划算法、综合题专集. 北京：电子工业出版社，2007.

[14] 郭嵩山，张惠东，林祺颖，莫瑜. 国际大学生程序设计竞赛例题解（四）——广东省信息学奥林匹克竞赛试题选解（2003-2006）. 北京：电子工业出版社，2008.

[15] 郭嵩山，张子臻，王磊，汤振东. 国际大学生程序设计竞赛例题解（五）——广东省大学生程序设计竞赛试题（2006-2007）. 北京：电子工业出版社，2008.

[16] 郭嵩山，翁雨键，梁志荣，吴毅. 国际大学生程序设计竞赛例题解（六）——广东省大学生程序设计竞赛试题（2008-2009）. 北京：电子工业出版社，2010.

[17] 郭嵩山，刘祖立，刘曦，涂德健. 国际大学生程序设计竞赛例题解（七）——中山大学 ICPC 集训队内部选拔赛试题（2005-2006）. 北京：电子工业出版社，2010.

[18] 郭嵩山，陈宇恒，张钊毅，周贤豪. 国际大学生程序设计竞赛例题解（八）——广东省信息学奥林匹克竞赛试题（2007-2009）. 北京：电子工业出版社，2011.

[19] 郭嵩山，陈才斌，赵浩泉，江泽斌. 国际大学生程序设计竞赛中山大学内部选拔真题解（一）（2007-2008）. 北京：人民邮电出版社，2012.